이공계 · 경상계를 위한

고등미적분학

양 춘 우

청목출판사

머리말

이 책에서는 이공계와 경상계분야에서 쓰이는 미적분학의 주요개념과 정리들을 수집하여 수록하였다. 정리에 대한 증명은 대부분 생략하였으며 주요개념들에 대한 이해를 돕기 위한 그림과 예제들을 필요에 따라서 포함시켰다. 본문에 포함된 내용은 1변수 함수 뿐만 아니라 다변수 함수의 미분과 적분에 관한 대부분의 내용을 담고 있기 때문에 이해를 위해서는 어느 정도의 노력이 필요하다는 점을 미리 말씀드립니다.

이 책의 1장, 2장, 7장과 11장은 고등학교에서 수학을 충분히 공부한 분들은 비교적 쉽게 이해할 수 있는 부분으로서 경우에 따라서는 생략해도 무방할 것이다. 제3장, 4장, 5장은 1변수 함수의 미분과 적분에 관한 내용으로서 미적분학에 대해서 어느 정도의 지식을 가지고 있다면 그리 어렵지 않을 것으로 보이지만, 엄밀한 증명을 요하는 부분들은 별도의 노력을 요하며 이 책에 수록된 문제들을 풀어봄으로써 증명하는 요령을 터득할 수 있다고 본다.

나머지 장들은 주로 이공계 학생들에게 많이 활용되는 내용들을 담고 있으며, 이 부분을 이해하기 위해서는 본문의 내용을 공부한 다음에는 반드시 연습문제들을 선별해서 풀어 볼 것을 권유한다.

이 책을 완전히 이해한다면 경상계와 이공계에서 필요로 하는 미적분학에 대한 지식은 충분하다고 스스로 자신감을 가져도 될 것으로 여겨진다. 이 책을 강의 교재로 사용하시고자 하는 분들께서 강의용 PDF 파일이 필요한 경우에는 출판사나 저자인 본인(e-메일: chyang83@gmail.com ; chyang@hs.ac.kr)에게 연락하여 주시기 바랍니다.

끝으로 이 책을 출판하도록 수고해 주신 청목출판사의 유성열 사장님과 심재국 마케팅 상무님 그리고 편집부 여러분들게 진심으로 감사를 드립니다.

2017년 1월

저자 양춘우

차례

제 1 장 수의 체계 **1**

1.1 집합 1

1.2 실수 4

1.3 지수와 로그 9

1.4 해석학적인 개념들 11

1.5 복소수 15

1.6 수학적 귀납법 21

연습문제 23

제 2 장 수열 **29**

2.1 수열의 정의 29

2.2 수열의 극한 30

연습문제 39

제 3 장 함수의 극한 **43**

3.1 함수 44

3.2 함수의 극한 53

3.3 함수의 연속성 55

연습문제 59

제 4 장 미분과 도함수 **65**

4.1 미분의 개념과 성질들 66

4.2 평균값정리와 로피탈의 정리 75
4.3 미분의 응용 79
연습문제 83

제 5 장 적분 **89**
5.1 정적분의 정의 89
5.2 평균값정리 92
5.3 적분과 미분과의 관계 94
5.4 변수 변환법과 적분공식들 97
5.5 특수한 적분법 98
5.6 이상적분 100
5.7 정적분의 수치해석학적인 계산 100
5.8 여러 가지 응용들 102
연습문제 108

제 6 장 편미분 **115**
6.1 집적점과 영역 116
6.2 극한과 연속성 119
6.3 다변수 함수의 미분 121
6.4 야코비 행렬식과 변환들 128
연습문제 132

제 7 장 벡터 **139**
7.1 벡터의 기하학적인 성질들 139
7.2 내적과 벡터곱 144
연습문제 160

제 8 장 편미분의 응용 **165**
8.1 기하학과 편미분 165
8.2 다변수 함수의 극값과 라그랑 승수법 170
연습문제 177

제 9 장 다중적분 **183**

9.1 이중적분 184

9.2 삼중적분 188

9.3 다중적분의 변환 190

9.4 극좌표, 원기둥좌표, 구면좌표에 의한 면적의 계산 191

연습문제 194

제 10 장 선적분과 곡면적분 **197**

10.1 선적분 197

10.2 곡면적분(surface integral) 204

연습문제 213

제 11 장 무한급수 **219**

11.1 무한급수의 정의와 수렴성 219

11.2 급수에 대한 수렴과 발산의 판정법 221

11.3 함수열의 급수 225

11.4 멱급수와 Taylor급수 231

11.5 함수의 급수 전개식 233

연습문제 239

제 12 장 이상적분 **245**

12.1 이상적분의 정의와 종류 245

12.2 이상적분의 수렴·발산 판정법 248

12.3 제 2의 이상적분에 대한 수렴판정법 253

12.4 매개변수를 포함한 이상적분 255

연습문제 258

제 13 장 푸리에 급수 **261**

13.1 푸리에 급수의 정의 261

13.2 우함수와 기함수에 대한 푸리에 급수 263

13.3 복소수 푸리에 급수 266

연습문제 268

제 14 장 푸리에 적분과 변환 **271**

14.1 푸리에 적분 271

14.2 푸리에 변환 274

연습문제 277

제 15 장 미분방정식 **281**

15.1 미분방정식의 기본 정의 및 용어 281

15.2 미분방정식의 해 284

15.3 초기값 문제와 해의 존재성 292

연습문제 299

부록: 그리스 문자, 기호표 **303**

그리스 문자 303

기호표 304

찾아보기 **306**

찾아보기 306

제 1 장

수의 체계

수학은 알페벳으로 표현하는 '수(number)'라고 하는 고유언어를 지니고 있다. 이 언어는 연속되는 기호들과 연산 그리고 '논리(logic)'라고 하는 엄정한 사고체계의 구조를 갖추고 있다. 이라한 개념들은 기하, 대수 미적분학과 같은 초등수학과정에서 배우게 되는데 여기서 간단히 요약하여 설명하려고 한다.

1.1 집합

수학에서 집합(集合, set)은 어떤 조건이 주어졌을 때 그 조건이 가리키는 대상이 분명한 것들의 모임을 말한다.

집합을 다루는 이론을 집합론이라고 한다. 19세기 말에 개발된 집합론은 수학의 다른 이론들에 비해 역사가 짧은 편이나 현대 수학의 거의 모든 이론은 집합론을 토대로 이루어져 있다. 현대의 수학자들은 소박한 집합론이 갖고 있던 역설들을 해결하기 위해 개발된 공리적 집합론[1]을 사용한다.

공리적 집합론에서는 집합을 무정의 용어로 두거나 단순히 집합을 구별하는 단항 조건 기호를 사용하기도 한다. 이 경우에 집합 자체의 정의를 시도하기 보다는 전체 집합론이 가지고 있는 공리들이 집합의 성질을 설명한다. 예를 들어 확장 공리는 원소가 같은 두 집합은 같아야 한다는 뜻을 지닌다.

[1]공리적 집합론은 술어논리를 이용하여 기술한 체계를 가지고 집합의 성질을 규명하는 수학의 한 분야이다.

정의 1.1 *집합은 서로 구별되는 대상들을 순서와 무관하게 모은 것이다. 이때 집합에 속하는 각 대상들을 집합의 원소라고 한다. 세상에 존재하는 거의 모든 것들은 집합의 원소가 될 수 있으며, 여기에는 숫자나 대수, 사람, 글자, 집합, 국가와 같은 개념들을 포함한다. 집합은 일반적으로 알파벳의 대문자로 표기하고 원소는 소문자로 표기한다.*

집합을 이루는 대상 하나 하나를 그 집합의 원소라고 한다. 또 어떤 것이 집합의 원소일 때 "그것은 그 집합에 속한다"라고 말한다. 집합과 달리 집합의 원소는 주로 알파벳 소문자로 표현한다.

어떠한 원소(element)가 집합에 속해 있는지를 표기할 때에는 원소의 약자 E를 기호화하여 ∈와 ∉ 기호를 사용한다. 예를 들어, 집합 A가 $A = \{1, 2, 3, 4\}$라고 할 때 3이 집합 A에 속한다는 것을 '$3 \in A$'로 표기한다. 마찬가지로, 5가 집합 A에 속하지 않는다는 것을 '$5 \notin A$'와 같이 표기한다.

집합이 가진 원소의 수를 집합의 **기수(cardinal number)** 혹은 **크기**라고 한다. 즉, 집합 $\{1, 2, 3, 4, 5\}$의 기수는 5이다. 이와 같이 기수가 유한한 집합을 **유한 집합(finite set)**이라 한다. 기수가 0인 집합도 있으며, 이러한 집합을 **공집합(empty set, null set)**이라 부르고 '$\emptyset$'이라는 기호로 나타낸다. 예를 들어, '평면 위에서 변이 4개인 삼각형의 집합'이나 '2차 부등식$x^2 + 3x + 5 < 0$의 해의 집합'은 모두 공집합이다. 공집합은 원소의 갯수가 유한하므로 유한 집합에 포함된다. 집합 중에는 자연수의 집합을 비롯해 무한히 많은 원소를 가진 것도 있으며, 이러한 집합을 **무한 집합(infinite set)**이라 한다.

집합 A의 모든 원소가 다른 집합 B의 원소가 될 때 "A는B에 포함된다" 또는 "B는 A를 포함한다"라고 한다. 따라서 A가 집합이면 A는 A의 부분집합이다. 또한 자신과 동일하지 않은 자신의 모든 부분집합을 **진부분집합(proper subset)**이라고 한다. 공집합은 모든 집합의 부분집합이며, 모든 집합은 그 자신의 부분집합이다.

집합간의 포함관계는 $A \subset B$ 같이 포함(contain)의 약자 C를 기호화하여 표기한다.

예를 들어, 두 집합 A와 B가 있을 때, $A = \{1, 2, 3\}$, $B = \{1, 2, 3, 5, 7\}$이면 A는 B에 포함되며 B는 A를 포함한다. A의 진부분집합은 $\emptyset$, $\{1\}$, $\{2\}$, $\{3\}$,

$\{1,2\}$, $\{1,3\}$, $\{2,3\}$의 7개다.

두 집합 A, B가 가지고 있는 모든 원소가 서로 같다면 "두 집합은 같다"고 말한다. 좀 더 엄밀히 말하면, A가 B의 부분집합이고 B가 A의 부분집합이면 두 집합은 같은 집합이다. 즉,

$$A = B \iff A \subset B \quad \text{그리고} \quad B \subset A\text{이다.}$$

집합의 표현방법

집합을 서술하기 위해 일반적으로 사용되는 방법에는 원소나열법과 조건제시법이 있다.

원소나열법

이 방식은 집합에 들어있는 원소들을 직접 나열하는 방식이다. 예를 들어 다음과 같다:

$$\{1,2,3\}, \qquad \{\text{흰색, 검은색}\}.$$

또한, 원소의 수가 많고 원소들 간에 규칙이 있을 때에는 다음과 같이 중간을 생략하고 ...로 나타낼 수 있다:

$$\begin{aligned} &\{1,2,3,\ldots,100\} &:& \ \text{1부터 100까지의 자연수가 있는 집합,} \\ &\{2,4,6,\ldots,40\} &:& \ \text{2부터 40까지의 짝수가 있는 집합.} \end{aligned}$$

이와 같은 표기를 사용할 때에는 규칙성을 알 수 있어야 한다. 예를 들어 $1,4,5,7,\ldots,-4$와 같은 집합에서는 중간에 생략된 숫자들이 무엇인지 추측할 수 없기 때문에 이러한 표현은 삼가해야 한다.

조건제시법

이 방법은 원소들을 구체적으로 설명하는 대신에 원소들의 논리적 관계를 기술한다. 조건제시법은 반드시 {(집합의 모든 원소의 형태)|(원소의 조건)}과 같이 표기하며, 이 때 기호 '|'는 '바(bar)'라고 읽는다. 종종 '|(bar)'대신에

': (colon)'을 사용하기도 한다. 예를 들어 다음과 같다:

$$\{x \mid x\text{는}1 \le x \le 10\text{인 자연수}\} = \{1,2,3,4,5,6,7,8,9,10\},$$
$$\{x+y \mid x\text{는 1 또는 } 2, y\text{는 3 또는 } 4\} = \{4,5,6\},$$
$$\{(x,y) \mid x \in \{1,2\},\ y \in \{1,2\}\} = \{(1,1),(1,2),(2,1),(2,2)\}.$$

집합의 연산

U는 전체집합이고 A, $B \subset U$일 때, 다음과 같이 정의한다:

(1) 교집합: $A \cap B = \{x \mid x \in A \text{ 이고 } x \in B\}$,

(2) 합집합: $A \cup B = \{x \mid x \in A \text{ 또 } x \in B\}$,

(3) 차집합: $A \backslash B (= A - B) = \{x \mid x \in A \text{ 이고 } x \notin B\}$,

(4) 여집합: $A^c = U \backslash A = \{x \mid x \in U \text{ 이고 } x \notin A\}$

1.2 실수

수는 인류의 역사와 더불어 많아진다. 자연수는 물건의 갯수를 세기 위해 먼 옛날 처음으로 만든 수다. 여기서 음수를 포함하여 정수의 개념이 생겨나고 정수의 나눗셈에서 유리수의 개념이 생겨났으며, 사칙연산을 자유롭게 할 수 있는 체계가 생겨났다. 나눗셈 같은 계산을 할 때 분수(유리수)로 표현할 수 없는 수를 무리수라고 명명하게 되었다. 무리수는 자유롭게 계산할 수 있는 수가 아니다. 대수 방정식의 해법을 찾는 과정에서 허수를 포함하여 복소수가 등장하게 되었다. 이로써 수는 양(quantity)만을 기술하기 위한 개념이 아니게 되었다.

- 자연수 → 정수 → 유리수 → 실수 → 복소수
- 복소수: 실수, 허수
- 복소수: 대수적인 수, 초월수
- 실수: 유리수, 무리수
- 정수: 양의 정수, 0, 음의 정수
- 자연수 = 양의 정수

수의 확장

일반적으로 수는 실수 또는 복소수 전체의 집합의 원소를 가리키는 것으로 여겨진다. 한편 이와는 다른 체계가 있어서 그 일부 또한 '수'로 불린다. 물건의 갯수 개념인 자연수를 확장하여 기수[2], 물건의 순서를 의미하는 자연수를 확장해서 순서수[3]가 정의된다. 또한, 유리수에서 실수로 확장되는 것과 병행하여 소수 p에 대하여 p진수가 존재하며, 복소수를 넘 어서서 추가로 허수의 단위가 추가되면서 사원수, 팔원수, 16원수, 이원수, 분할복소수[4] 등이 있다. 또한 실수에 더하여 무한소 또는 무한대를 포함한 확장된 실수 체계도 있다.

수를 나타내는 집합기호

다음의 집합들은 수학에서 매우 자주 사용되며 특별한 기호를 배정해 나타낸다.

- $\mathbb{N}$: 자연수 전체집합
- $\mathbb{Z}$: 정수 전체집합
- $\mathbb{Q}$: 유리수 전체집합
- $\mathbb{Q}^c$: 무리수 전체집합
- $\mathbb{R}$: 실수 전체집합
- $\mathbb{C}$: 복소수 전체집합

기수법

같은 수라 하더라도 다른 숫자로나 다른 방법으로 표시 할 수 있다. 그 뿐만 아니라, 어떤 종류의 기수법은 그 방법에 따라서는 표시하는 방법이 한 가지 이상 존재하는 경우가 있다. 예를 들어 10진수의 소수 표기에서는 $1 = 0.999\ldots$ (소숫점 밑으로 모든 자리수가 9임)와 같이 두 가지 방법의 표기가 있다.

[2]수학에서, 기수(基數, 영어: cardinal number)는 집합의 크기를 나타내는 수이다. 유한 집합의 크기는 자연수로 나타내어지는데, 이를 무한 집합에 대하여 일반화한 개념이다.

[3]집합론에서, 순서수(順序數, 영어: ordinal)는 정렬 전순서 집합들의 "길이"를 측정하는 수의 일종이다. 자연수를 확장하며, 자연수들의 정렬 전순서 집합과 같은 무한 정렬 전순서 집합들의 크기를 측정하는 무한 순서수들이 존재한다.

[4]분할복소수(split-complex number)는 $\eta = a + bj,\ (a, b \in \mathbb{R})$의 형태로 나타나는 수이다. j는 $j^2 = 1$이고 $j \neq \pm 1$인 허수이다.

실수의 십진수 표현

모든 실수[5]는 17/10 = 1.7, 9/100 = 0.9, 1/6 = 0.16666...처럼 십진수 형태로 표현할 수 있다. 유리수의 경우, 유한 십진소수로 표현되거나 아니면 $\frac{1}{7} = 0.142857142857142857142\ldots$와 같이 반복되는 순환 소수로 표현된다. 그러나 무리수의 경우에는 $\sqrt{2} = 1,41423\ldots$이나 $\pi = 3.14159\ldots$처럼 순환되지 않은 무한 소수로 표현되어야 한다. 우리는 1.375 = 1.3750000...나 1.37499999... 처럼 모든 수를 무한 십진수로 표현할 수 있다. 순환 소수를 나타내기 위해서는

$$\frac{1}{7} = 0.\dot{1}\dot{4}\dot{2}\dot{8}\dot{5}\dot{7}, \quad \frac{19}{6} = 3.1\dot{6}$$

과 같이 주기적으로 순환되는 수들 위에 점(·)을 찍는다. 오직 0과 1만을 활용해서 수를 표현하는 2진법과 같이 다른 집법을 써서 수를 표현할 수도 있다.

실수의 기하학적인 표현

그림 1.1에 나타난 바와 같이 실수(real number)를 **실수축(real axis)**이라 불리는 직선위의 점으로 표현하는 것은 이미 다 알고 있으리라 생각한다. 각 실수에 대해서 실직선 위에서 오직 한 점이 대응하며, 그림 1.1에 나타난 바와 같이 실수 집합과 실직선 위의 점들 사이에는 1대1 대응 관계가 존재한다. 이러한 이유로 인해서 우리는 실수와 실직선 위의 점을 서로 혼용하여 활용한다.

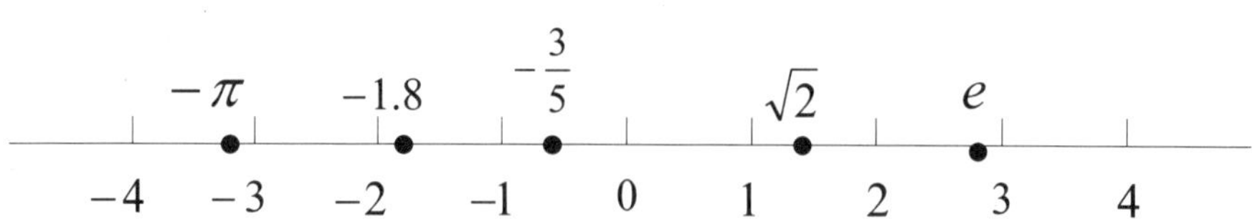

그림 1.1: 실수의 기하학적인 표현

[5]실수에 대한 엄밀한 정의는 게오르크 칸토어에 의해 이루어졌다. 유리수로부터 실수를 이끌어내고 확장하여 그 성질을 규정짓게 된 것은 카를 바이어슈트라스, 게오르크 칸토어, 리하르트 데데킨트와 같은 수학자들의 공이 지대하였다.

수의 연산

수에 관한 중요한 사항으로, 더하거나 빼거나, 곱하거나 나누는 등의 여러가지 연산을 수행할 수 있다는 점을 들 수 있다. 이런 연산에 대해서는 수학의 한 분야인 추상 대수학에서 군, 환, 체 등의 여러 가지 형태로 일반화되어 논의되고 있다.

공리 1.1 (실수의 연산법칙) *$a, b, c \in \mathbb{R}$일 때, 다음 법칙들이 성립한다.*

1. $a+b \in \mathbb{R}$이고 $ab \in \mathbb{R}$이다. (닫힘법칙)
2. $a+b=b+a$ (덧셈의 교환법칙)
3. $a+(b+c)=(a+b)+c$ (덧셈의 결합법칙)
4. $a+0=0+a=a$ (덧셈의 항등원)
5. $a+(-a)=(-a)+a=0$ (덧셈에 대한 a의 역원)
6. $ab=ba$ (곱셈의 교환법칙)
7. $a(bc)=(ab)c$ (곱셈의 결합법칙)
8. $a1=1a=a$ (곱셈의 항등원)
9. $a \neq 0$일 때, $a\frac{1}{a}=\frac{1}{a}a=1$ (곱셈에 대한 $a \neq 0$의 역원)

위와 같은 성질을 만족하는 실수집합 $\mathbb{R}$을 가리켜서 **실수 체**(real field)라 부른다.

(뺄셈과 나눗셈의 정의)

1. a와 b가 실수일 때, $a-b=a+(-b)$로 정의한다.
2. $a \neq 0$일 때, $\frac{1}{a}=a^{-1}$로 표기하고 $\frac{b}{a}=b/a=ba^{-1}=b\left(\frac{1}{a}\right)$로 정의한다.

부등식(inequalities)

만약 $a, b \in \mathbb{R}$이고 $a-b \leq 0$이면, "a는 b보다 작거나 같다"라고 말하거나 "b는 a보다 크거나 같다"라고 말하고 '$a \leq b$' 또는 '$b \geq a$'로 표기한다. 그리고 '$a \leq b$' 또는 '$b \geq a$'이고 $a \neq b$이면, '$a < b$' 또는 '$b > a$'로 표기하고 "a가 b보다 작다" 또는 "b가 a보다 크다"라고 말한다.

다음은 부등식에 관한 성질들이다.

정리 1.1 (부등식의 성질들) *a, b, c가 실수들일 때, 다음이 성립한다.*

1. *세 가지 관계 $a < b$. $a = b$, $a > b$ 중에서 반드시 한 가지 경우만 성립한다.*

2. *$a < b$이고 $b < c$이면 $a < c$이다. (전이(추이)법칙-transitive law)*

3. *$a > 0$이고 $b > 0$이면 $a + b > 0$이고 $ab > 0$이다.*

4. *$a < b$이면 $a + c < b + c$이다.*

5. *$a < b$이고 $c > 0$이면 $ac < bc$이다.*

6. *$a < b$이고 $c < 0$이면 $ac > bc$이다.*

예제 1.1 *다음이 성립한다.*

1. *$3 < 5$ 또는 $5 > 3$이고; $-2 < -1$ 또는 $-1 > -2$이다.*

2. *$x \leq 3$은 x가 3보다 작거나 3과 같은 실수임을 뜻한다.*

절대값(Absolute value)

실수 a에 대해서, a의 **절대값**(absolute value) $|a|$를 다음과 같이 정의한다:

$$|a| = \begin{cases} a & \text{if} \quad a \geq 0, \\ -a & \text{if} \quad a < 0. \end{cases}$$

정리 1.2 (절대값의 성질) *모든 $a, b, c, \ldots, m \in \mathbb{R}$에 대해서, 다음 관계가 성립한다.*

1. *$|ab| = |a||b|$ 또는 $|abc \ldots m| = |a||b||c| \ldots |m|$이다.*

2. *$|a + b| \leq a| + |b|$ 또는 $|a + b + c + \cdots + m| \leq |a| + |b| + |c| + \cdots + |m|$이다.*

3. *$|a - b| \geq |a| - |b|$이다.*

예제 1.2 1. *$|-5| = |5| = 5$, $\left|-\frac{3}{4}\right| = \left|\frac{3}{4}\right| = \frac{3}{4}$이고 $|0| = 0$이다.*

2. *실직선 위에서 두 실수 a와 b사이의 거리는 $|a - b| = |b - a|$이다.*

1.3 지수와 로그

지수와 로그는 일종의 함수의 개념들이며 이들은 서로 역관계다.

지수와 근(exponents and roots)

a가 실수이고 n이 자연수일 때, a를 n번 곱한 수를 a^n으로 표기한다. 즉

$$\overbrace{a \cdot a \cdot a \cdots a}^{n\text{-번}} = a^n$$

로 표현한다. 그리고

$$a^{-n} = \frac{1}{a^n} = (a^n)^{-1}$$

으로 정의한다. 그리고 $a \neq 0$일 때 $a^0 = 1$로 정의하며 0^0은 수로 정의하지 않는다. 이 때 a를 기저(base)라 하고 n을 가리켜서 지수(exponent)라 부른다. 그러면 다음 법칙들이 정립한다.

1. $a^m \cdot a^n = a^{m+n}$, $(a \in \mathbb{R};\ m, n \in \mathbb{N})$
2. $\frac{a^m}{a^n} = a^{m-n}$, $(a \in \mathbb{R}\backslash\{0\};\ m, n \in \mathbb{Z})$
3. $(a^m)^n = a^{mn}$, $(a \in \mathbb{R};\ m, n \in \mathbb{Z})$
4. $\left(\frac{b}{a}\right)^m = \frac{b^m}{a^m}$, $(a \in \mathbb{R};\ m \in \mathbb{Z})$

만약 p가 자연수이고 $a^p = N \in \mathbb{R}$이면, a를 가리켜서 '수 N의 p-승근(p-th root)'이라 부르고 $a = \sqrt[p]{N}$으로 표현한다. 경우에 따라서는 N의 p-승근이 2개까지 존재할 수 있다. 예를 들면, $3^2 = (-3)^2 = 9$이므로 9의 2승근은 3과 -3 두 개가 존재한다.

2승근 $\sqrt{N} = \sqrt[2]{2}$의 경우에는 언제나 음이 아닌 수(0보다 크거나 같은 수)로 정의한다. 즉,

$$\sqrt{N} = x \quad \Longleftrightarrow \quad x \geq 0\text{이고} \quad x^2 = N\text{이다.}$$

따라서 $\sqrt{N}$이 정의되려면 $N \geq 0$인 조건을 만족해야 한다. 예를 들면, $\sqrt{9} = 3$이고 $\sqrt{-9}$는 실수로 정의될 수 없다.

만약 p와 q가 모두 양의 정수이면 $a^{p/q} = (a^p)^{1/q} = \sqrt[q]{a^p}$으로 정의한다.

로그(logarithm)[6]

$a^p = N$일 때, p를 가리켜서 '기저 a에 대한 N의 **로그(logarithm)**'라 부르고 $p = \log_a N$으로 표현한다. 만약 $a > 0$ 이고 $N > 0$이며 $a \neq 1$이면, $p = \log_a N$는 유일한 실수값으로 존재한다.

정리 1.3 (로그의 성질) *$0 < a \neq 1$이고 $M, N > 0$이며 r이 임의의 실수일 때, 다음이 성립한다.*

1. $\log_a MN = \log_a M + \log_a N$
2. $\log_a \frac{M}{N} = \log_a M - \log_a N$
3. $\log_a M^r = r \log_a M$

실생활에서 우리가 로그를 사용할 때는 대개 2개의 기저를 활용한다. 하나는 10을 기저로 하는 상용로그 $\log_{10} x$이고, 또 다른 하나는 오일러의 수(Euler's number)라고 부르는 $e = 2.71828\ldots$를 기저로 하는 **자연로그(natural logarithm)** $\ln x = \log_e x$이다. 고등수학에서는 상용로그 $\log_{10} x$보다는 자연로그 $\ln x$를 선호하는 데, 그 이유는 로그를 이용해서 어떤 함수을 미분하거나 적분할 때에 상용로그보다 자연로그가 더 편리하기 때문이다. 예를 들면

$$\frac{d}{dx} \ln x = \frac{1}{x}, \qquad \frac{d}{dx} \log_{10} x = \frac{1}{x \ln 10}$$

이고

$$\int \frac{1}{x} dx = \ln x + c$$

이다.

[6] 이른 17세기에 곱하기 및 나누기의 계산을 간편하게 해내기 위해 존 네이피어가 발명한 것으로 알려져 있다. 복잡한 단위의 계산을 간편하게 계산 할 수 있다는 장점 때문에, 로그표 및 계산자 등의 발명품과 함께 세계적으로, 여러 분야의 학자들에게 널리 퍼졌다. 지수에 대비된다는 의미에서 대수(對數)로 부르기도 한다.

1.4 해석학적인 개념들

해석학(解析學, analysis)은 미적분학을 엄밀하게 형식화하는 것을 목적으로 시작된 수학의 한 분야로서 수열이나 함수의 극한 및 무한급수, 미분, 적분, 측도 및 해석함수 등의 개념을 다룬다. 위의 개념들은 주로 실수체나 복소수체 및 그 위의 함수에 대해 적용되지만, 보다 일반적으로는 어떤 수학적 공간 혹은 대상이든 '가까움'(위상 공간 참고)이나 조금 더 구체적으로는 '거리'(거리 공간 참고)의 개념이 주어지기만 하면 적용될 수 있다. 해석학은 정수론, 기하학, 대수학과 함께 수학의 주요한 분야들 중 하나이다.

점집합과 구간

실직선 $\mathbb{R}$위에 위치한 점들(실수들)의 집합을 가리켜서 **1차원적인 점집합**이라 부른다. 그리고 $a, b \in \mathbb{R}$이고 $a \le b$일 때, a와 b를 끝점으로 갖는 구간들을 다음과 같이 정의한다.

1. $[a, b] = \{x \in \mathbb{R} \mid a \le x \le b\}$ (**폐구간**)
2. $(a, b) = \{x \in \mathbb{R} \mid a < x < b\}$ (**개구간**)
3. $[a, b) = \{x \in \mathbb{R} \mid a \le x < b\}$ (**반폐구간**)
4. $(a, b] = \{x \in \mathbb{R} \mid a < x \le b\}$ (**반개구간**)

변하는 실수나 점을 나타내는 나타내는 기호 x를 가리켜서 **변수(variable)**라 부르고 고정된 수를 나타내는 a, b 등을 가리켜서 **상수(constant)**라 일컫는다.

대수적인 공식들을 만들기 위해서 문자가 도입된 시기는 대략 1600년대이다. 그 후 철학자이자 수학자인 데카르트(Rene Descartes)[7]가 영문자들 중에서 앞부분에 위치한 a, b, c는 상수를 나타내는 기호로 쓰고 맨 끝부분에 위치한 문자 x, y, z를 변수를 나타내는 문자로 쓰기 시작했다. 이것이 상수를 나타내는 문자는 주로 $a, b, c, \ldots$ 등을 사용하고 변수를 나타내는 문자를 $x, y, z, \ldots$ 등을 사용하는 오늘날의 관습이 되었다.

[7] 르네 데카르트(René Descartes,1596년~1650년)는 프랑스의 물리학자, 근대 철학의 아버지, 해석기하학의 창시자로 불린다.

예제 1.3 *$|x| < 3$인 모든 x들의 집합, 즉 $-3 < x < 3$인 실수 x들의 집합은 개구간 $(-3, 3)$이다.*

가산집합

자연수 집합 $\mathbb{N}$과 1대1로 대응하는 집합을 가리켜서 **가부번집합**(denumerable set)이라 부른다.

예제 1.4 *짝수인 양의 정수들의 집합 $\mathbb{N}_e = \{2, 4, 6, \ldots\}$은 자연수 집합과 1대1로 대응하므로 가부번집합이다.*

집합 A가 A의 어떤 진부분집합 B와 1대1로 대응하면 A를 가리켜서 **무한집합**(infinite set)이라 한다. 무한집합이 아닌 집합을 가리켜서 **유한집합**(finite set)이라 한다.

예제 1.5 *다음 명제들이 성립한다.*

1. *자연수 집합 $\mathbb{N}$은 짝수인 양의 정수들의 집합 $\mathbb{N}_e$와 1대1로 대응하므로 무한집합이다.*
2. *공집합 $\emptyset$은 진부분집합을 갖지 않으므로 유한집합니다.*
3. *$A \subset B$이고 A가 무한집합이면 B도 무한집합이다.*
4. *$A \subset B$이고 B가 유한집합이면 A도 유한집합이다.*
5. *A 또는 B가 무한집합일 필요충분조건은 $A \cup B$가 무한집합이다.*
6. *A와 B가 유한집합일 필요충분조건은 $A \cup B$가 유한집합이다.*

가부번합이나 유한집합을 가리켜서 **가산집합**(countable set)이라고 한다. 유리수 집합 $\mathbb{Q}$는 무한 가산집합인 반면에 무리수집합 $\mathbb{Q}^c$와 실수집합 $\mathbb{R}$은 비가산 무한집합(uncountable infinite set)이다.

집합에 속한 원소들의 갯수를 가리켜서 그 집합의 **기수**(cardinal nimber)라 한다. 특히, 무한 가산집합의 기수를 $\aleph_0$(히브리어로 aleph-null)로 나타낸다. 그리고 실수집합 $\mathbb{R}$과 1대1로 대응되는 집합의 기수를 $\aleph$(aleph)로 표기하고 '**연속체의 기수**(cardinality of the contimuum)'라고 일컫는다.

근방과 집적점(쌓인점)

$a \in \mathbb{R}$이고 $\delta > 0$일 때, 개구간 $N_\delta(a) = (a-\delta, a+\delta)$를 가리켜서 '$a$의 δ-**근방**(neighborhood)'이라 한다. 그리고 a의 근방에서 a를 제거한 집합 $N^o_\delta(a) = N_\delta(a) \setminus \{a\}$를 가리켜서 '$a$를 제거한 a의 근방(a delated δ-neighborhood)'이라 일컫는다.

극한점(極限點, limit point)은 어떤 부분집합의 점들이 무한히 가까이 다가가는 점이다. 부분 집합 대신 점렬에 대한 유사한 개념으로 집적점(集積點, cluster/accumulation point)이 있다. "실수 l이 집합 $A \subset \mathbb{R}$의 **집적점**이라 함"은 "l의 빠진 임의의 δ-근방 $N^o_\delta(l)$이 A의 점을 포함한다는 것, 즉 $N^o_\delta(l) \cap \neq \emptyset$임"을 의미한다. "수 l이 A의 집적점이다"는 것을 다른 말로 표현하자면 "아무리 작은 임의의 $\delta > 0$을 택하더라도 $0 < |x-l| < \delta$인 $x \in A$가 존재한다"는 것을 의미한다. 이와 같은 x는 δ의 값을 점점 작게 선택해도 항상 존재해야 하므로, 실제로 l의 임의의 근방 $N_\delta(l)$은 A의 점들을 무한히 많이 포함해야 한다. 이는 곧 $\lim_{n\to\infty} x_n = l$인 수열 $\{x_n\} \subset A - \{l\}$이 존재한다는 것을 말한다.

따라서 유한집합은 집적점을 가질 수 없고 무한집합이라고 하더라도 집적점을 갖지 않을 수 있다. 우리는 실수들의 집합 A의 집적점들의 전체집합 A'을 가리켜서 A의 **도집합**(derived set)이라 일컫는다. 그리고 자신의 모든 집적점들을 다 포함하는 집합을 가리켜서 **폐(닫힌)집합**(closed set)이라 부른다.

예제 1.6 *1. $A = \{1, \frac{1}{2}, \frac{1}{3}, \ldots\}$이면, $A' = \{0\}$이다. 그런데 $0 \notin A$이므로 A는 닫힌집합이 아니다.*

2. 자연수집합 $\mathbb{N}$과 정수집합 $\mathbb{Z}$는 집적점을 갖지 않는다. 즉, $\mathbb{N}' = \mathbb{Z}' = \emptyset$이다.

3. 유리수 집합은 모든 실수를 집적점으로 갖는다. 즉, $\mathbb{Q}'' = \mathbb{R}$이다. 그리고 $\mathbb{Q}'' = \mathbb{R} \not\subseteq \mathbb{Q}$이므로 $\mathbb{Q}$은 닫힌집합이 아니다.

유계한 집합

$A \subset \mathbb{R}$이라 하자. 만약 모든 $x \in A$에 대해서 $x \leq u$인 관계를 만족하는 실수 u가 존재한다면, "A는 **위로 유계**(bounded above)하다"고 말하고 u를 가리켜서 'A의 **상계**(upper bound)'라 한다. 또한, '모든 $x \in A$에 대해서 $l \leq x$인

관계를 만족하는 실수 l이 존재한다'면, 'A는 **아래로 유계**(bounded below) 하다'고 말하고 l을 가리켜서 'A의 **하계**(lower bound)'라 한다. A가 위로유계하고 아래로 유계하면, 즉 모든 $x \in A$에 대해서 $l \leq x \leq u$인 관계를 만족하는 실수 l, u가 존재하면 "A는 **유계하다**(bounded)''고 말한다.

만약 M이 A의 상계이고 모든 $\epsilon > 0$에 대해서 $M - \epsilon$이 A의 상계가 아니면, M을 가리켜서 A의 **최소상계**(least upper bound: lub) 또는 **상한**(supremum)이라 부르고

$$M = \sup(A) = \text{lub}(A)$$

로 표현한다.

또한, m이 A의 하계이고 모든 $\epsilon > 0$에 대해서 $m + \epsilon$이 A의 하계가 아니면, m을 가리켜서 A의 **최대하계**(greatest lower bound: glb) 또는 **하한**(infimum)이라 부르고

$$m = \inf(A) = \text{glb}(A)$$

로 표현한다.

A의 위로 유계하지 않으면 $\sup(A) = \infty$로 표현하고, A가 아래로 유계하지 않는 경우에는 $\inf(A) = -\infty$로 표현한다.

예제 1.7 *다음이 성립한다.*

1. $A = [0, 1)$*이면,* $\sup(A) = 0$*이고* $\inf(A) = 1$*이다.*
2. $\sup(\mathbb{N}) = \infty$*이고* $\inf(\mathbb{N}) = 1$*이다.*
3. $\sup(\mathbb{Z}) = \infty$*이고* $\inf(\mathbb{Z}) = -\infty$*이다.*

대수적인 수와 초월수

실수를 유리수와 무리수로 구분한다는 것을 우리는 잘 알고 있다. 그런데 실수를 다르게 구분하는 개념들이 있다. 그것은 곧 실수를 **대수적인 수**(代數的數, algebraic number)와 **초월수**(超越數, transcendental number)로 구분하는 것이다. 실수 x가 대수적인 수라고 하는 것은

$$a_nx^n + a_{n-1}x^{n-1} + \cdots a_1x + a_0 = 0, \quad (a_n, a_{n-1}, \ldots, a_0 \in \mathbb{Z}) \tag{1.1}$$

와 같은 정수계수를 갖는 다항 방정식의 근이라는 뜻이고, 대수적인 수가 아닌 실수를 가리켜서 **초월수**(transcendental number)라 일컫는다.

예제 1.8 *다음이 성립한다.*

1. *$\frac{2}{3}$과 $\sqrt{2}$는 각각 대수방정식 $3x-2=0$과 $x^2-2=0$의 근이므로 대수적인 수이다.*
2. *원주율 π와 오일러의 수 $e = \lim_{n\to\infty}\left(1+\frac{1}{n}\right)^n$는 모두 초월수이다.*
3. *$e\pi$나 $e+\pi$와 같은 수들이 초월수인지 대수적인 수인지는 아직 밝혀지지 않고 있다.*
4. *대수적인 수들의 집합은 무한 가산집합이고 초월수는 비가산집합이다.*

1.5 복소수

역사적으로 음수의 제곱근이 최초로 나타난 것은, 서기 1세기 그리스의 수학자이자 발명가인 알렉산드리아의 헤론이 피라미드의 절단에 대한 부피를 계산할 때이다. 좀 더 명확히 나타난 때는 타르탈리아[8]나 카르다노[9]와 같은 16세기 이탈리아 수학자들이 3차와 4차 다항방정식의 근에 대한 공식을 발견할 때이다. 그 당시의 수학자들은 이 공식들에서 실수해만을 구하려고 하였지만 그 과정에서 음수의 제곱근이 다루어지는 과정이 필요함을 곧 알 수 있었다. 그 당시에는 음수에 대한 이해도 부족했으므로 복소수는 수로서 인정되지 못했다.

17세기에 수학자 데카르트가 처음으로 '허수(imaginary number)'라는 용어를 사용하였다. 18세기에 드무아브르(De Moivre)[10]와 오일러(Euler)[11] 의

[8]타르탈리아(Niccolo Tartaglia, 1499년 1557년 12월 13일)는 이탈리아의 수학자다.

[9]카르다노 (Girolamo Cardano, 1501년 9월 24일 - 1576년 9월 21일) 이탈리아 밀라노에서 태어나, 로마에서 죽었다. 수학자로 널리 알려져 있으나 본업은 의사였다. 점성술사, 도박사, 철학자이기도 했다.

[10]아브라함 드무아브르(프랑스어: Abraham de Moivre, 1667~1754)는 프랑스 태생의 수학자이다. 삼각법의 드무아브르의 공식과 통계학의 정규 분포 및 중심 극한 정리를 발견하였다.

[11]오일러(Leonhard Euler, 1707년 4월 15일~1783년 9월 18일)는 스위스 바젤에서 태어난 수학자, 물리학자, 천문학자이다.

복소수에 대한 업적이 있었다. 유명한 드무아브르의 공식에 드무아부르의 업적이 다음과 같이 나타나 있다:

$$(\cos\theta + i\sin\theta)^n = \cos n\theta + i\sin n\theta.$$

그리고 복소해석학에서 오일러의 공식을 볼 수 있다:

$$cos\theta + i\sin\theta = e^{i\theta}.$$

복소수의 존재성에 대해서는 1799년 베셀(Bessel)[12] 이 복소수를 기하적인 표현으로 나타냄으로써 비로소 완전히 받아들여졌다. 이것은 수 년후에 가우스(Gauss)[13]가 발견하여 널리 알려져서 복소수가 매우 중요한 수의 확장으로 받아 들여졌다. 그러나 복소수의 기하학적 표현에 대한 생각은 1685년 존 윌리스가 쓴 수학저서 ≪De Algebra tractatus≫에도 나타났다.

복소수의 정의

복소수(複素數, complex number)는 다음 꼴로 나타낼 수 있는 수이다.

$$a + bi$$

이 때 a, b는 실수이고 i는 허수단위[14]로서 '$i^2 = -1$'인 관계를 만족한다. 실수 a를 그 복소수의 실수부, 실수 b를 복소수의 허수부라고 부른다. 모든 실수는 복소수에 포함된다. 왜냐하면 모든 실수는 허수부가 0인 복소수로 표시할 수 있기 때문이다. 즉 실수 a는 복소수 $a+0i$와 같다. 예를 들어, $\sqrt{13}$은 실수부가 $\sqrt{13}$이고 허수부가 0인 복소수이다.

---

[12] 베셀 (Friedrich Wilhelm Bessel, 1784년 7월 22일 1846년 3월 17일) 은 독일의 천문학자이자 수학자로, 민덴 (Minden) 에서 출생하였다.

[13] 가우스(Johann Carl Friedrich Gauss, 1777년 4월 30일~1855년 2월 23일)는 독일의 수학자이자 과학자이다. 정수론•통계학•해석학•미분기하학•측지학•전자기학•천문학•광학 등의 많은 분야들에 크게 기여하였다. 특히, 정수론이 수학에서 중요한 자리를 차지할 수 있도록 큰 공헌을 한 것이 높이 평가되고 있다. 가우스는 수학의 왕자라는 별명으로, 오늘날의 세대들에게 친숙한 이름이기도 하다.

[14] 전자공학 등의 분야에서는 전류의 기호로 i를 사용하기 때문에 혼동을 피하기 위해 허수단위를 j로 표기하는 경우도 있다.

복소수에서도 실수에서 성립하는 사칙 연산을 정의할 수 있고 기존의 성질을 대부분 만족한다. 예를 들어, 복소수체계 $\mathbb{C}$도 실수체계 $\mathbb{R}$과 마찬가지로 사칙연산에 대해 닫혀 있다.

복소수의 연산

복소수의 집합을 볼드체 $\mathbb{C}$로 표기한다. 임의의 실수 a를 $a = a + 0i$로 나타낼 수 있으며, 이러한 의미에서 실수의 집합 $\mathbb{R}$을 $\mathbb{C}$의 부분집합으로 볼 수도 있다.

그리고 '두 복소수가 서로 같다'는 것은 '두 복소수의 실수부가 서로 같고 허수부도 서로 같음'을 말한다. 즉,

$$a + bi = c + di \quad \Leftrightarrow \quad a = c \ \& \ b = d \text{ 이다.}$$

대수학의 결합법칙, 교환법칙, 분배법칙 등과 $i^2 = -1$이라는 조건을 이용하여 복소수의 덧셈, 뺄셈, 곱셈, 나눗셈을 다음과 같이 정의할 수 있다.

1. 덧셈: $(a + bi) + (c + di) = (a + c) + (b + d)i$,
2. 뺄셈: $(a + bi) - (c + di) = (a - c) + (b - d)i$,
3. 곱셈: $(a + bi)(c + di) = ac + (bc)i + (ad)i + (bd)i^2 = (ac - bd) + (bc + ad)i$,
4. 나눗셈: $(a + bi)/(c + di) = \left(\frac{ac+bd}{c^2+d^2}\right) + \left(\frac{bc-ad}{c^2+d^2}\right) i$.

복소수체와 복소수 평면

위에서 정의한 대로 복소수는 0으로 나누는 경우를 제외하면 사칙연산을 자유롭게 행할 수 있으며, 대수학에서는 이런 집합을 **체**[15]라고 한다. 따라서 복소수의 집합 $\mathbb{C}$는 체를 이루는 데, 이를 강조하여 $\mathbb{C}$를 **복소수체(complex field)**라고 부른다. 복소수체는 덧셈에 대한 항등원 0과 곱셈에 대한 항등원 1을 갖는다.

또한 복소수체에는 $a + bi$의 덧셈에 대한 역원 $-a$-bi와 곱셈에 대한 역원 $\frac{a}{a^2+b^2} - \frac{b}{a^2+b^2} i$도 존재[16] 한다. 마찬가지로 실수의 집합 $\mathbb{R}$도 체를 이루며, 이를

[15]체(體, field)는 사칙연산이 자유로이 시행될 수 있고, 산술의 잘 알려진 규칙들을 만족하는 대수 구조이다.

[16]곱셈에 대한 역원은 $a + bi \neq 0$인 경우에만 존재한다.

실수체(real field)라고 한다. $\mathbb{R}$은 $\mathbb{C}$의 부분집합이므로 실수체는 복소수체의 부분체이다.

복소수는 데카르트 좌표계가 주어진 2차원 평면 상의 점으로 볼 수 있다. 따라서 복소수의 집합 $\mathbb{C}$를 기하학적인 평면으로 볼 수 있으며, 이를 강조하여 $\mathbb{C}$를 복소평면이라고 부르기도 한다.

절대값과 거리

복소수의 $z = a + bi$의 **절댓값**(absolute value) $|z|$는 $\sqrt{a^2 + b^2}$로 정의한다. 이는 피타고라스 정리에 따라 복소평면의 원점으로부터 그 복소수 까지의 거리로 볼 수 있다. 절댓값은 임의의 복소수 z와 w에 대해 다음과 같은 중요한 성질들을 만족한다:

(1) $|z| = 0$일 필요충분조건은 $z = 0$이다.

(2) 모든 $z, w \in \mathbb{C}$에 대해서 $|z + w| \leq |z| + |w|$이다. (삼각 부등식 관계)

(3) 모든 $z, w \in \mathbb{C}$에 대해서 $|z \cdot w| = |z| \cdot |w|$이다.

복소수 z와 w사이의 거리 $d(z, w)$는 $|z - w|$로 정의한다. 이렇게 하면 복소평면은 거리 공간이 되며 이를 이용하며 극한과 연속성 등을 정의할 수 있다.

켤레복소수

복소수 $z = a + bi$의 **켤레복소수**(conjugate complex number)는 $a - bi$로 정의하며, $\bar{z}$ 혹은 z^*로 표시한다. 그림에서 볼 수 있듯이 $\bar{z}$는 z를 실수축에 대해 반사시킨 상이다. 다음의 성질들이 성립한다는 것은 간단히 확인할 수 있다.

(1) $\overline{z + w} = \bar{z} + \bar{w}$

(2) $\overline{z \cdot w} = \bar{z} \cdot \bar{w}$

(3) $\overline{(z/w)} = \bar{z}/\bar{w}$

(4) $\bar{\bar{z}} = z\bar{z} = z$는 z가 실수라는 조건과 동치이다.

(5) $|z| = |\bar{z}|$

(6) $|z|^2 = z \cdot \bar{z}$

(7) $z^{-1} = \bar{z} \cdot |z|^{-2}$ (단, $z \neq 0$일 경우에 한함).

켤레복소수 연산은 사칙연산을 비롯해 여러 중요한 함수와 교환될 수 있다. 예를 들어, 곱셈을 한 뒤에 켤레복소수를 취하나 각각에 켤레복소수를 취한 뒤에 곱셈을 하나 마찬가지이다. 그러나 복소수를 그 켤레복소수로 보내는 함수 $f(z) = \bar{z}$는 복소해석 함수가 아니라는 점을 주의해야 한다.

대수학의 기본 정리에 따르면 일반적으로 계수가 복소수인 다항식 또한 그 근은 모두 복소수이다. 예를 들어 $\sqrt{i}$는 여전히 복소수이다. 왜냐하면 $\sqrt{i}$는 $\frac{1}{\sqrt{2}}+\frac{1}{\sqrt{2}}i$ 와 $-\frac{1}{\sqrt{2}}-\frac{1}{\sqrt{2}}i$라는 두 개의 근을 가지므로 여전히 복소수로 표시할 수 있다. 이런 점에서 복소수는 제곱근을 씌우는 방식으로는 더 이상 확장되지 않는 가장 큰 범위의 수라고 할 수 있다.

하지만 복소수에 포함되지 않는 다른 수가 존재하지 않는다는 의미는 아니다. 수라는 것은 인간의 자유로운 상상력을 기반으로 얼마든지 만들 수 있기 때문이다. 예를 들어 $\sqrt{x} = -1$을 만족하는 x는 복소수가 아니며 이러한 수를 새로 정의할 수 있다.

복소수의 극형식 표현

평면에 복소수 $z = a + bi$를 나타내는 간단한 방법은 직교좌표계라 불리우는 xy-평면에서 $z = a + bi$를 순서쌍 (a, b)애 대응시키는 것이다. 즉, z의 실수부 a는 x-축 성분으로 대응시키고 허수부 b는 y-축 성분으로 대응시키게 되면 복소수 체 $\mathbb{C}$는 2차원 실평면 $\mathbb{R}^2$와 1대1로 대응된다.

평면상의 복소수 $z = x + yi$를 표현하는 또 다른 방법은 원점 $O(0,0)$으로 부터 점 $P(x, y)$까지의 거리 $r = \sqrt{x^2 + y^2}$와 z의 편각(arguement)이라 불리우는 방향벡터 $\overrightarrow{OP}$가 양의 x축과 이루는 사잇각 θ를 이용해서

$$z = x + yi = r(\cos\theta + i\sin\theta)$$

로 표현하는 방식이다. 여기서

$$r = |z| = \sqrt{x^2 + y^2} \text{ 이고} \quad \theta = \begin{cases} \tan^{-1}\left(\frac{y}{x}\right) & \text{if} \quad x > 0, \\ \pi + \tan^{-1}\left(\frac{y}{x}\right) & \text{if} \quad x < 0,\ y \geq 0, \\ -\pi + \tan^{-1}\left(\frac{y}{x}\right) & \text{if} \quad x < 0,\ y < 0, \\ \frac{\pi}{2} & \text{if} \quad x = 0, \quad y > 0, \\ -\frac{\pi}{2} & \text{if} \quad x = 0, \quad y < 0. \end{cases}$$

이다(그림 1.2를 참조하기 바람).

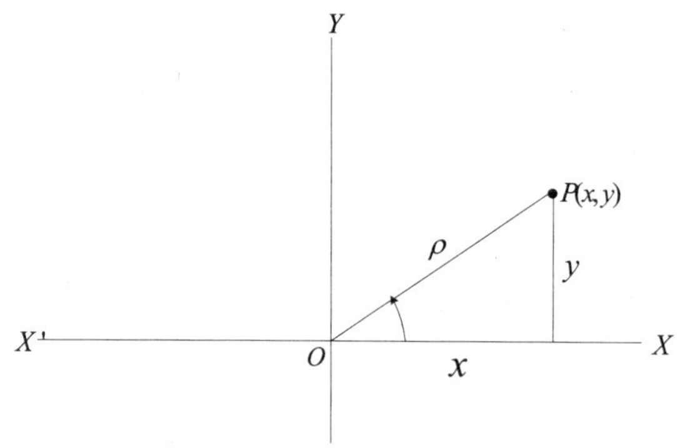

그림 1.2: 복소수의 극형식 표현

복소수의 확장

편각 θ는 래디언(radian) 각도를 의미한다. 복소수 $z = r(\cos\theta + i\sin\theta)$를 오일러의 공식을 활용해서 표현하면

$$z = r(\cos\theta + i\sin\theta) = re^{i\theta}$$

이다. 이 공식을 활용하면 복소수의 곱셈과 나눗셈을 다음과 같이 쉽게 할 수 있다.

$$z_1 = r_1 e^{i\theta_1},\ z_2 = r_2 e^{i\theta_2} \implies z_1 z_2 = r_1 r_2 e^{i(\theta_1+\theta_2)},$$
$$\frac{z_1}{z_2} = \frac{r_1}{r_2} e^{i(\theta_1-\theta_2)}, \quad (\text{단} \quad z_2 \neq 0).$$

또한 $z = re^{i\theta}$이고 n이 정수이면

$$z^n = \left(re^{i\theta}\right)^n = r^n e^{in\theta} \text{ 이다.}$$

1.6 수학적 귀납법

수학적 귀납법(數學的歸納法, mathematical induction)은 수학에서 어떤 주장이 모든 자연수에 대해 성립함을 증명하기 위해 사용되는 방법이다. 무한개의 명제를 함께 증명하기 위해, 먼저 '첫 번째 명제가 참임을 증명'하고 그 다음에는 '명제들 중에서 어떤 하나가 참이면 언제나 그 다음 명제도 참임을 증명'하는 방법으로 이루어진다.

수학적 귀납법은 이름과는 달리 귀납적 논증이 아닌 연역적 논증에 속한다.

정리 1.4 (수학적 귀납법) *자연수 집합 $\mathbb{N}$의 부분집합을 S라 할 때, 두 조건을 만족하면 $S = \mathbb{N}$이다.*

(1) $1 \in S$이다.

(2) $k \in S$이면 $k+1 \in S$이다.

이는 다음 가정들이 참이라는 전제하에서 자연수의 **정렬성**[17](`well-ordering principle`)과 동치이다.

(가정1) 1은 자연수이며, 1이 아닌 모든 자연수는 $n+1$, $(n \in \mathbb{N})$의 꼴로 나타낼 수 있다.

(가정2 임의의 $n \in \mathbb{N}$에 대해 $n < n+1$이 성립한다.

참고 **(다른 시작점)** 첫 자연수가 아닌 수를 귀납의 시작점으로 둘 수도 있다. 만약 어떤 성질 $P(k)$가 자연수 $k = m$에 대해서 참이고, 또한 $n \geq m$인 자연수 $k = n$에 대해서 참일 때 $k = n+1$에 대해서도 참이라면, 성질 $P(k)$는 모든 자연수 $k \geq m$에 대해서 성립한다.

위의 가정하에서 자연수의 정렬성을 이용하여 수학적 귀납법 원리를 증명할 수 있다.

공리 1.2 (정렬의 원리, Well-ordering Principle) *자연수 집합의 공집합이 아닌 모든 부분집합은 최소원소를 포함한다. 수학적인 기호를 써서 표현하면 다음과 같다.*

$$\forall S \quad s.t.\ S \subseteq \mathbb{N}\ \&S \neq \emptyset, \quad \exists a \in S\ s.t.\ a \leq x \quad for\ all \quad x \in S.$$

[17]자연수의 정렬성(Well-ordering Principle)은 공집합이 아닌 모든 자연수 집합의 부분집합은 하나의 최소 정수를 포함한다는 정리이다.

증명 귀류법으로 증명하겠다. 먼저 $S \neq \mathbb{N}$이라고 가정하자. 그러면 S는 자연수 $\mathbb{N}$의 진부분집합이므로 $\mathbb{N} \backslash S \neq \emptyset$이다. 따라서 자연수의 정렬성에 의해 $\mathbb{N} \backslash S$의 최소원소 m이 존재한다. 이 때 $1 \in S$이므로 $m \neq 1$이다. 따라서, 가정1에 의하여, $(m-1)+1 = m$인 자연수 $m-1$이 존재한다. 또한, 가정2에 따라서, $m-1 < m$이므로 $m-1 \in S$이다, 그런데 조건2에 의해서 $m \in S$이다. 이는 $m \notin S$라는 것에 모순이 된다. 따라서 원하는 결론을 얻는다. ■

또한, 페아노 공리계[18]에 의해서 자명하게 여겨지기도 한다.

공리 1.3 (페아노 공리) *A가 다음 두 가지 성질을 만족하는 자연수 집합 $\mathbb{N}$의 부분집합이라 하자.*

(1) *$1 \in A$이다,*

(2) *$n \in A$일 때 $n+1 \in A$이다.*

그러면 $A = \mathbb{N}$이다.

다음의 선택공리(axiom of choice)는 수학에서 정렬의 원리와 함께 중요하게 이용되는 공리다.

정리 1.5 (선택공리) *$\mathcal{A}$가 공집합이 아닌 집합들로 구성된 $\emptyset$아닌 집합족이면, 각 집합 $A \in \mathcal{A}$에 대해서, $f(A) \in A$인 함수 $f : \mathcal{A} \to \bigcup \mathcal{A} = \cup\{A : A \in \mathcal{A}\}$가 존재한다.*

예제 1.9 *$\mathcal{A} = \{\{a,b\}, \{c,d,e\}, \{1,2,3\}, \{3,4\}\}$ 일 때, 함수 $f : \mathcal{A} \to \cup\mathcal{A}$를*

$$f = \{(\{a,b\}, a), (\{c,d,e\}, d)\ (\{1,2,3\}, 3), (\{3,4\}, 4)\}$$

로 정의할 수 있다.

[18] 수리논리학에서, 페아노 공리계(Peano's axioms)는 자연수 체계를 묘사하는 5개의 공리들이다. 수론의 일관성 및 완전성 연구에 사용된다.

≪1장 연습문제≫

수의 연산

1. 다음 방정식을 풀어라.

   (a) $4[(x-2)+3(2x-1)+2(2x+1)=12(x+2)-2$ (b) $\frac{1}{8-x}-\frac{1}{x-2}=\frac{1}{4}$

   (c) $\sqrt{x^2+8x+7}-\sqrt{2x+2}=x+1.$ (d) $\frac{1-x}{\sqrt{x^2-2x+5}}=\frac{3}{5}$

2. 다음 식을 간단히 하라.
$$\frac{x^2-5x+6}{x^2-2x-3}$$

3. 다음 수를 십진 소수로 전개하라.

   (a) $\frac{3}{7}$ (b) $\sqrt{5}$

4. 분수가 17이고 분자가 $1, 2, 3, \ldots$인 분수를 10진 소수로 전개했을 때 반복되는 부분의 자릿수가 16임을 보여라. 이러한 전개에서 자릿수들의 순서에 어떤 관계가 있는가?

5. $\frac{0}{0}$과 $\frac{1}{0}$이 수가 될 수 없는 이유를 설명하라.

유리수와 무리수

6. 모든 유리수는 순환소수로 전개된다는 것을 증명하라.

7. $\frac{3}{7}$과 $\sqrt{5}$를 십진 소수로 전개해 보고 어떤 특징이 있는지 설명하라.

8. $\sqrt{3}$과 $\sqrt[3]{2}$가 모두 무리수임을 증명하라.

9. $\sqrt[3]{5}-\sqrt[4]{3}$과 $\sqrt{2}+\sqrt{3}+\sqrt{5}$가 모두 무리수임을 밝혀라.

10. 다음 방정식의 근들을 구하라.

    (a) $2x^3-5x^2-9x+18=0$

    (b) $3x^3+4x^2-35x+8=0$

    (c) $x^4-21x^2+4=0$

11. a, b, c가 모두 유리수이고 m이 완전사각수가 아닌 양의 정수일 때, $a+b\sqrt{m}=c+d\sqrt{m}$일 필요충분조건이 $a=c$이고 $b=d$인 것임을 증명하라.

12. 다음 등식이 성립함을 증명하라.

$$\frac{1+\sqrt{3}+\sqrt{5}}{1-\sqrt{3}+\sqrt{5}} = \frac{12\sqrt{5}-2\sqrt{15}+14\sqrt{3}-7}{11}$$

부등식

13. 다음 부등식을 만족하는 x값들의 집합을 구하라.

(a) $\frac{1}{x}+\frac{3}{2x} \geq 5$, (b) $x(x+2) \leq 24$, (c) $|x+2| < |x+5|$, (d) $\frac{x}{x+2} > \frac{x+3}{3x+1}$

14. 다음 부등식이 성립함을 증명하라.

(a) $|x+y| \leq |x|+|y|$ (b) $|x-y| \geq |x|-|y|$

15. 모든 실수 x, y, z에 대해서 다음 부등식이 성립함을 증명하라.

$$x^2+y^2+z^2 \geq xy+yz+zx$$

16. $a^2+b^2=1$이고 $c^2+d^2=1$이면, $ac+bd \leq 1$임을 증명하라.

17. $x>0$이면, 임의의 자연수 n에 대해서 다음 부등식이 성립함을 증명하라.

$$x^{n+1}+\frac{1}{x^{n+1}} > x^n+\frac{1}{x^n}$$

18. 세 수 a_1, a_2, a_3가 모두 양수일 때, $\frac{1}{3}(a_1+a_2+a_3) \geq \sqrt[3]{a_1a_2a_3}$가 성립함을 증명하라.

19. 모든 자연수 n에 대해서 다음 부등식이 성립함을 보여라.

$$\frac{1}{2}+\frac{1}{4}+\frac{1}{8}+\cdots+\frac{1}{2^{n-1}} < 1$$

로그

20. 다음을 계산하라.

(a) $4^{\log_2^8}$ (b) $\frac{3}{4}\log_{1/8}\left(\frac{1}{128}\right)$ (c) $\sqrt{\frac{(0.00004)(25{,}000)}{(0.02)^5(0.125)}}$ (d) $3^{-2\log_3 5}$

21. 임의의 양의 실수 $a \neq 1$, $M>0$, $N>0$에 대해서 다음 등식이 성립함을 보여라.

(a) $\log_a(MN) = \log_a M + \log_a N$ (b) $\log_a M^r = r\log_a M$

22. 임의의 양수 $a, b \neq 1$에 대해서 $b^{\log_b a} = a$임을 증명하라.

23. 만약 $M > 0$, $N > 0$이고 $0 < a \neq 1$이면, 다음 등식이 성립함을 증명하라.

$$\log_a \frac{M}{N} = \log_a M - \log_a N$$

기수

24. 두 구간 $[0,\ 1]$과 $[-5,\ -3]$사이에 1대1 대응관계가 존재함을 보여라.

25. 유리수 집합 $\mathbb{Q}$가 가부번 집합임을 증명하라.

26. 실수 집합 $\mathbb{R}$과 무리수 집합 $\mathbb{Q}^c$가 모두 비가산 집합임을 보여라.

27. A와 B가 가산집합이면 교집합 $A \cap B$가 가산 집합임을 보여라.

28. $A_1, A_2, A_3, \ldots$가 가산 집합들이면 합집합 $\bigcup_{n=1}^{\infty} A_n$이 가산 집합임을 보여라.

극한과 경계

29. 집합 $\{1,\ 1.1,\ 0.9,\ 1.01,\ 0.99,\ 1.001,\ 0.999, \ldots\}$에 대해서 다음에 답하여라.

    (a) 이 집합은 유계한가?

    (b) 이 집합의 상한과 하한은 존재하는가? 존재하는 경우에 그 값을 구하라.

    (c) 이 집합은 극한점들을 갖는가? 극한점을 갖는다면 모두 구하여라.

    (d) 이 집합은 폐(닫힌)집합인가?

30. 집합 $\{-0.9,\ 0.9,\ -0.99,\ 0.99,\ -0.999,\ 0.999, \ldots\}$에 대해서 문제 29에 답하라.

31. 3개의 극한점들을 갖는 집합의 예와 극한점을 전혀 갖지 않는 집합의 예를 하나씩만 들어라.

32. 다음에 답하여라.

    (a) 구간 $(0,\ 1)$에 속하는 모든 점이 $(0,\ 1)$의 극한점임을 증명하라.

    (b) 구간$(0,\ 1)$의 극한점들 중에서 $(0,\ 1)$에 속하지 않는 점이 있는가? 있다면 그러한 점들을 모두 구하라.

33. 분모가 2^n, $(n = 1, 2, 3, \ldots)$인 (0, 1)에 속하는 모든 유리수들의 집합을 S라 할 때, 다음에 답하여라.

(a) S가 극한점들을 갖는가?

(b) S가 닫힌집합인가?

대수적인 수와 초월수

34. $\sqrt[3]{2} + \sqrt{3}$이 대수적인 수임을 증명하라.

35. 대수적인 수들의 전체집합이 가부번 집합임을 증명하라.

36. 다음 수들이 모두 대수적인 수임을 증명하라.

(a) $\frac{\sqrt{3}-\sqrt{2}}{\sqrt{3}+\sqrt{2}}$　　(b) $\sqrt{2} + \sqrt{3} + \sqrt{5}$

37. 구간 (0, 1)에 속한 초월수들의 집합이 비가산임을 증명하라.

38. 모든 유리수가 대수적인 수이지만 모든 초월수가 반드시 대수적인 수일 필요는 없다는 것을 증명하라.

복소수

39. 다음을 계산하여 $a + bi$ 형식으로 표현하라.

(a) $(-1 + \sqrt{3}i)^{-10}$　　(b) $(1 - i)^{1/4}$

40. 다음을 계산하여 $a + bi$ 형식으로 표현하라.

(a) $2(5 - 3i) - 3(-2 - i) + 5(i - 3)$　(b) $\frac{5}{3-4i} + \frac{10}{4+3i}$　(c) $(3 - 2i)^3$

(d) $\frac{(1+i)(2+3i)(4-2i)}{(1+2i)^2(1-i)}$　(e) $\left(\frac{1-i}{1+i}\right)^{10}$　(f) $\left|\frac{2-4i}{5+7i}\right|^2$

41. 복소수 z_1, z_2에 대해서 다음 등식이 성립함을 보여라.

(a) $\left|\frac{z_2}{z_1}\right| = \frac{|z_2|}{|z_1|}$, $(z_1 \neq 0)$　　(b) $|z_1^2| = |z_1|^2$

42. 복소수 z_1, z_2에 대해서 다음 부등식이 성립함을 보여라.

(a) $|z_1 + z_2| \leq |z_1| + |z_2|$　　(b) $|z_1 - z_2| \geq |z_1| - |z_2|$

43. 다음 복소수를 극형식으로 표현하라.

(a) $3\sqrt{3} + 3i$　(b) $-2 - 2i$　(c) $1 - \sqrt{3}i$　(d) 5　(e) $-5i$

44. 다음 값을 계산하라.

(a) $[2(\cos 25° + i\sin 25°)]\,[5(\cos 110° + i\sin 110°)]$

(b) $\frac{12\,\mathrm{cis}\,16°}{(3\,\mathrm{cis}\,44°)(2\,\mathrm{cis}\,62°)}$, (단, $\mathrm{cis}\,\theta = \cos\theta + i\sin\theta$임)

45. 다음 복소수의 근들을 모두 구하여라.

(a) $(4\sqrt{2} + 4\sqrt{2}i)^{1/3}$ (b) $(-1)^{1/5}$ (c) $(\sqrt{3} - i)^{1/3}$ (d) $i^{1/4}$

46. $z_1 = r_1\,\mathrm{cis}\,\theta_1$이고 $z_2 = r_2\,\mathrm{cis}\,\theta_2$일 때, 다음이 성립함을 증명하라.

(a) $z_1z_2 = r_1r_2\,\mathrm{cis}\,(\theta_1 + \theta_2)$ (b) $z_1/z_2 = (r_1/r_2)\,\mathrm{cis}\,(\theta_1 - \theta_2)$

수학적인 귀납법

□ 다음을 수학적 귀납법을 써서 증명하라.

47. 모든 자연수 n에 대해서 $x^n - y^n$은 $x - y$를 인자로 갖는다.

48. 자연수 n에 대해서 $1^2 + 2^2 + 3^3 + \cdots + n^2 = \frac{1}{6}n(n+1)(2n+1)$이다.

49. $1 + 3 + 5 + \cdots + (2n-1) = n^2$

50. $\frac{1}{1\cdot 3} + \frac{1}{3\cdot 5} + \frac{1}{5\cdot 7} + \cdots + \frac{1}{(2n-1)(2n+1)} = \frac{n}{2n+1}$

51. $\frac{1}{1\cdot 2\cdot 3} + \frac{1}{2\cdot 3\cdot 4} + \frac{1}{3\cdot 4\cdot 5} + \cdots + \frac{1}{n\cdot(n+1)\cdot(n+2)} = \frac{n(n+3)}{4(n+1)(n+2)}$

52. $a + ar + ar^2 + \cdots + ar^{n-1} = \frac{a(r^n - 2)}{r-1}$, $(r \neq 1)$

53. $1^3 + 2^3 + 3^3 + \cdots n^3 = \frac{1}{4}n^2(n+1)^2$

54. $1(5) + 2(5)^2 + 3(5)^3 + \cdots n(5)^{n-1} = \frac{5 + (4n-1)5^{n+1}}{16}$

55. $n = 1, 2, 3, \ldots$에 대해서 $x^{2n-1} + y^{2n-1}$이 $x + y$로 인수분해됨을 보여라.

56. r이 유리수일 때, 다음 등식이 성립함을 증명하라.

$$(\cos\theta + i\sin\theta)^r = (\cos r\theta + i\sin r\theta).$$

57. 다음 등식이 성립한다.

(a) $\frac{1}{2} + \cos x + \cos 2x + \cdots + \cos nx = \frac{\sin(n+\frac{1}{2})x}{2\sin\frac{1}{2}x}$, $(x \neq 0 \pm 2\pi,\ \pm 4\pi, \ldots)$.

(b) $\sin x + \sin 2x + \cdots + \sin nx = \frac{\cos\frac{1}{2}x - \cos(n+\frac{1}{2})x}{2\sin\frac{1}{2}x}$, $(x \neq 0 \pm 2\pi,\ \pm 4\pi, \ldots)$.

기타 문제들

58. 다음 각 정수를 괄호( )안에 표현된 진수로 표현하라.

(a) 87 (2진수) (b) 64 (3진수) (c) 1736 (9진수)

59. 어떤 수 x가 5진수로 144로 표현되면, x는 2진수와 8진수로 각각 어떻게 표현되는가?

60. 0과 1사이에 있는 모든 유리수 p/q는

$$\frac{p}{q} = \frac{a_1}{2} + \frac{a_2}{2^2} + \cdots + \frac{a_n}{2^n} + \cdots, \quad (a_i \in \{0, 1\})$$

의 형식으로 전개될 수 있음을 증명하라. 이 때, 표현 $0.a_1a_2 \ldots a_n \ldots$을 가리켜서 유리수 p/q의 **2진수 형식(binary form)**이라 한다. (힌트: 주어진 수식의 양변을 2로 연속적으로 곱하고 나머지를 생각하라.)

61. 분수 $\frac{2}{3}$을 2진수, 3진수, 8진수, 10진수 형식으로 표현하라.

62. 어떤 수 a에 대한 2진수 형식이 11.01001일 때, a의 10진수 형식을 구하라.

63. $3 + 4$의 n-진수 형식이 12일 때, 정수 n의 값은 얼마인가?

64. 12진수 형식에서 t와 e는 각각 10과 11을 가리키는 수라고 하자. 이 기호들을 써서 10진수 5110을 12진수 형식으로 표현하라.

65. 10진수형식이 $1.636363\ldots$인 유리수 p/q를 구하라.

66. 유리수 전체집합 $\mathbb{Q}$가 **체(field)**임을 증명하라.

67. 실수의 연산법칙을 써서 다음을 증명하라.

(a) $(-3)0 = 0$ (b) $(-2)(3) = -6$

제 2 장

수열

2.1 수열의 정의

수열을 이루는 각각의 수를 항(term) 또는 원소(element)라고 한다. 수열의 항을 앞에서부터 차례로 나열할 때, 앞에서부터 n번째에 오는 항을 제 n항이라고 하며 이를 기호로 a_n과 같이 나타난다. 제 n항에서 n에 자연수를 대입하여 $a_1, a_2, a_3, a_4, a_5, \ldots$와 같이 표기하며 차례대로 제 1항, 제 2항, 제 3항, 제 4항, 제 5항, ...과 같이 지칭한다. 특히, 제 1항 a_1은 첫째 항 또는 초항(first term)이라고 한다.

수열에서 제 n항 a_n은 n에 대한 식 $f(n)$과 같이 나타내어 지는데, 이를 가리켜서 일반항이라고 한다. 이는 자연수 n의 값에 따라 구해지는 모든 항의 값을 일반적으로 나타낸 것이기 때문이다. 다시 말해서 일반항 a_n은 수열의 모든 항을 하나로 일반화 시킨 것으로써 수열의 모든 항을 대표한다고 할 수 있다. 따라서 수열을 간단한 기호로 나타낼 때에는 집합과 유사하게 $\{a_n\}$으로 표현하거나 또는 (a_n)으로 나타낸다.

정의 2.1 (수열) *$N \subseteq \mathbb{N}$이고 $A \subseteq \mathbb{R}$이며 $f : N \to A$가 함수일 때, f를 가리켜서 수열(sequence of numbers)라 한다. 특히, 각 $n \in N$에 대해서 $f(n) = a_n$일 때 $f = \{a_n\}$ 또는 $f = (a_n)$으로 나타낸다.*

수열의 일반항이 $a_n = f(n)$의 형태로 표현되므로 이를 함수와 관련지을 때, 정의역이 자연수 $\mathbb{N}$의 부분집합 N이고 공역이 실수 $\mathbb{R}$의 부분집합 A인 함수 $f : N \to A$에 대하여, 자연수 n의 값과 이에 따른 함수값 $f(n)$의 대응을 생각할 수 있다. 즉, $n = 1, 2, 3, 4, \ldots$를 차례대로 이 함수에 대입하여 얻은 함수값들을 차례대로 나열하면 $f(1), f(2), f(3), f(4), \ldots$인데, $f(n) = a_n$이므로 이는 $a_1, a_2, a_3, a_4, \ldots$ 형식의 수열과 동일하다. 따라서 일반항 a_n이 자연수 n에 대한 식 $f(n)$으로 나타내어지면 수열 $\{a_n\}$의 모든 항들을 나타낼 수 있는 것이다.

한 수열에서 항의 수를 가리켜서 수열의 길이라고 하며 이는 유한할 수도 있고 무한할 수도 있다. 항의 수가 유한한 수열을 **유한수열**이라고 하며 항의 수가 무한한 수열을 **무한수열**이라고 한다. 유한수열에서는 항을 차례로 나열할 때 맨 마지막 항이 존재하는데 이 항을 끝항이라고 한다.

수열의 각 항은 순서에 따라 구분되므로 (1, 2, 3)과 (1, 3, 2)는 엄연히 서로 다른 수열이며, 집합의 경우와 달리 (1, 1, 1)처럼 하나의 수가 두 항에 동시에 등장할 수도 있다.

2.2 수열의 극한

수열의 극한(limit of a sequence)은 수학의 핵심 분야인 해석학의 바탕이 되는 중요한 개념들 가운데 하나이다. 수열의 극한 개념은 함수의 극한으로 확장되었으며 이는 해석학의 중요한 도구인 미분과 적분의 개념을 정립하는 데 결정적인 역할을 했다.

직관적으로 말해서, '수열 $\{a_n\}$이 수렴(convergent)한다'는 것은 수열의 첨자 n이 커짐에 따라 a_n이 어떤 고정된 유한한 값(수) a에 한없이 가까워지는 것을 말한다. 이 때 a를 수열 $\{a_n\}$의 극한이라고 한다. 수열이 수렴하지 않으면, 즉 극한을 갖지 않으면 발산(divergent)한다고 한다.

예를 들어, 수열 $\frac{1}{2}, \frac{1}{3}, \frac{1}{4}, \ldots$ 은 0에 한없이 가까워지므로 수렴하며 그 극한은 0이다. 그러나 수열 $0, 1, 0, 1, \ldots$은 어떤 고정된 값에 가까워지지 않으므로 발산한다.

수열의 극한은 실수 집합이나 보다 일반적으로 어떤 거리 공간과 위상 공간에서 정의될 수 있다.

정의 2.2 (수열의 극한) *주어진 실수 a와 실수열 $\{a_n\}$에 대하여, "a가 $\{a_n\}$의 극한이다" 또는 "$\{a_n\}$이 a로 수렴한다"고 함은, "임의의 실수 $\epsilon > 0$에 대해서, $n > N$이면 $|a_n - a| < \epsilon$임을 만족시키는 자연수 N이 존재한다"는 것을 말하고 이것을*

$$\lim_{n\to\infty} a_n = a$$

또는

$$a_n \to a \ (n \to \infty)$$

로 나타낸다. 이 정의를 형식적으로 표현하면 다음과 같다.

$$\forall\epsilon > 0, \quad \exists N \in \mathbb{N} \qquad s.t. \qquad n > N \quad \Rightarrow \quad |a_n - a| < \epsilon.$$

좀 더 알기 쉽게 설명하자면, 수열의 항이 최종적으로 일정한 값에 임의의 오차 범위 이내로 근접한다는 것을 의미한다.

정리 2.1 (극한의 기본성질) *다음이 성립한다.*

- *수렴하는 수열의 극한은 유일하다.*
- *수렴하는 수열은 유계이다. 즉, 모든 자연수 n에 대해 $|a_n| \le M$를 만족시키는 실수 $M > 0$이 존재한다.*
- *수렴하는 수열 $\{x_n\}$과 $\{y_n\}$에 대해, $x_n \le y_n$이 어떤 적당한 수 N보다 큰 모든 n에 대해써 성립한다면, $\lim_{n\to\infty} x_n \le \lim_{n\to\infty} y_n$이다.*
- *수렴하는 수열 $\{x_n\}$, $\{y_n\}$에 대해서, $\lim_{n\to\infty} x_n < \lim_{n\to\infty} y_n$이면, 어떤 수 N보다 큰 모든 n에 대해 $x_n < y_n$이 성립한다.*
- *모든 $n > N$에 대해서 $x_n \le y_n \le z_n$이고 $\lim_{n\to\infty} x_n = \lim_{n\to\infty} z_n = L$이면, $\lim_{n\to\infty} y_n = L$이다(**샌드위치 정리**).*
- *단조이며 유계인 수열은 수렴한다(**단조 수렴 정리**).*

정의 2.3 (부분수열) *수열* $\{a_n \mid n \in \mathbb{N}\}$*과 순증가 수열* $\{n_k \mid k = 1, 2, \ldots\}$*대해서 수열*

$$\{a_{n_k} : k \in \mathbb{N}\}$$

을 수열 $\{a_n\}$*의* ***부분수열*** *(subsequence)이라고 한다. 예를 들어* $1, 3, 5, 7, \ldots$ *은 수열* $1, 2, 3, 4, 5, 6, 7, \ldots$*의 부분수열이다.*

수열과 그 부분수열의 수렴성에 대한 관계는 다음과 같다.

- 수렴하는 수열의 모든 부분수열은 수렴하며, 그 극한은 원래 수열의 극한과 같다.
- 볼차노-바이어슈트라스 정리에 의하면, 유계인 수열은 반드시 수렴하는 부분수열을 포함한다.

정리 2.2 (극한의 연산법칙) *두 수열* $\{x_n\}, \{y_n\}$*이 모두 수렴하고*

$$\lim_{n\to\infty} x_n = x, \quad \lim_{n\to\infty} y_n = y$$

일 때, 다음이 성립한다.

1. $\lim_{n\to\infty} (x_n + y_n) = x + y$
2. $\lim_{n\to\infty} (x_n - y_n) = x - y$
3. $\lim_{n\to\infty} x_n y_n = xy$
4. $\lim_{n\to\infty} \frac{x_n}{y_n} = \frac{x}{y}$ (단, $y_n \neq 0, y \neq 0$)
5. $\lim_{n\to\infty} (c + x_n) = c + x$, ($c$는 상수)
6. $\lim_{n\to\infty} c x_n = cx$, ($c$는 상수)
7. $\lim_{n\to\infty} x_n^{\alpha} = x^{\alpha}$, ($\alpha \in \mathbb{R}$)

예제 2.1 *다음이 성립한다.*

1. *수열* $1, -1, 1, -1, 1, \ldots$*는 발산(진동)한다.*
2. *수열* $1, -\frac{1}{2}, \frac{1}{3}, -\frac{1}{4}, \ldots$*는 수렴하며 0을 극한으로 한다.*

3. *다음은 잘 알려진 수렴하는 수열의 예이다.*

- $\lim_{n\to\infty} c = c$, *(c는 상수)*
- $\lim_{n\to\infty} \frac{1}{n^p} = 0,\ p > 0$
- $\lim_{n\to\infty} a^n = 0,\ |a| < 1$
- $\lim_{n\to\infty} \sqrt[n]{a} = 1,\ a > 0$
- $\lim_{n\to\infty} \sqrt[n]{n} = 1$

4. *임의의 실수로 수렴하는 수열을 십진법에 의한 내림 근사를 이용하여 만들 수 있다. 예를 들어, 수열* $0.3, 0.33, 0.333, \ldots$*은* $\frac{1}{3}$*로 수렴한다. 마찬가지로 수열* $1.4, 1.41, 1.414, \ldots$*는* $\sqrt{2}$*로 수렴한다. 이렇게 만든 수열은 모두 코쉬수열이다.*

5. *다음 수열의 극한은 직관적이지 않을 수 있다.*

- *수열* $\left(1+\frac{1}{n}\right)^n$*은 약 2.71828의 값을 가지는 오일러(Euler)의 상수* e*로 수렴한다. 또한* $\left(1+\frac{r}{n}\right)^n$*은* e^r*로 수렴한다.*
- *산술기하평균은 산술평균과 기하평균에 의한 점화수열의 극한이다.*
- $\lim_{n\to\infty} n\left(a^{\frac{1}{n}} - 1\right) = \ln a$*이다.*
- $\lim_{n\to\infty} \left(1 + \frac{1}{2} + \frac{1}{3} + \cdots + \frac{1}{n} - \ln n\right) = \gamma$ *(오일러-마스케로니 상수)이다.*

6. *아래의 극한들은 어떤 면에서 무한대로 발산하는 수열의 규모를 나타낸다.*

- $\lim_{n\to\infty} \frac{\ln n}{n^p} = 0,\ p > 0$
- $\lim_{n\to\infty} \frac{n^p}{a^n} = 0,\ a > 1$
- $\lim_{n\to\infty} \frac{a^n}{n!} = 0,\ a > 1$
- $\lim_{n\to\infty} \frac{n!}{n^n} = 0$

무한대로의 발산

실수 수열 $(a_n)_{n=0}^{\infty}$의 무한대로의 발산은 다음과 같은 두 경우로 정의된다.

1. '수열이 무한대로 발산한다고도 한다'는 것을 $a_n \to \infty\,(n \to \infty)$로 표기하거나 $\lim_{n\to\infty} a_n = \infty$로 표기하며 수학적으로 다음과 같이 정의한다.

   임의의 실수 K에 대해, 모든 $n > N$에 대해서 $a_n > K$인 관계를 만족시키는 자연수 N이 존재한다. 즉,

$$\forall K \in \mathbb{R},\ \exists N \in \mathbb{N} \quad \text{s.t.} \quad n > N \Rightarrow a_n > K\text{이다.}$$

2. 또한 '음의 무한대로 발산한다'는 것을 $a_n \to -\infty\,(n \to \infty)$ 또는 $\lim_{n\to\infty} a_n = -\infty$ 로 표기하며 다음과 같이 정의한다.

   임의의 실수 K에 대해, 모든 $n > N$에 대해서 $a_n < K$인 관계를 만족시키는 자연수 N이 존재한다. 즉,

$$\forall K \in \mathbb{R} \quad \text{s.t.} \quad n > N \Rightarrow a_n < K \text{이다.}$$

그 예로 다음이 있다.

- $\lim_{n\to\infty} (-n) = -\infty$
- $\lim_{n\to\infty} \ln n = \infty$

수렴성의 좁은 의미에서 무한대로의 수렴은 수렴이 아닌 발산이다. 또한 주의할 점은 무한대로 수렴하는 것과 발산하는 것은 다르다는 것이다. 예를 들어 두 수열

$$0,\ 1,\ 0,\ -1,\ 0,\ 1,\ 0,\ -1, \ldots$$

$$1,\ 1,\ 2,\ 1\ ,2,\ 3,\ 1,\ 2,\ 3,\ 4, \ldots$$

는 발산하지만 음이나 양의 무한대로 발산하지는 않는다.

유계수열과 단조수열

1. 모든 $n = 1, 2, 3, \ldots$에 대해서 $a_n \le M$인 관계를 만족하는 상수 M이 존재하면 '수열 $\{a_n\}$이 **위로 유계하다**(bounded above)'라고 말하고 M을 가리켜서 수열 $\{a_n\}$의 **상계**(upper bound)라 한다. 만약 모든 $n = 1, 2, 3, \ldots$에 대해서 $m \le a_n$인 관계를 만족하는 상수 m이 존재하면, '수열 $\{a_n\}$이 **아래로 유계하다**(bounded below)'라고 말하고 m을 가리켜서 수열 $\{a_n\}$의 **하계**(lower bound)라 한다.

   만약 $m \le a_n \le M\ (n = 1, 2, 3, \ldots)$인 상수 m, M이 존재하면, 수열 $\{a_n\}$을 **유계한 수열**(bounded sequence)이라 부른다. 수렴하는 모든 수열은 유계한 수열이 되지만 유계한 수열이라고 해서 수렴하는 것은 아니다.

2. 모든 $n = 1, 2, 3, \ldots$에 대해서, $a_n \le a_{n+1}$이면 "수열 $\{a_n\}$이 **단조증가**"라고 말하고 $a_n < a_{n+1}$이면 "수열 $\{a_n\}$이 **순(완전)증가**"라고 말한다.

   또한, 모든 $n = 1, 2, 3, \ldots$에 대해서, $a_n \ge a_{n+1}$이면 "수열 $\{a_n\}$이 **단조감소**"라고 말하고 $a_n > a_{n+1}$이면 "수열 $\{a_n\}$이 **순(완전)감소**"라고 말한다.

예제 2.2 *다음이 성립한다.*

1. *수열 1, 1.1, 1.11, 1.111, ...는 유계하고 단조증가인 수열이다. 실제로 이 수열은 순증가수열이다.*
2. *수열 1, −1, 1, −1, 1, ...는 유계하지만 단조증가나 단조감소가 아니다.*
3. *수열 −1, −1.5, −2, −2.5, −3, ...는 단조감소이지만 유계하지는 않다. 그러나 위로는 유계한 수열이다.*

다음은 볼자노-와이어스트라스[1](Bolzano-Weierstrass)정리이다.

정리 2.3 (볼차노-바이어슈트라스 정리) *모든 유계수열은 극한점(집적점)을 갖는다.*

상한과 하한

1. 수 M이 수열 $\{a_n\}$의 **상한**(supremum) 또는 **최소상계**(least upper bound: l.u.b.)라 함은 다음 두 가지 성질을 만족한다는 뜻이다.
   (a) M이 수열 $\{a_n\}$의 상계다.
   (b) 만약 M'이 $\{a_n\}$의 상계이면 $M \le M'$이다.

   M이 수열 $\{a_n\}$의 상한일 때, $\sup_n a_n = M$ 또는 lub $a_n = M$으로 표현한다.
2. 수 m이 수열 $\{a_n\}$의 **하한**(infimum) 또는 **최대하계**(greast lower bound: g.l.b.)라 함은 다음 두 가지 성질을 만족한다는 뜻이다.
   (a) m이 수열 $\{a_n\}$의 하계다.
   (b) 만약 m'이 $\{a_n\}$의 상계이면 $m' \le m$이다.

   m이 수열 $\{a_n\}$의 하한일 때, $\inf_n a_n = m$ 또는 glb $a_n = m$으로 표현한다.

상한과 하한의 개념은 수열이 아닌 실수들로 구성된 집합으로까지 확장해서 정의될 수 있다.

[1]볼차노-바이어슈트라스 정리(Bolzano–Weierstrass theorem)는 유클리드 공간에서 유계 닫힌집합과 점렬 콤팩트 공간의 개념이 일치한다는 정리이다.

상극한과 하극한

수학에서 수열의 상극한(上極限, limit superior)과 하극한(下極限, limit inferior)은 간단히 말하면 일종의 수열의 경계의 극한이다. 함수의 상극한과 하극한도 이와 비슷하다. 집합에 대한 극한점들의 상한, 하한으로 생각할 수도 있다.

1. 수열 $(x_n)_{n\in\mathbb{N}}$의 하극한의 정의는 다음과 같다.

$$\liminf_{n\to\infty} x_n = \varliminf_{n\to\infty} x_n := \lim_{n\to\infty}\left(\inf_{m\geq n} x_m\right) = \sup_{n\geq 0}\left(\inf_{m\geq n} x_n\right).$$

2. 마찬가지로 상극한의 정의는 다음과 같다.

$$\limsup_{n\to\infty} x_n = \varlimsup_{n\to\infty} x_n := \lim_{n\to\infty}\left(\sup_{m\geq n} x_m\right) = \inf_{n\geq 0}\left(\sup_{m\geq n} x_n\right).$$

실수열의 경우 상극한과 하극한이 확장된 실수 $\mathbb{R}\cup\{-\infty,+\infty\}$에서 항상 존재한다. 임의의 완비 격자 위의 수열에 대해서도 비슷한 결론이 성립한다.

정리 2.4 (상극한과 하극한의 성질) *임의의 실수열 (x_n)은 다음 성질들을 만족한다.*

1. *상극한과 하극한에 대해 다음과 같은 관계가 성립한다.*

$$\liminf_{n\to\infty} x_n = -\limsup_{n\to\infty}(-x_n),$$
$$\inf_n x_n \leq \liminf_{n\to\infty} x_n \leq \limsup_{n\to\infty}(x_n) \leq \sup_n x_n,$$

2. *수열은 상, 하극한이 같으면 같은 값으로 수렴한다. 그리고 그 역도 성립한다.*

$$\lim_{n\to\infty} x_n = x \in [-\infty,+\infty] \Leftrightarrow \liminf_{n\to\infty} x_n = \limsup_{n\to\infty} x_n = x \in [-\infty,+\infty]$$

3. *상극한보다 큰 임의의 수 L과 임의의 자연수 N에 대하여, $x_n < L$인 관계를 만족하는 $n > N$이 존재한다.*

4. *하극한보다 작은 임의의 수 l과 임의의 자연수 N에 대하여, $x_n > l$인 관계를 만족하는 $n > N$이 존재한다.*

5. *임의의 수열* (a_n), (b_n)*에 대해, 상극한은 저가법성, 하극한은 초가법성을 만족한다.*

$$\limsup_{n\to\infty}(a_n+b_n) \le \limsup_{n\to\infty}(a_n)+\limsup_{n\to\infty}(b_n),$$
$$\liminf_{n\to\infty}(a_n+b_n) \ge \liminf_{n\to\infty}(a_n)+\liminf_{n\to\infty}(b_n).$$

물론, 위 부등식은 우변의 합들이 정의되었다는 전제하에서 성립한다. 등식이 성립하는 조건은 두 수열 (a_n)*과* (b_n)*이 모두 수렴하는 것이다.*

축소구간 정리

폐구간열 $\{[a_n, b_n] : n = 1, 2, 3, \ldots\}$이 다음 두 가지 성질을 만족할 때, 이를 **축소구간열**(sequence of nested intervals)이라 한다.

- $[a_1, b_1] \supseteq [a_2, b_2] \supseteq [a_3, b_3] \supseteq \cdots;$
- $\lim_{n\to\infty}(a_n - b_n) = 0.$

정리 2.5 (축소구간 정리) *폐구간열* $\{[a_n, b_n] : n = 1, 2, 3, \ldots\}$*이 축소구간열이면*

$$\bigcap_{n=1}^{\infty}[a_n, b_n] = \{x\}$$

인 수 x*가 유일하게 존재한다.*

이 정리를 이용해서 앞에서 소개한 Bolzano-Weistrass 정리를 증명할 수 있다.

코쉬수열

수열 $\{a_n\}$이 **코쉬수열**(Cauchy sequence)이라 함은 다음 조건을 만족한다는 뜻이다.

> **(코쉬수열의 조건)** 임의로 주어진 수 $\epsilon > 0$에 대해서, $m, n > N$이면 $|a_n - a_m| < \epsilon$인 관계를 만족하는 자연수 N이 존재하는 것이다. 즉
>
> $$\forall\, \epsilon > 0, \quad \exists N \in \mathbb{N} \ \text{ s.t. } \quad n,\, m > N \quad \to \quad |a_n - a_m| < \epsilon$$
>
> 이다.

정리 2.6 (코쉬수열의 수렴성) *수열* $\{a_n\}$*이 코쉬수열이면,* $\{a_n\}$*은 수렴한다. 즉,* $\{a_n\}$*이 코쉬수열이면* $\lim_{n\to\infty} a_n = l$*인 수* l*이 존재한다.*

무한급수

급수(級數, series)란 수학에서 수열들의 각 항의 합을 의미한다. 즉, 급수란 여러 수들의 합으로 표현된다. 급수의 예로는 아래와 같은 등차수열의 합이 있다.

$$1+2+3+4+5+\ldots.+99+100.$$

주어진 수열 $\{a_n\}$에 대해서

$$S_n=\sum_{k=1}^{n}a_k,\ (n=1,2,3,\ldots)$$

로 정의되는 새로운 급수 S_n을 가리켜서 $\{a_n\}$의 n-**부분합**(partial sum) 이라 한다. 만약

$$\lim_{n\to\infty}S_n=S\in\mathbb{R}$$

이면 "급수 $\sum_{n=1}^{\infty}a_n$이 수렴한다''고 말하고

$$\sum_{n=1}^{\infty}a_n=\lim_{n\to\infty}S_n=S$$

로 정의한다. 극한 $\lim_{n\to\infty}S_n$의 값이 존재하지 않는 경우에는 "급수 $\sum_{n=1}^{\infty}a_n$이 발산한다"고 말한다.

≪2장 연습문제≫

수열

1. 주어진 수열의 처음 다섯 항들을 이용하여 n-번째 항을 구하라.

 (a) $\frac{-1}{5}, \frac{3}{8}, \frac{-5}{11}, \frac{7}{14}, \frac{-9}{17}, \cdots$ (b) $1, 0, 1, 0, 1, \ldots$ (c) $\frac{2}{3}, 0, \frac{3}{4}, 0, \frac{4}{5}, \cdots$

2. 피보나치수열(Fibonacci sequence) x_n은 다음과 같이 정의된다.

$$u_1 = u_2 = 1,\ u_{n+2} = U_{n+1} + U_n,\ (n = 1, 2, 3, \ldots)$$

 이 때, 다음에 답하라.

 (a) 이 수열의 처음 6항들을 구하라.

 (b) n-번째 항이 $x_n = \frac{a^n - b^n}{\sqrt{5}},\ \left(a = \frac{1}{2}(1+\sqrt{5}),\ b = \frac{1}{2}(1-\sqrt{5})\right)$임을 보여라.

수열의 극한

3. 극한의 정의를 써서 다음을 증명하라.

 (a) $\lim\limits_{n\to\infty} \frac{4-2n}{3n+2} = \frac{-2}{3}$ (b) $\lim\limits_{n\to\infty} 2^{-1/\sqrt{n}} = 1$

 (c) $\lim\limits_{n\to\infty} \frac{n^4+1}{n^2} = \infty$ (d) $\lim\limits_{n\to\infty} \frac{\sin n}{n} = 0$

4. 다음 관계를 만족하는 가장 작은 자연수 N을 구하여라.

$$\left|\frac{3n+2}{n-1} - 3\right| < \epsilon = 0.01 \quad \text{for all} \quad n > N.$$

5. 극한의 정의를 써서 $\lim\limits_{n\to\infty} \frac{2n-1}{3n+4} \neq \frac{1}{2}$임을 증명하라.

6. 극한의 정의를 써서 $\lim\limits_{n\to\infty} \frac{2\cdot 10^n+1}{3\cdot 10^n+5} = \frac{2}{3}$임을 증명하라.

7. $\lim\limits_{n\to\infty} 3^{2n-1} = \infty$이고 $\lim\limits_{n\to\infty} (1-2n) = -\infty$임을 증명하라.

8. 극한 $\lim\limits_{n\to\infty} (-1)^n n$이 존재하지 않음을 증명하라.

9. $\lim\limits_{n\to\infty} |x_n| = 0$이면 $\lim\limits_{n\to\infty} x_n = 0$임을 증명하라.

10. $\lim\limits_{n\to\infty} x_n = l$일 때, 다음이 성립함을 증명하라.

 (a) 임의의 상수 c에 대해서 $\lim\limits_{n\to\infty} (cx_n) = cl$이다.

(b) $\lim_{n\to\infty} x_n^2 = l^2$이다.

(c) p가 자연수일 때, $\lim_{n\to\infty} x_n^p = l^p$이다.

(d) $\{x_n\}$이 양항수열이고 $l \geq 0$이면, $\lim_{n\to\infty} \sqrt{x_n} = \sqrt{l}$이다.

11. $\lim_{n\to\infty} a_n = A$이고 $\lim_{n\to\infty} b_n = B \neq 0$일 때, $\lim_{n\to\infty} (a_n/b_n) = A/B$임을 증명하라.

12. 다음을 증명하라.

(a) $\lim_{n\to\infty} 3^{1/n} = 1$ (b) $\lim_{n\to\infty} \left(\frac{2}{3}\right)^{1/n} = 1$ (c) $\lim_{n\to\infty} \left(\frac{3}{4}\right)^n = 0$

13. 극한의 정의를 써서 $r > 0$이면 $\lim_{n\to\infty} r^n = \infty$임을 증명하라.

14. $|r| > 0$이면 $\lim_{n\to\infty} r^n$이 존재하지 않음을 증명하라.

15. 극한에 관한 정리들을 써서 다음 극한들을 계산하라.

(a) $\lim_{n\to\infty} \frac{4-2n-3n^2}{2n^2+n}$ (b) $\lim_{n\to\infty} \frac{4\cdot 10^n - 3\cdot 10^{2n}}{3\cdot 10^{n-1} + 2\cdot 10^{2n-1}}$

(c) $\lim_{n\to\infty} \sqrt[3]{\frac{(3-\sqrt{n})(\sqrt{n}+2)}{8n-4}}$ (d) $\lim_{n\to\infty} \left(\sqrt{n^2+n} - n\right)$

(e) $\lim_{n\to\infty} \frac{\sqrt{3n^2-5n+4}}{2n-7}$ (f) $\lim_{n\to\infty} (2^n + 3^n)^{1/n}$

유계한 단조수열

16. $x_n = \frac{\sqrt{n}}{n+1}$로 정의된 수열 $\{x_n\}$에 대해서 다음을 증명라.

(a) $\{x_n\}$이 감소수열이다.

(b) $\{x_n\}$이 아래로 유계하다.

(c) $\{x_n\}$이 위로 유계하다.

(d) $\{x_n\}$이 극한값을 갖는다.

17. 수열 $x_n = \frac{2n+3}{3n-2}$가 단조증가이고 위로유계하며 수렴함을 증명하라.

18. $x_n = \frac{1}{1+n} + \frac{2}{1+n} + \frac{1}{3+n} + \cdots + \frac{1}{n+n}$일 때, 극한값 $\lim_{n\to\infty} x_n = l$이 0과 1사이에서 존재함을 증명하라.

19. $p > 0$이고 $x_1 > 0$이며 $x_{n+1} = \frac{1}{2}\left(x_n + \frac{p}{x_n}\right)$일 때, $\lim_{n\to\infty} x_n = \sqrt{p}$임을 증명하라. 또한 이를 이용해서 $\sqrt{2}$를 어떠한 수열의 극한으로 정의할 수 있는지를 보여라.

20. 만약 $\{x_n\}$이 단조증가(단조감소)인 수열이면, $S_n = x_1 + x_2 + \cdots + x_n$일 때, 수열 $\left\{\frac{1}{n}S_n\right\}$이 단조증가(단조감소)임을 증명하라.

상한과 하한, 상극한과 하극한

21. 다음 수열의 상한(supremum), 하한(infimum), 상극한($\overline{\lim}$), 하극한($\underline{\lim}$)을 모두 구하라.

    (a) $-1, \frac{1}{3}, -\frac{1}{5}, \frac{1}{7}, \dots, \frac{(-1)^n}{2n-1}, \dots$

    (b) $1, -3, 5, -7, \dots, (-1)^{n-1}(2n-1), \dots$

    (c) $\frac{2}{3}, -\frac{3}{4}, \frac{4}{[}5], -\frac{5}{[}6], \dots, (-1)^{n+1}\frac{n+1}{n+2}, \dots$

    (d) $1, 4, 1, 16, 1, 36, \dots, n^{1+(-1)^n}, \dots$

22. 수열 $\{x_n\}$이 수렴할 필요충분조건이 $\overline{\lim} x_n = \underline{\lim} x_n$임을 증명하라.

무한급수

23. 급수 $\sum_{n=1}^{\infty} \left(\frac{2}{3}\right)^n$의 값을 구하라.

24. 급수 $\sum_{n=1}^{\infty} \frac{(-1)^{n-1}}{5^n}$의 값을 구하라.

25. $\sum_{n=1}^{\infty} \frac{1}{n(n+1)} = 1$임을 증명하라.

26. $\sum_{n=1}^{\infty} \frac{1}{n} = \infty$임을 증명하라.

27. 급수 $\sum_{n=1}^{\infty} x_n$이 수렴하면, $\lim_{n\to\infty} x_n = 0$임을 증명하라.

기타 문제들

28. $n \ge N$일 때 $a_n \le x_n \le b_n$이고 $\lim_{n\to\infty} a_n = \lim_{n\to\infty} b_n = l$이면, $\lim_{n\to\infty} x_n = l$임을 증명하라.

29. $\lim_{n\to\infty} a_n = \lim_{n\to\infty} b_n = 0$이고 θ가 임의의 실수일 때, 다음 등식이 성립함을 증명하라.

$$\lim_{n\to\infty} (a_n \cos n\theta + b_n \sin n\theta) = 0.$$

    만약 θ가 n에 관한 함수이면 이 관계가 여전히 성립하는가?

30. $n = 1, 2, 3, \dots$에 대해서 $x_n = \frac{1}{2}[1 + (-1)^n]$이고 $S_n = x_1 + x_2 + \cdots + x_n$일 때 $\lim_{n\to\infty} \frac{S_n}{n} = \frac{1}{2}$임을 증명하라.

31. $\lim_{n\to\infty} x_n = l$이면 $\lim_{n\to\infty} \frac{x_1 + x_2 + \cdots + x_n}{n} = l$임을 증명하라.

32. $\lim_{n\to\infty}(1+n+n^2)^{1/n}=1$임을 증명하라.

33. a가 상수일 때 $\lim_{n\to\infty}\frac{a^n}{n!}=0$임을 증명하라.

34. 임의의 상수 a와 p에 대해서 다음 등식이 성립함을 증명하라.

$$\lim_{n\to\infty} n^{1/n} = \lim_{n\to\infty}(a+n)^{p/n} = 1.$$

35. 만약 $\lim_{n\to\infty}\left|\frac{x_{n\pm}}{x_n}\right| = |l| < 1$이면, $\lim_{n\to\infty} x_n = 0$임을 증명하라.

36. $|a|<1$이고 $p>0$이면, $\lim_{n\to\infty} n^p a^n = 0$임을 증명하라.

37. $\lim_{n\to\infty}\frac{2^n n!}{n^n}=0$임을 증명하라.

38. $\lim_{n\to\infty}\frac{\sin(1/n)}{n}=1$임을 증명하라.

39. $\{x_n\}$이 피보나치 수열일 때, $\lim_{n\to\infty}\frac{x_{n+1}}{x_n}=\frac{1}{2}(1+\sqrt{5})$임을 증명하라.

40. $n=1,2,3,\ldots$에 대해서 $x_n=(1+1/n)^{n+1}$일 때, 수열 $\{x_n\}$이 단조감소수열이고 $\lim_{n\to\infty}x_n=e$임을 증명하라.

41. 모든 $n\geq N$에 대해서 $a_n\geq b_n$이고 $\lim_{n\to\infty}a_n=A$, $\lim_{n\to\infty}b_n=B$이면 $A\geq B$임을 증명하라.

42. 만약 $|a_n|\leq|b_n|$이고 $\lim_{n\to\infty}b_n=0$이면, $\lim_{n\to\infty}a_n=0$임을 증명하라.

43. 다음 등식이 성립함을 보여라.

$$\lim_{n\to\infty}\frac{1}{n}\left(1+\frac{1}{2}+\frac{1}{3}+\cdots+\frac{1}{n}\right)=0$$

44. $a_n=\left(1+\frac{1}{n}\right)^n$이고 $b_n=\left(1+\frac{1}{n}\right)^{n+1}$일 때, 구간열 $[a_n, b_n]$은 오일러의 수 e로 수렴하는 축소구간열임을 보여라.

45. 모든 유계한 단조수열은 극한을 갖는다는 것을 증명하라.

제 3 장

함수의 극한

수학에서 **함수** (function)는 두 집합 X, Y 사이의 특정 대응관계로서 집합 X의 모든 원소들을 각각 집합 Y의 유일한 원소에 하나씩 대응시키는 관계이다.

또한 함수를 종종 상자에 비유하기도 한다. 이는 원래의 물건을 또 다른 물건으로 바로 바꾸는 식의 상자마술이 오래전부터 중국과 유럽권 문화에서 대중적으로 성행해 왔었다. 이러한 문화권 나라에서 함수를 상자마술과 관련지어 설명한다면 더욱 더 친근하고 효율적인 교육적 효과를 기대할 수 있기 때문에, 이 나라들에서부터 함수를 상자로 비유하기 시작하였고 이 과정에서 중국이 함수를 函數(상자수)로 적절히 번역하게 되었다. 이와같이 이미 여러 곳에서 함수를 상자와 관련지어 설명하고있다. 이러한 상자마술을 수학적으로 관련지어 생각해보면 '이름이 f인 마술상자'에 일정한 가치가 있는 물건을 넣으면 그 가치에 알맞은 돈의 액수가 나온다고 할 때, '모든 물건'이 반드시 '그 물건의 가치에 맞는 돈의 액수'로 나오는 관계가 바로 함수인 것이다. 여기서 정의역은 우주안의 모든 물건들의 모임이고 공역은 돈의 액수이다.

함수는 수학에서 중요한 역할을 하며 함수를 표현하는 방법에는 크게 세 가지가 있다. 첫 번째는 식으로써 표현하는 것이고 다른 하나는 그래프로 표현하는 것이며 마지막으로 두 집합간의 대응관계로 표현하는 것이다. 식으로 표현할 때에는 그래프로 그리지 못한 영역까지 추측할 수 있다는 장점이 있지만 식으로 표현하기 힘든 함수가 있다는 점에서 한계를 가진다. 따라서 함수는 주로 두 집합간의 대응관계를 통해서 표현된다

함수의 개념이 완전하게 정립된 것은 대략적으로 미분법과 적분법이 도입된 시기 이후로 보는 것이 타당할 것이다. 이 개념은 1700년대에 확립되고 발전하였지만 이론적인 토대가 빈약한 상태였다. 함수에 대한 이론적인 불확실성이 해결된 시기는 극한에 대한 수학적인 개념이 확입된 1800년대이다. 이 시기에 많은 수학자들은 함수의 극한이나 연속성들에 관한 개념과 이론들을 기학학의 도움없이 완벽한 증명을 하였다. 이 장에서는 함수의 극한에 대한 표기법과 그에 따르는 부수적인 여러 가지 개념들을 소개하려고 한다.

3.1 함수

함수는 정의역과 공역 그리고 정의역의 각 원소를 공역에 속한 원소를 하나씩 대응시키는 대응규칙으로 구성된다. 만약 정의역에 속한 원소를 x로 공역에 속한 원소를 y로 표현하고 f를 함수를 나태내는 기호로 활용하기로 한다면 함수를 간단히 $y = f(x)$의 형태로 표현한다. 여기서 기호 f와 $f(x)$사이에는 차이가 있음을 알아 두어야 한다 기호 f는 함수 그 자체를 나타내고 $f(x)$는 정의역의 원소 x에 함수 f에 의해서 대응하는 공역에 속한 함수값을 가리킨다. 그러나 우리는 통상적으로 $f(x)$를 함수 f에 관한 x의 값(상)이라 부르면서 함수 자체로 표현하기도 한다. 예를 들어, 함수값이 $\sin x$인 싸인함수를 sin으로 쓰는 대신에 그냥 $\sin x$로 쓰기도 한다.

우리는 함수의 정의역에 속한 원소 x를 **독립변수**라 하고 공역에 속한 원소 y를 **종속변수**라고 부른다. 편의상 함수의 정의역에 속하는 원소를 x로 쓰고 공역에 속하는 원소를 y로 나타내며 함수의 기호를 f로 나타내는 경우가 많다.

함수를 집합론을 써서 보다 추상적이고도 일반화된 방법으로 정의하기도 한다. 이러한 정의를 소개하자면, X와 Y가 집합들이고 f가 X를 정의역으로 하고 Y를 공역으로 하는 함수(또는 X에서 Y로 가는 함수)라 함은 f가 다음 3가지 조건을 만족한다는 뜻이다:

[함수의 조건]

1. f가 X에서 Y로 가는 관계다. 즉, $f \subset X \times Y$이다.
2. 각 원소 $x \in X$에 대해서 $(x, y) \in f$인 Y의 원소 y가 존재한다.

3. $(x, y_1) \in f$이고 $(x, y_2) \in f$이면 $y_1 = y_2$이다.

흔히, f가 X에서 Y로 가는 함수를 $f : X \to Y$로 표현하고 $(x, y) \in f$를 $y = f(x)$로 표현한다. 그리고 함수값들의 전체집합

$$R = \{f(x) \in Y \ : \ x \in X\}$$

을 가리켜서 함수 f의 **치역**이라 한다.

함수는 아니면서 두 집합 X와 Y사이의 원소들을 서로 연결짓는 관계들은 얼마든지 있다. 예를 들어, $X = \{1, 2, 3, 4\}$이고 $Y = \{a, b, c, d, e\}$이고

$$f = \{(1, a), (1, c), (2, d), (3, d)\}$$

일 때, f는 X에서 Y로 가는 관계이지만 함수는 아니다. 그런데

$$g = \{(1, b), (2, c), (3, a), (4, b)\}$$

는 X에서 Y로 가는 함수, 즉 $g : X \to Y$이고 $g(1) = g(4) = b$, $g(2) = c$, $g(3) = a$이다.

예제 3.1 *1. 각 수 $x \in [-1, 1]$에 대해서 $y = f(x) = x^2$을 대응시키면, 이 함수의 정의역은 구간 $[-1, 1]$이고 치역은 $[0, 1]$이다 .*

2. 수열은 자연수 집합 $\mathbb{N}$의 부분집합을 정의역으로 하는 함수다. 예를 들어, 함수$f : \mathbb{N} \to \mathbf{R}$을 $f(n) = \frac{1}{n}$으로 정의하면, f는 $\{1, \frac{1}{2}, \frac{1}{3}, \cdots\}$을 치역으로 갖는 수열이다.

함수의 그래프

함수 f는 실수들의 순서쌍 (x, y)의 집합들로 구성된다. 직교 좌표계에서

$$G(f) = \{(x, f(x)) \mid x \in X\}$$

를 가리켜서 f의 **그래프**라 한다. 그래프는 함수를 도식적으로 이해할 수 있도록 표현한 그림다. 예를 들면, $f(x) = x^2$으로 정의된 함수 $f : [-1, 1] \to \mathbb{R}$의 그래프는 그림 3.1에 나타나 있다.

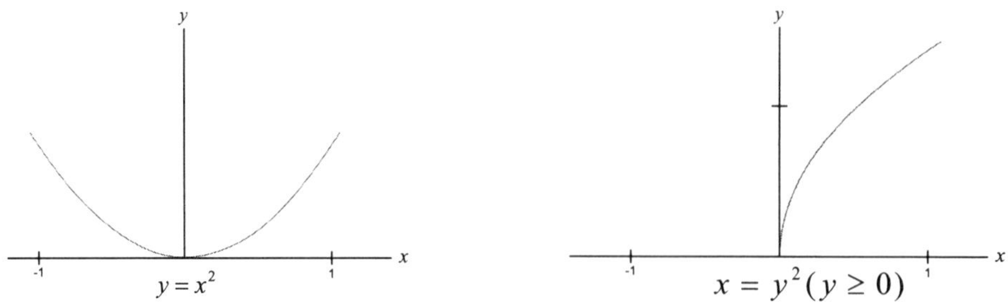

그림 3.1: 함수의 그래프

유계 함수

함수 $f : X \to Y$에 대해서

$$f(x) \leq M, \quad (x \in X)$$

인 수 M이 존재할 때, "f가 **위로 유계(bounded above)**인 함수다"라고 말하고 M을 f의 **상계(upper bound)**라 부른다. 만약 모든 $x \in X$에 대해서

$$m \leq f(x)$$

인 수 m이 존재하면 "f가 **아래로 유계(boubded below)**다"라고 말하고 m을 f의 **하계(lower bound)**라 한다. 흔히, 함수 f가 유계임을 나타내자 할 때

$$|f(x) \leq M, \quad (x \in X)$$

로 표현한다.

예제 3.2 *1. 함수 $f(x) = x^2 + 3$은 구간 $[-1, 1]$에서 유계이다. 이 함수의 상계는 4이고 하계는 3이다.*

2. 함수 $g(x) = \frac{1}{x}$는 구간 $(0, 3)$에서 유계가 아니다. 실제로 $g(x)$는 $\frac{1}{3}$을 하계로 갖기 때문에 아래로 유계이지만, $x \to 0^+$이면 $g(x) \to +\infty$이므로, 위로 유계하지는 않다.

참고 함수 $f(x)$가 위로 유계이면 $f(x)$는 **최소상계**(lub)를 가지며, 아래로 유계이면 **최대하계**(glb)를 갖는다.

단조함수

함수 $f : X \to Y$가 **단조증가**(monotone increasing)라 함은

$$x_1,\ x_2 \in X, \quad x < x_2 \qquad \Longrightarrow \qquad f(x_1) \leq f(x_2)$$

임을 뜻하고, $x < x_2$일 때 $f(x_1) < f(x_2)$이면 "f가 **순증가**(strictrily increasing)한다"고 말한다.

또한, 함수 $f : X \to Y$가 **단조감소**(monotone decreasing)라 함은

$$x_1,\ x_2 \in X, \quad x < x_2 \qquad \Longrightarrow \qquad f(x_1) \geq f(x_2)$$

임을 뜻하고, $x < x_2$일 때 $f(x_1) > f(x_2)$이면 "f가 **순감소**(strictrily decreasing)한다"고 말한다.

역함수와 주요값

$f : X \to Y$가 1대일 대응(전단사 함수)이면, 역함수 $f^{-1} : Y \to X$가 존재한다. 이 경우에 $f(x) = y$이면 $f^{-1}(y) = x$가 되어야 한다. 그런데 우리는 흔히 x를 함수의 정의역에 속하는 원소인 독립변수(independent variable)로 쓰고 y를 치역 또는 공역에 속하는 원소인 종속변수(dependent variable)로 쓰기 때문에, $y = f(x)$의 역함수를 $x = f^{-1}(y)$로 표현하지 않고 변수를 서로 바꾸어서 $y = f^{-1}(x)$로 표현한다. 따라서

$$y = f^{-1}(x) \qquad \Longleftrightarrow \qquad y \in X,\ x \in Y\text{이고 } x = f(y)\text{이다.}$$

함수 $f : X \to Y$의 정의역의 원소들과 치역에 속한 원소들 사이에 1대1이 되지 않는 수가 있다(이는 f의 정의역에 속한 여러개의 원소들이 치역에 속한 하나의 원소에 동시에 대응되는 경우이다). 이러한 경우에는 여러 개의 일대일 함수들이 만들어 지는데 이렇게 만들어지는 각각의 일대일 함수를 f의 **분기함수**(branch function)라 한다. 그리고 이러한 분기함수들 중의 하나를 선택해서 f의 **주분기**(principal branch)라 부르고 f의 역함수 f^{-1}

로 표현하기도 한다. 이러한 경우에, f의 치역 또는 f^{-1}의 정의역에 속하는 원소를 가리켜서 f의 **주요값**(principal values)이라 부른다.

예제 3.3 *함수 $f : \mathbb{R} \to [-1, 1]$가 $f(x) = \sin x$로 정의되어 있을 때, $[-1, 1]$에 속하는 임의의 원소 y에 f에 의해서 대응하는 원소는 무한히 많다. 이 함수 그래프의 유한한 부분이 그림 3.2 (a)에 나타나 있다. 그림 3.2 (b)에 나타난 그래프는 x축이 y축이 되도록 $y = x$축에 관해서 회전시키고 x변수와 y변수를 서로 바꾼 것이다. 그림 3.2 (b)의 그림에서 보듯이 하나의 x에 대응하는 값은 유일하지 않고 무한히 많은 값들이 대응하고 있다. 그러므로, f에 대한 하나의 역함수 f^{-1}를 정의하려면 주요값들로 구성된 한 집합을 선택해야 한다. 주분기함수는 주어진 함수 $f(x) = \sin x$의 정의역을 축소해 줌으로써 만들어 질 수 있다. 예를 들면 $f(x) = \sin x$의 정의역을 $\left[-\frac{\pi}{2}, \frac{\pi}{2}\right]$로 선택할 수 있다. 이 때, $f(x) = \sin x$로 정의되는 함수 $f : \left[-\frac{\pi}{2}, \frac{\pi}{2}\right] \to [-1, 1]$은 일대일 대응이고 $f^{-1}(x) = \sin^{-1}(x)$로 정의되는 역함수 $f^{-1} : [-1, 1] \to \left[-\frac{\pi}{2}, \frac{\pi}{2}\right]$를 갖는다. f의 주분기 함수와 역함수 f^{-1}에 대한 그래프가 그림 3.2의 (c)와 (d)에 나타나 있다. 역함수 f^{-1}의 정의역을 x를 변수로 하는 수평축으로했기 때문에 $y = \sin x$의 역함수는 $y = \sin^{-1} x$, $-1 \le x \le 1$이다. 따라서 변수 $x = \frac{1}{2}$에 대해서 $\sin^{-1}(\frac{1}{2}) = \frac{\pi}{6}$임를 알 수 있다.*

최대값과 최소값

함수의 극값(極값, local extremum)은 특정 지점의 함수값이 그 지점 주변의 다른 모든 함수값과 비교했을 때 가장 크거나 가장 작은 경우의 값을 가리킨다. 그 함수값이 가장 큰 경우를 극대값, 가장 작은 경우를 극소값으로 부른다.

최적화 문제에서는 함수의 극값이나 최대/최소값을 구하는 문제를 다룬다.

미적분학에서 **극대값**(local maximum)과 **극소값**(local minimum)으로 나뉘어지는 **극값**(local extrema)은 응용면에서 아주 중요하게 쓰인다. 함수를 산의 능선과 계곡을 나타내는 곡선으로 생각한다면, 함수의 극값들은 능선의 정상점들과 계곡의 바닥점들에 해당한다. 이러한 직과적인 개념은 다음과 같이 수학적으로 명확하게 정의된다.

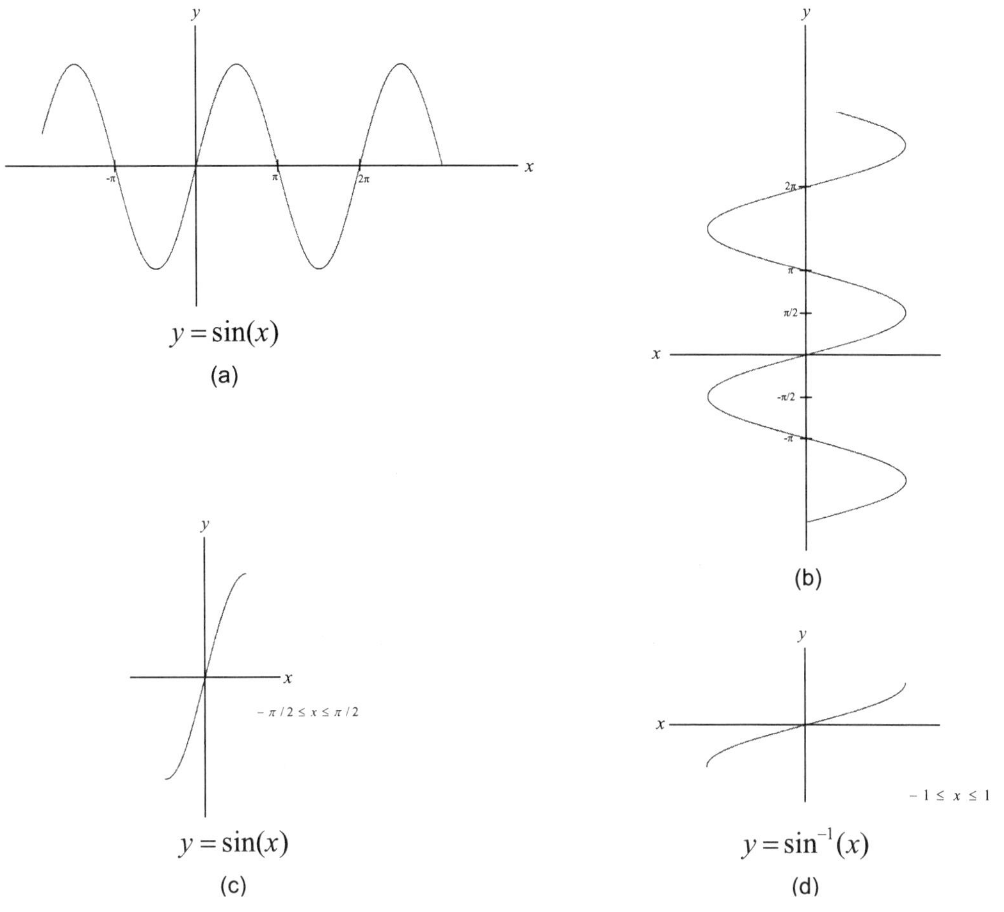

그림 3.2: 역함수와 주요값

정의 3.1 *함수의 극값을 다음과 같이 정의한다.*

1. *점 c를 포함한 적당한 열린구간 $(a,\ b)$가 있어서 모든 $x \in (a,\ b)\backslash\{c\}$에 대해서 $f(x) < f(c)$이면, $f(c)$를 f의 극 대값(local maximum)이라 한다.*

2. *점 c를 포함한 어떤 열린구간 $(a,\ b)$가 있어서 모든 $x \in (a,\ b)\backslash\{c\}$에 대해서 $f(x) > f(c)$이면, $f(c)$를 f의 극소값(local minimum)이라 한다.*

극값들에 대한 그래프적인 이해를 위해서는 그림 3.3을 참조하기 바란다.

함수가 여러 개의 극값들을 가질 수 있고 증가함수나 감소함수의 경우처럼 극값이 하나도 없을 수도 있다.

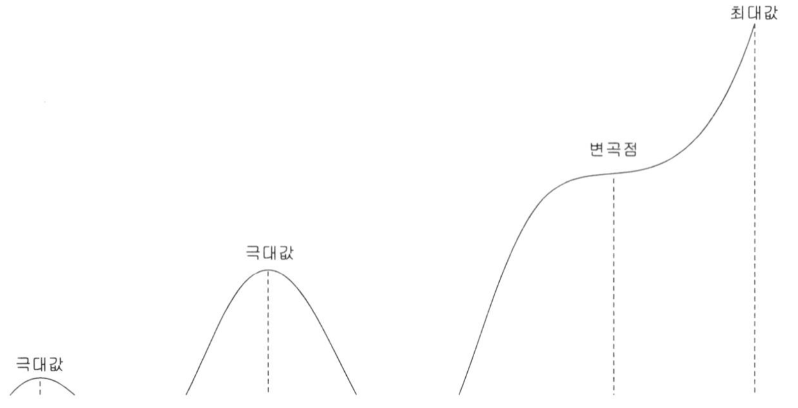

그림 3.3: 극대와 극소

정의 3.2 (최대값과 최소값) *$f : X \to Y$가 함수이고 $c \in X$라 하자.*

1. *모든 $x \in X$에 대해서 $f(x) \le f(c)$이면, $f(c)$를 함수 f의 최대값(maximum)이라 한다.*

2. *모든 $x \in X$에 대해서 $f(x) \ge f(c)$이면, $f(c)$를 함수 f의 최소값(minimum)이라 한다.*

함수의 종류

미적분학에서 자주 활용되는 기본적인 함수들이 있다. 이러한 함수들은 대개 실변수 x에 기초적인 연산들을 시행하여 얻어지거나 간단한 기하학적인 원리를 통해서 얻어진다.

1. $a_0,\ a_1, a_2, \ldots, a_n$이 실수 또는 복소수인 상수들일 때, 변수 x의 거듭제곱과 $a_0,\ a_1,\ \cdots,\ a_n$의 곱의 합으로 표현되는 함수

$$f(x) = a_0 + a_1 x + a_2 x^2 + \cdots + a_n x^n$$

를 가리켜서 변수 x에 관한 **다항함수** (polynomial)라 한다. 여기서 $a_n \neq 0$이면 n을 $f(x)$의 **차수** (degree)라 하여 $f(x)$를 n차 다항함수 또는 n차 다항식이라 한다. 예를 들면

$$x^{17} - 2x^3 + 3, \quad x^3 + 4x + 7, \quad x^5$$

등은 각각 17차, 3차, 5차의 다항함수들이다.

2. 유리 함수(有理函數, rational function)란 두 다항함수의 비로 나타낼 수 있는 함수를 말한다. 즉, $P(x) \neq 0$와 $Q(x)$가 다항함수들일 때

$$\frac{Q(x)}{P(x)}$$

형태의 함수를 **유리함수**라 한다. 예를 들면

$$\frac{x^5 - 2x^3 + 1}{x^2 - 4}, \qquad \frac{x}{x+1}, \quad \frac{1}{x^7}$$

은 모두 유리함수다.

3. 다항함수에 대수적인 연산들(덧셈, 뺄셈, 곱셈, 나눗셈, 근호 등)을 작용하여 만든 함수를 **대수적인 함수**(algebraic function)라 한다. 따라서 유리함수는 자동적으로 대수함수다. 대수함수의 다른 예로

$$f(x) = \sqrt{x^2+1}, \quad g(x) = \frac{x^4 - 16x^2}{x + \sqrt{x}} + (x-2)\sqrt[3]{x+1}$$

등을 들 수 있다.

4. **초월함수**(超越函數)란 대수함수와는 대조적으로 계수만으로 이루어진 다항식을 만족시키지 않는 함수이다. 다시 말해서 초월함수란 유한 번의 가감승제와 같은 대수 연산으로 표현할 수 없기 때문에 대수적인 것을 초월하는 함수이다. 초월함수의 예로는 지수함수, 로그함수, 삼각함수 등이 있다.

   형식적으로 실수 또는 복소수 변수 z의 해석함수 $f(z)$는 변수에 대해서 대수적으로 독립이면 초월적이다.

초월함수의 종류

1. a가 양의 상수이고 x를 모든 실수 값을 취하는 변수라 할 때 $y = a^x$로 주어지는 함수를 지수함수라 한다. 예를 들어 함수 $f(x) = 2^x$는 지수함수다.

2. **로그함수**(logrithmic function)의 일반적인 형식은$f(x) = \log_a x,\ a \neq 0, 1$로 주어진다. 이 함수는 지수함수 $y = a^x$ 과 역함수 관계에 있다. 기저가 $a = e = 2.71828\ldots$인 로그함수 $f(x) = \log_e x = \ln x$를 가리켜서 **자연 로그함수**(natural logarithm)라 한다.

3. **삼각함수**의 종류는 다음과 같다:

$$\sin x,\ \cos x,\ \tan x = \frac{\sin x}{\cos s},\ \cot x = \frac{\cos x}{\sin x},\ \sec x = \frac{1}{\cos x},\ \csc x = \frac{1}{\sin x}.$$

여기서 변수 x는 래디언각(π radians$= 180°$)으로 표현한 값이다. 실수 x에 대해서 $\sin x$와 $\cos x$는 각각 -1과 1사이의 값을 갖는다.

다음은 삼각함수의 주요 성질들을 나열한 것이다.

$$\sin^2 x + \cos^2 x = 1, \quad 1 + \tan^2 x = \sec^2 x, \qquad 1 + \cot^2 x = \csc^2 x$$
$$\sin(x \pm y) = \sin x \cos y \pm \cos x \sin y, \qquad \sin(-x) = -\sin x$$
$$\cos(x \pm y) = \cos x \cos y \mp \sin x \sin y, \qquad \cos(-x) = \cos x$$
$$\tan(x \pm y) = \tfrac{\tan x \pm \tan y}{1 \mp \tan x \tan y}, \qquad \tan(-x) = -\tan x$$

4. **(역삼각함수)** 역삼각함수들은 다음과 같다.

(a) $y = \sin^{-1} x,\ (-\pi/2 \le y \le \pi/2)$

(b) $y = \csc^{-1} x = \sin^{-1} 1/x,\ (-\pi/2 \le y \le \pi/2)$

(c) $y = \cos^{-1} x,\ (0 \le y \le \pi)$

(d) $y = \sec^{-1} x = \cos^{-1} 1/x,\ (0 \le y \le \pi)$

(e) $y = \tan^{-1} x,\ (-\pi/2 < y < \pi/2)$

(f) $y = \cot^{-1} x = \pi/2 - \tan^{-1} x,\ (0 < y < \pi)$

5. 수학에서 쌍곡선함수(曲線函數)는 일반적인 삼각함수와 유사한 성질을 갖는 함수로서 삼각함수가 단위원 그래프를 매개변수로 표시할 때 나오는 것처럼 표준쌍곡선을 매개변수로 표시할 때 나온다. 삼각함수(원함수)의 사인, 코사인, 탄젠트 등에서 유추되어 각각에 대응되는 다음과 같은 함수가 있다.

(a) $\sinh x = \frac{e^x - e^{-x}}{2} = -i \sin ix,$ (b) $\cosh x = \frac{e^x + e^{-x}}{2} = \cos ix$

(c) $\tanh x = \frac{e^x - e^{-x}}{e^x + e^{-x}} = -i \tan ix$ (d) $\coth x = \frac{e^x + e^{-x}}{e^x - e^{-x}} = i \cot ix$

(e) $\operatorname{sech} x = \frac{1}{\cosh x} = \frac{2}{e^x + e^{-x}} = \sec ix$

(f) $\operatorname{csch} x = \frac{1}{\sinh x} = \frac{2}{e^x - e^{-x}} = i \csc ix$

쌍곡선 함수들의 주요 성질들은 다음과 같다.

$$\cosh^2 x - \sinh^2 x = 1, \quad 1 - \tanh^2 x = \operatorname{sech}^2 x \qquad \coth^2 x - 1 = \operatorname{csch}^2 x$$
$$\sinh(x \pm y) = \sinh x \cosh y \pm \cosh x \sinh y, \qquad \sinh(-x) = -\sinh x$$
$$\cosh(x \pm y) = \cosh x \cosh y \pm \sinh x \sinh y, \qquad \cosh(-x) = \cosh x$$
$$\tanh(x \pm y) = \frac{\tanh x \pm \tanh y}{1 \pm \tanh x \tanh y}, \qquad \tanh(-x) = -\tanh x$$

6. **(역쌍곡선함수)** 다음은 주요 쌍곡선함수들의 역함수는 다음과 같다.

   (a) $\sinh^{-1}(x) = \ln(a + \sqrt{x^2+1})$, $(-\infty < x < \infty)$

   (b) $\cosh^{-1} x = \ln(x + \sqrt{x^2-1})$, $(x \geq 1)$

   (c) $\tanh^{-1} x = \frac{1}{2}\ln\left(\frac{1+x}{1-x}\right)$, $(|x| < 1)$

   (d) $\coth^{-1} x = \frac{1}{2}\ln\left(\frac{x+1}{x-1}\right)$, $(|x| > 1)$

   (e) $\operatorname{csch}^{-1} x = \ln\left(\frac{1}{x} + \frac{\sqrt{x^2+1}}{|x|}\right)$, $(x \neq 0)$

   (f) $\operatorname{sech}^{-1} x = \ln\left(\frac{\sqrt{1-x^2}}{x}\right)$, $(0 < x \leq 0)$

3.2 함수의 극한

실변수 x에 대한 함수 $f(x)$에서, x가 어떤 값 a에 한없이 가까워지면 $f(x)$도 어떤 값 c에 한없이 가까워질 때 "함수 $f(x)$가 $x \to a$일때 c에 수렴한다"고 한다. 이것을 기호로 표현하면, $x \to a$일 때 $f(x) \to c$ 의 형식으로 나타난다. 이를 더 간단히 표현하면 $\lim_{x\to a} f(x) = c$ 이다. 이 때 수 c를 가리켜서 $x = a$ 에서 함수 $f(x)$의 **극한값**이라 한다.

예를 들어, $f(x)$가 $x \geq 0$일 때 1을 갖고, $x < 0$일 때 0을 가지는 함수라면 $\lim_{x\to 0_-} f(x) = 0$, $\lim_{x\to 0_+} f(x) = 1$이 된다.

일변수 함수의 극한은 다음과 같이 ϵ-δ에 관한 방법으로 정의한다.

정의 3.3 (ϵ-δ용법에 의한 극한의 정의) *임의의 실수 $\epsilon > 0$에 대해서 적당한 실수 $\delta > 0$가 존재하여 $0 < |x - p| < \delta$일 때 항상 $|f(x) - c| < \epsilon$인 관계가 성립하면, 이 때의 극한값은 $\lim_{x\to p} f(x) = c$로 정의한다.*

좌극한과 우극한도 비슷한 방법으로 정의하는데, 이 때는 δ에 대한 조건이, $0 < |x-p| < \delta$대신에, 좌극한의 경우에는 $0 < p-x < \delta$이고 우극한의 경우에는 $0 < x-p < \delta$가 된다.

무한과 관계되는 극한들

$\lim_{x\to\infty} f(x) = L$과 같이 x가 어떠한 값으로 접근하는 것이 아니라 무한히 커지거나 작아지는 경우에 대해서도 극한값을 정의할 수 있다. 이 때의 조건은 모든 양의 실수 ϵ에 대해, 어떤 실수 $M > 0$이 존재하여 $x > M$ 또는 $x < -M$일 때 항상 $|f(x)-c| < \epsilon$가 성립하는 경우이다. 이 때 수식으로는 다음과 같이 표시한다.

- 양의 무한대: $\lim_{x\to\infty} f(x) = c$
- 음의 무한대: $\lim_{x\to-\infty} f(x) = c$

정리 3.1 *$\lim_{x\to p} f(x) = A$이고 $\lim_{x\to p} g(x) = B$이면, 다음이 성립한다.*

1. $\lim_{x\to p} [f(x) \pm g(x)] = \lim_{x\to p} f(x) \pm \lim_{x\to p} g(x) = A \pm B$
2. $\lim_{x\to p} [f(x)g(x)] = \left[\lim_{x\to p} f(x)\right]\left[\lim_{x\to p} g(x)\right] = AB$
3. $\lim_{x\to p} \frac{f(x)}{g(x)} = \frac{\lim_{x\to p} f(x)}{\lim_{x\to p} g(x)} = \frac{A}{B}$, *(단, $B \neq 0$)*

위 정리의 결과는 우극한($x \to p^+$)과 좌극한($x \to p^-$)에 대해서도 똑 같이 성립하며, $x \to \infty$이거나 $x \to -\infty$인 경우에도 성립한다.

특수한 극한들

다음 극한들은 미적분학의 응용에서 매우 유용하게 쓰인다.

(a) $\lim_{x\to 0} \frac{\sin x}{x} = 1$ (b) $\lim_{x\to 0} \frac{1-\cos x}{x} = 0$

(c) $\lim_{x\to\infty} \left(1+\frac{1}{x}\right)^x = e$ (d) $\lim_{x\to 0+} (1+x)^{1/x} = e$

(e) $\lim_{x\to 0} \frac{e^x-1}{x} = 1$ (f) $\lim_{x\to 1} \frac{x-1}{\ln x} = 1$

3.3 함수의 연속성

수학에서 **연속 함수**(continuous function)는 정의역의 점의 '작은 변화'에 대하여 치역의 값 역시 작게 변화하는 함수임을 뜻한다.

정의 3.4 *함수 f가 점 $x = x_0$의 어떤 근방안에서 x_0를 포함한 모든 점들에서 정의되어 있고 $lim_{x \to x_0} f(x) = f(x_0)$일 때 " 함수 f가 점 $x = x_0$에서* **연속** *(continuous)이다"라고 말한다. 즉, '함수 f가 점 x_0에서 연속이다'라는 것은 다음 3가지 조건을 모두 만족한다는 뜻이다.*

1. *극한 $\lim\limits_{x \to x_0} f(x)$가 실수값으로 존재한다.*
2. *함수값 $f(x_0)$가 존재한다.*
3. *$\lim\limits_{x \to x_0} f(x) = f(x_0)$이다.*

예제 3.4 *1. 만약 함수 $f : \mathbb{R} \to \mathbb{R}$가*

$$f(x) = \begin{cases} x^2 & if \quad x \neq 2, \\ 0 & if \quad x = 2 \end{cases}$$

로 정의되어 있다면

$$\lim_{x \to 2} f(x) = \lim_{x \to 2} x^2 = 4 \neq 0 = f(2)$$

이므로 f는 $x = 2$에서 연속이 아니다.

2. 함수 $f : \mathbb{R} \to \mathbb{R}$가 $f(x) = x^2$으로 정의되어 있는 경우에는

$$\lim_{x \to 2} f(x) = \lim_{x \to 2} x^2 = 4 = f(2)$$

이므로 f가 $x = 2$에서 연속이 된다.

함수의 연속성에 대한 수학적인 엄밀한 정의는 다음과 같다.

정의 3.5 (함수의 연속성) *"함수 $f : X \to Y$가 점 x_0에서 연속이다"는 것은 $\lim\limits_{x \to x_0} f(x) = f(x_0)$임을 뜻한다. 즉, 다음 조건을 만족하는 것이다.*

$$\forall \epsilon > 0, \ \exists \delta > 0 \quad s.t. \quad |x - x_0| < 0 \quad \to \quad |f(x) - f(x_0)| < \epsilon.$$

만약 $f(x)$가 $x \geq x_0$인 경우에 대해서만 정의되어 있는 경우에는 위의 정의는 적용될 수 없다. 이러한 경우, $\lim_{x \to x_{0+}} f(x) = f(x_0)$이면 "$f$가 $x = x_0$에서 **우측 연속** (right continuous)"이라 한다. 마찬가지로 $\lim_{x \to x_{0-}} f(x) = f(x_0)$이면 "$f$가 $x = x_0$에서 **좌측 연속** (left continuous)"이라 한다 여기에 대한 ϵ-δ 용법의 정의는 다음과 같다.

정의 3.6 **(ϵ-δ용법에 의한 우극한과 좌극한)**

1. *f가 x_0에서 우측연속이다:* $\lim_{x \to x_{0+}} f(x) = f(x_0) \iff \forall \epsilon > 0,\ \exists \delta > 0$ *s.t.* *if* $0 \leq x - x_0 < \delta$ *then* $|f(x) - f(x_0)| < \epsilon$.

2. *f가 x_0에서 좌측연속이다:* $\lim_{x \to x_{0+}} f(x) = f(x_0) \iff \forall \epsilon > 0,\ \exists \delta > 0$ *s.t.* *if* $0 \leq x_0 - x < \delta$ *then* $|f(x) - f(x_0)| < \epsilon$.

"함수 f가 열린구간 (a, b)에서 연속이다"라는 것은 "f가 구간 (a, b)안에 있는 모든 점에서 연속이다"는 것을 의미한다. 다른 한편으로 f가 닫힌구간 $[a, b]$에서 연속이라 함은 다음 세 조건을 모두 만족한다는 뜻이다.

1. 함수 f가 열린구간 (a, b)에서 연속이다.
2. f가 점 $x = a$에서 우측연속이다.
3. f가 점 $x = b$에서 좌측연속이다.

어떤 구간에서 정의된 실함수의 경우에는 함수의 그래프가 중간에서 끊기지 않고 연결되어 있다는 뜻이 된다. 따라서 함수의 불연속점이란 그 함수의 그래프가 단절된 점을 일컫는 말이다. 함수 f가 연속이 될 수 없는 점들을 가리켜서 **불연속점** (discontinuity)이라 한다.

함수의 연속성에 관한 정리들

함수의 연속성에 관한 중요한 정리들을 다음과 같이 소개한다.

정리 3.2 *함수 f와 g가 점 x_0에서 연속이면 다음 함수들은 점 $x = x_0$에서 모두 연속이다.*

$$f(x) + g(x), \quad f(x) - g(x), \quad f(x)g(x), \quad \frac{f(x)}{g(x)} \quad (\text{단}, \quad g(x_0) \neq 0 \text{인 경우}).$$

정리 3.3 *다음 함수들은 모두 실수전체 $\mathbb{R}$에서 연속이다.*

- *다항함수*
- *삼각함수* $\sin x$, $\cos x$
- *지수함수* a^x $(a > 0)$

정리 3.4 (합성함수의 연속성) *f가 점 $x = x_0$에서 연속이고 g가 점 $y_0 = f(x_0)$에서 연속이면, f와 g의 합성함수 $(g \circ f)(x) = g[f(x)]$가 점 $x = x_0$에서 연속이다.*

정리 3.5 *$f(x)$가 $x = x_0$에서 연속이고 $f(x_0) > 0$이면, 모든 $x \in (x_0 - \delta,\ x + \delta)$에 대해서 $f(x) > 0$인 수 $\delta > 0$가 존재한다.*

정리 3.6 *$f(x)$가 구간 I에서 연속이고 완전증가이거나 완전감소이면, 역함수 $f^{-1}(x)$도 연속이며 완전증가이거나 완전감소이다.*

정리 3.7 *$f : [a,\ b] \to \mathbb{R}$가 연속이고 l이 $f(a)$와 $f(b)$사이의 수이면, $f(c) = l$인 c가 구간 $[a,\ b]$안에서 적어도 하나는 존재한다.*

정리 3.8 *$f : [a,\ b] \to \mathbb{R}$가 연속이면, f는 구간 $[a,\ b]$안에서 반드시 최대값과 최소값을 갖는다. 즉, $f : [a,\ b] \to \mathbb{R}$가 연속이고 M과 m이 각각 구간 $[a,\ b]$에서 함수값 $f(x)$의 상한과 하한이면, $f(x_1) = M$이고 $f(x_2) = m$인 점 x_1, x_2가 $[a,\ b]$안에서 존재한다.*

부분구간 연속인 함수

"함수 $f : [a,\ b] \to \mathbb{R}$가 **부구간연속**(piecewise continuous)이다"라는 것은 "f가 연속이고 우극한과 좌극한을 갖는 유한개의 소구간들로 분할 될 수 있다"는 것을 의미한다. 구간 $[a,\ b]$에서 부분구간 연속인 함수의 예가 그림 3.4에서 그래프로 나타나 있다. 이 함수는 점 x_1, x_2, x_3, x_4에서 불연속이다.

I가 구간일 때 "함수 $f : I \to \mathbb{R}$가 (점별)연속이라"함은 각 점 $x_0 \in I$와 임의의 $\epsilon > 0$에 대해서 (주어진 x_0와 ϵ의 값에 의해서 결정되는) 적당한 수

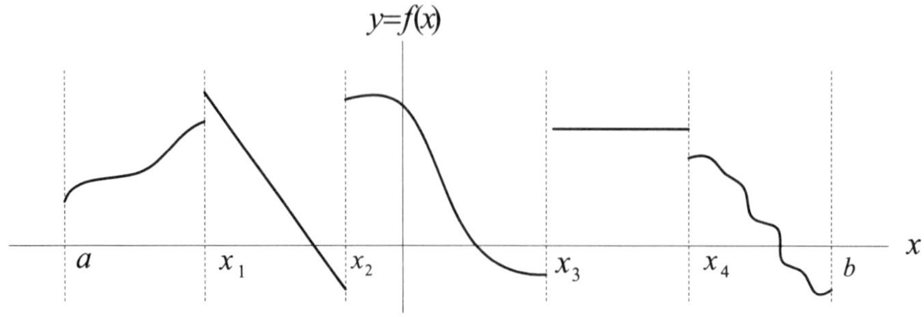

그림 3.4: 부분구간 연속인 함수

$\delta = \delta(x_0,\ \epsilon) > 0$이 존재해서, $|x - x_0| < \delta$이면 $|f(x) - f(x_0)| < \epsilon$인 관계를 만족한다는 뜻이다.

다른 한편으로, 주어진 x_0의 값에 상관없이 ϵ의 값에 의해서만 결정되는 수 $\delta = \delta(\epsilon) > 0$가 존재해서 $|x - x_0| < \delta$이면 $|f(x) - f(x_0)| < \epsilon$인 관계를 만족하는 함수 함수 $f : I \to \mathbb{R}$를 가리켜서 '구간 I에서 **균등연속**(uniformly continuous)'이라 한다.

정리 3.9 *만약 I가 닫힌구간이고 $f : I \to \mathbb{R}$가 연속함수이면, f는 I에서 균등연속이다.*

≪3장 연습문제≫

함수에 관한 문제

1. 다음 함수의 정의역을 구하라.

(a) $f_1(x) = \sqrt{(3-x)(2x+4)}$ (b) $f_2(x) = \frac{x-2}{x^2-4}$

(c) $f_3(x)\sqrt{3x}$ (d) $f_4(x) = \log_{10}(x^3 - 3x^2 - 4x + 12)$

2. 함수 $f(x) = \frac{3x+1}{x-2}$에 대해서 다음을 구하라.

(a) $\frac{5f(-1)-2f(0)+3f(5)}{6}$ (b) $\left\{f\left(-\frac{1}{2}\right)\right\}^2$

(c) $f(2x-3)$ (d) $f(x) + f(4/x),\ x \neq 0$

(e) $\frac{f(h)-f(0)}{h},\ h \neq 0$ (f) $f[f(x)]$

3. 함수 $f:\ (0,\ 2] \to \mathbb{R}$가 $f(x) = 2x^2$으로 정의되어 있을 때 다음에 답하라.

(a) $f(x)$의 상한과 하한을 구하라. (b) f가 최대값과 최소값을 갖는가?

4. 다음 각 함수의 그래프를 그려라.

(a) $f(x) = |x|,\ -3 \leq x \leq 3$ (b) $f(x) = 1 - \frac{|x|}{x},\ -2 \leq x \leq 2$

(c) $f(x) = x^2 \sin 1/x,\ x \neq 0$ (d) $f(x) = \cosh x$

(e) $f(x) = \frac{\sin x}{x}$ (f) $f(x) = \frac{\sin^2 x}{x^2}$

(g) $f(x) = \frac{x-[x]}{x}$ ($[x]$는 가우스함수) (h) $f(x) = \frac{x}{(x-1)(x-2)(x-3)}$

5. (a) $y = \cos x$의 그래프로부터 적당한 분기(branch)를 선택해서 변수를 변환하여 $\cos^{-1} x$의 값을 구할 수 있는 그래프를 그려라. 그리고 $\cos^{-1} x$의 주요값을 선택하라.
(b) (a)의 선택에 따라서 $\cos^{-1}(1/2) - \cos^{-1}(-1/2)$의 값을 구하라. 이 값은 주요값 선택의 범위안에 드는가?

6. 다음 각 함수의 그래프를 그려라.

(a) $y = \cos 3x$ (b) $y = \sin(5x + \pi/3)$ (c) $y = \tan(\pi/6 - 2x)$

7. 다음 각 함수의 그래프를 그려라.

(a) $y = e^{-|x|}$ (b) $y = \ln|x|$ (c) $y = e^{-|x|}\sin x$

8. 다음을 구하라.

(a) $\sin^{-1}(\sqrt{3}/2)$ (b) $\tan^{-1}(1) - \tan^{-1}(-1)$

(c) $\cot^{-1}(1/\sqrt{3}) - \cot^{-1}(-/\sqrt{3})$ (d) $\cosh^{-1}\sqrt{2}$

(e) $\sin^{-1}x + \cos^{-1}x,\ -1 \le x \le 1$ (f) $\sin^{-1}(\cos 2x),\ 0 \le x \le 2\pi$

(g) $\sin^{-1}(\cos 2x),\ \pi/2 \le x \le 3\pi/2$ (h) $\tanh(\operatorname{csch}^{-1}3x),\ x \ne 0$

9. $f(x) = \tan^{-1}x$일 때, $f(x) + f(y) = f\left(\frac{x+y}{1-xy}\right)$임을 증명하라, 그리고 $xy = 1$인 경우에는 어떻게 되는지를 설명하라.

10. $\tan^{-1}a - \tan^{-1}b = \cot^{-1}b - \cot^{-1}a$임을 증명하라.

11. 함수 $f(x) = \sqrt{9-x} + 5$, $(0 \le x \le 9)$에 대해서 다음에 답하라.

(a) 이 함수가 순 증가임을 증명하라.

(b) 이 함수의 역함수를 구하라.

극한에 관한 문제

12. 극한에 관한 정리들을 써서 다음 극한값을 구하라.

(a) $\lim_{x\to 3}(x^2 - 3x + 2)$ (b) $\lim_{x\to -1}\frac{1}{2x-5}$

(c) $\lim_{x\to 2}\frac{x^2-4}{x-2}$ (d) $\lim_{x\to 4}\frac{\sqrt{x}-2}{4-x}$

(e) $\lim_{h\to 0}\frac{(2+h)^2-16}{h}$ (f) $\lim_{x\to 1}\frac{\sqrt{x}}{x+1}$

13. 극한 $\lim_{x\to x_0} f(x)$가 존재하면, 이 극한이 유일함을 증명하라.

14. $\lim_{x\to 0} x\sin(1/x) = 0$임을 증명하라.

15. 극한 $\lim_{x\to 0+}\frac{2}{1+e^{-1/x}}$의 값을 구하라.

16. 함수

$$f(x) = \begin{cases} 3x-1, & x<0 \\ 0, & x=0 \\ 2x+5 & x>0 \end{cases}$$

에 대해서 $f(x)$의 그래프를 그리고 다음 극한값들을 구하라.

(a) $\lim_{x\to 2} f(x)$ (b) $\lim_{x\to -3} f(x)$ (c) $\lim_{x\to 0+} f(x)$

(d) $\lim_{x\to 0-} f(x)$ (e) $\lim_{x\to 0} f(x)$

17. 문제 16에 주어진 함수에 대해서 다음 극한을 구하라.

(a) $\lim_{h\to 0+} \frac{f(h)-f(0)}{h}$ (b) $\lim_{h\to 0-} \frac{f(h)-f(0)}{h}$

18. (a) 극한 $\lim_{x\to 0} x^2 \cos(1/x)$을 구하라.

19. $\lim_{x\to 3+} 10^{-1/(x-3)} = 0$임을 증명하라.

20. 함수

$$f(x) = \begin{cases} \frac{1+10^{-1/x}}{2-10^{-1/x}}, & x \neq 0 \\ \frac{1}{2}, & x=0 \end{cases}$$

에 대해서 다음 극한들을 구하라.

(a) $\lim_{x\to 0+} f(x)$ (b) $\lim_{x\to 0-} f(x)$ (c) $\lim_{x\to 0} f(x)$

21. 극한에 관한 정리들을 이용하여 다음 극한을 구하라.

(a) $\lim_{x\to 1/2} \left\{ \frac{2x^2-1}{(3x+2)(5x-3)} - \frac{2-3x}{x^2-5x+3} \right\}$ (b) $\lim_{x\to\infty} \frac{(3x-1)(2x+3)}{(5x-3)(4x+5)}$

(c) $\lim_{x\to -\infty} \left(\frac{1}{x+3} - \frac{2x}{x+1} \right)$ (d) $\lim_{x\to 1} \frac{1}{x-1} \left(\frac{1}{x+3} - \frac{2}{3x+5} \right)$

22. 극한 $\lim_{h\to 0} \frac{\sqrt[3]{8+h}-2}{h}$를 구하라.

23. 극한 $\lim_{x\to 0} \frac{\sin x}{x} = 1$을 이용하여 다음 각 극한을 구하라.

(a) $\lim_{x\to 0} \frac{\sin 3x}{x}$ (b) $\lim_{x\to 0} \frac{1-\cos x}{x}$

(c) $\lim_{x\to 0} \frac{1-\cos x}{x^2}$ (d) $\lim_{x\to 3} (x-3)\csc \pi x$

(e) $\lim_{x\to 0} \frac{6x-\sin 2x}{2x+3\sin 4x}$ (f) $\lim_{x\to 0} \frac{\cos ax - \cos bx}{x^2}$

(g) $\lim_{x\to 0} \frac{1-2\cos x+\cos 2x}{x^2}$ (h) $\lim_{x\to 0} \frac{3\sin \pi x - \sin 3\pi x}{x^3}$

24. $\lim_{x\to 0} \frac{e^x-1}{x} = 1$을 이용하여 다음 극한을 구하라.

(a) $\lim_{x\to 0} \frac{e^{-ax}-e^{-bx}}{x}$ (b) $\lim_{x\to 0} \frac{a^x-b^x}{x}$, (단, $a, b > 0$)

(c) $\lim_{x\to 0} \frac{\tanh ax}{x}$

연속성에 관한 문제

25. 함수 $f(x) = x^3$이 $x = 1$에서 연속임을 ϵ-δ 용법을 써서 증명하라.

26. 함수 $f(x) = x^2 - 3x + 2$가 $x = 4$에서 연속임을 증명하라.

27. 다음 함수가 주어진 점 x_0에서 연속인지 아닌지를 판별하라.

(a) $f(x) = \frac{\sin x}{x}$ $(x \neq 0)$, $f(0) = 0$; $x_0 = 0$

(b) $f(x) = \frac{x^3-8}{x^2-4}$ $(x \neq 2)$, $f(2) = 3$; $x_0 = 2$

(c) $f(x) = x - |x|$; $x_0 = 0$

(d) $f(x) = \begin{cases} \sin \pi x, & 0 < x < 1 \\ \ln x, & 1 < x < 2; \ x_0 = 1 \end{cases}$

28. 함수 $f(x)$가

$$f(x) = \begin{cases} \frac{|x-3|}{x-3}, & x \neq 3 \\ 0, & x = 3 \end{cases}$$

으로 정의되어 있을 때, 다음에 답하라.

(a) $f(x)$의 그래프를 그려라.

(b) $\lim_{x\to 3^-} f(x)$를 구하라.

(c) $\lim_{x\to 3^+} f(x)$를 구하라.

(d) $\lim_{x\to 3^-} f(x)$를 구하라.

29. 함수 $f(x) = \frac{2x^4-6x^3+x^2+3}{x-1}$이 점 $x = 1$에서 연속인지 아닌지를 팝별하라. $f(x)$가 연속이 되려면 $f(1)$의 값을 어떻게 정의하면 되는가?

30. $f(x)/g(x)$와 $g(x)$가 점 $x = x_0$에서 연속이면 $f(x)$가 점 $x = x_0$에서 연속임을 증명하라.

31. $f(x) = \tan^{-1} x/x$ $(x \neq 0)$, $f(0) = 1$으로 정의된 함수 $f(x)$가 점 $x = 0$에서 연속임을 증명하라.

32. 다음 함수들의 불연속점을 찾아라.

(a) $f(x) = \frac{x}{(x-2)(x-4)}$

(b) $f(x) = \sqrt{(x-3)(6-x)}$

(c) $f(x) = x^2 \sin\frac{1}{x}\ (x \neq 0),\ f(0) = 0$

(d) $f(x) = \frac{1}{1+2\sin x}$

(e) $f(x) = \frac{1}{x^2-1}$

(f) $f(x) = \frac{1+\cos x}{3+\sin x}$

(g) $f(x) = 10^{-1/2(x-3)}$

(h) $f(x) = x\csc x$

33. 함수 $f(x) = 2x^3 + x$가 모든 점 $x = x_0$에서 연속임을 증명하라.

34. 함수 $f(x) = \sqrt{x-5}$가 구간 $[5, \infty)$에서 연속임을 보여라.

35. (a) 함수 $f(x) = \begin{cases} x\sin(1/x^2) & \text{if} \quad x \neq 0 \\ 3 & \text{if} \quad x = 0 \end{cases}$ 가 점 $x = 0$에서 연속이 아님을 밝혀라.

(b) $fx)$가 점 $x = 0$에서 연속이 되려면 $f(0)$의 값이 어떻게 정의되어야 하는가?

36. 함수 $f(x)$와 $g(x)$가 모두 점 $x = x_0$에서 연속일 때, 다음이 성립함을 밝혀라.

(a) α와 β가 임의의 상수들일 때, $\alpha f(x) + \beta g(x)$가 $x = x_0$에서 연속이다.

(b) $f(x)g(x)$가 $x = x_0$에서 연속이다.

(c) $g(x_0) \neq 0$일 때, $f(x)/g(x)$가 $x = x_0$에서 연속이다.

균등연속성에 관한 문제

37. 함수 $f(x) = x^3$이 다음 구간에서 균등연속임을 보여라.

(a) 열린구간 $(0,\ 2)$ (b) 닫힌구간 $[0,\ 2]$ (c) 임의의 유한구간

38. 함수 $f(x) = \ln x$가 구간 $(0, \infty)$에서 점별연속임을 증명하고 균등연속이 아님을 밝혀라.

39. 함수 $f(x) = \frac{1}{x}$가 구간 $(0, 1)$에서 균등연속이 아님을 밝혀라.

40. 함수 $f(x) = x^2$이 구간 $(0,\ \infty)$에서 균등연속이 아님을 보여라.

41. 함수 $f(x) = 1/x^2$이 구간 $(0,\ 1)$에서 균등연속이 아님을 보여라.

42. 두 함수 $f(x)$와 $g(x)$가 모두 같은 구간 I에서 균등연속일 때, 다음에 답하라.

(a) $f(x) \pm g(x)$가 구간 I에서 균등연속이다.

(b)) $f(x)g(x)$가 구간 I에서 균등연속이다.

(c) 함수 $f(x)/g(x)$가 구간 I에서 균등연속이 되는가?

기타 문제들

43. 함수 $f(x) = 2x^3 - 3x^2 + 7x - 10$에 대해서 $f(x) = 0$이 되는 점 x가 구간 $(1, 2)$ 안에서 존재함을 밝혀라.

44. 함수 $f : (0, 2] \to \mathbb{R}$가 $f(x) = 2x^3$으로 정의되어 있을 때, 다음에 답하라.

(a) $f(x)$의 상한과 하한을 구하라.

(b) $f(x)$의 최대값과 최소값이 존재하는가?

(c) 최대값이나 최소값이 존재한다면, 그 값은 상한과 하한과는 어떤 관계가 있는가?

45. 함수 $y = f(x)$가 점 $x = x_0$에서 연속이고 $z = g(y)$가 점 $y = y_0 = f(x_0)$에서 연속이면, 합성함수 $z = g[f(x)]$가 점 $x = x_0$에서 연속임을 ϵ-δ용법을 써서 증명하라.

46. 극한 $\lim_{x \to 0} \frac{\tan 2x}{3x}$의 값을 구하라.

47. 모든 다항함수는 유한한 폐구간 $[a, b]$에서 균등연속임을 밝혀라.

48. 다음에 답하라.

(a) 방정식 $\tan x = x$가 각 구간 $(\pi/2,\ 3\pi/2), (3\pi/2,\ 5\pi/2), (5\pi/2,\ 7\pi/2), \ldots$ 에서 양수근을 갖는다는 것을 증명하라.

(b) 문제 (a)에 대한 해답을 두 함수 $y = \tan x$와 $y = x$의 그래프를 그린 다음에 교차점을 찾아서 구하라.

(c) $\tan x = x$의 가장 작은 양수근을 구하라.

49. 방정식 $\sin x = x$의 실수근은 오직 $x = 0$뿐임을 증명하라.

50. 방정식 $\cos x \cosh x + 1 = 0$은 무한히 많은 실수근을 갖는다는 것을 증명하라.

51. $\lim_{x \to 0} \frac{x^2 \sin(1/x)}{\sin x} = 0$을 증명하라.

52. 함수 $f(x)$가 점 $x = x_0$에서 연속이고 $f(x_0) > 0$일 때, 모든 $x \in (x_0 - h,\ x_0 + h)$에 대해서 $f(x) > 0$인 수 $h > 0$가 존재함을 증명하라.

제 4 장

미분과 도함수

미분의 개념을 발견할 수 있었던 것은 두 가지 문제로부터 비롯되었다. 첫 번째는 일찍이 고대 그리이스 수학자들의 관심사였던 주어진 곡선에 대한 접선의 기울기를 구하는 문제였고, 두 번째는 17세기의 물리학자와 수학자들의 관심사였던 움직이는 물체의 순간속도를 계산하는 문제였다. 이러한 문제들은 17세기 말에 비로소 해결되었다. 수많은 수학자들이 이 문제들에 대해서 관심을 가졌었지만 그들 가운데 뉴턴과 라이프니쯔의 공헌이 가장 크다.

곡선에 대한 접선을 구하는 문제의 해결은 미분의 개념을 시각적으로 이해할 수 있게 하였을 뿐만 아니라 아주 복잡한 응용문제도 해결할 수 있게 하였다. 이를 통해서 미분을 순간변화율의 극한으로 정의하게 되었다(그림 4.1참조).

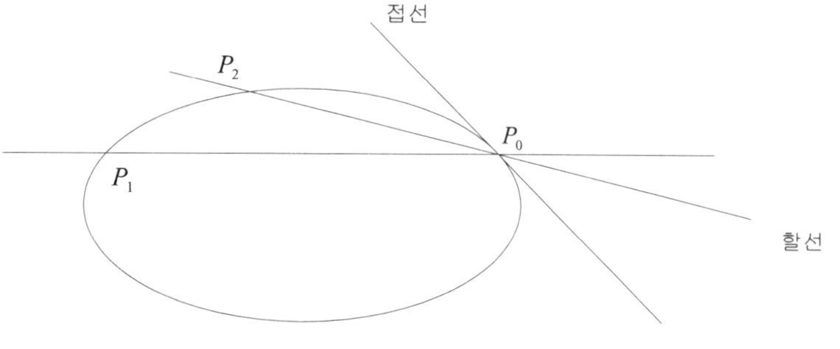

그림 4.1: 접선과 할선

4.1 미분의 개념과 성질들

$P_0(x_0)$가 함수 $y = f(x)$의 그래프위에 있는 한 점이라 하자. 그리고 $P(x)$를 함수 f위에서 점 $P_0(x_0)$와 아주 가끼이 있는 점이라 하자. 이 두 점을 지나는 선분을 가리켜서 **주사선**(scan line)이라 부른다. 이 선분의 기울기는

$$m_s = \frac{f(x) - f(x_0)}{x - x_0} = \frac{\Delta y}{\Delta x} \tag{4.1}$$

인데, 여기서 $\Delta x = x - x_0$와 $\Delta y = f(x) - f(x_0)$를 가리켜서 각각 x와 y의 **증분**(increment)이라 부른다. 이 기울기는 $h = \Delta x = x - x_0$로 치환함으로써

$$m_s = \frac{f(x_0 + h) - f(x_0)}{h} \tag{4.2}$$

로 나타낼 수 있다(그림 4.2를 참조).

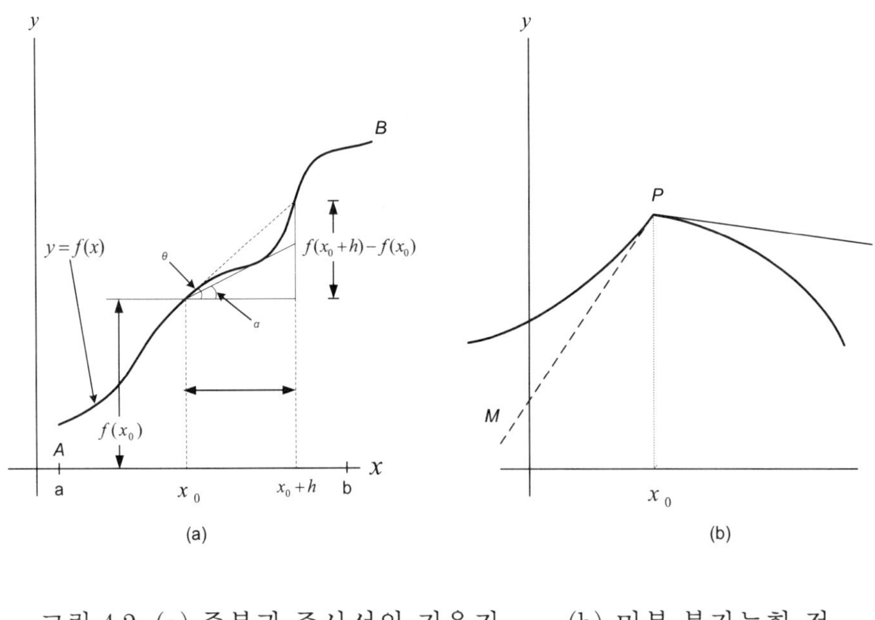

그림 4.2: (a) 증분과 주사선의 기울기 (b) 미분 불가능한 점

여기서 $h \to 0$일 때 형성되는 주사선들을 무한히 연장시킴으로써 만들어진 연속적인 직선들을 상상해 볼 수 있을 것이다. 그러한 연속적인 선분들의 극한이 점 P_0에서 주어진 곡선의 접선이라고 생각하는 것은 지극히 당연한 일이다.

우리는 점 P_0에서 곡선 $y = f(x)$의 기울기를

$$f'(x_0) = \lim_{h \to 0} \frac{f(x_0 + h) - f(x_0)}{h} \tag{4.3}$$

로 정의하고, 이 극한값이 실수값으로 존재할 때 "$y = f(x)$가 점 $x = x_0$에서 **미분 가능(differentiable)**하다"고 말한다. 만약 f가 정의역에 속한 모든 점에서 미분가능할 때, f를 미분가능한 함수라 부르고 새로 정의되는 함수

$$f'(x) = \lim_{h \to 0} \frac{f(x + h) - f(x)}{h} \tag{4.4}$$

를 가리켜서 $f(x)$의 **도함수(derivative)**라 한다.

미분(微分)은 함수의 순간변화율을 구하는 계산 과정이다. 순간변화율은 평균변화율의 극한으로 생각할 수 있다. 우선, 함수 $f(x)$에서 x의 변화량 Δx에 대한 $f(x)$의 변화량 $f(x + \Delta x) - f(x)$의 비

$$\frac{\Delta f(x)}{\Delta x} = \frac{f(x + \Delta x) - f(x)}{\Delta x} \tag{4.5}$$

를 구할 수 있을 때, 이것을 **평균변화율**이라고 한다.

평균변화율의 극한을 취하여 함수 $f(x)$의 특정 지점 x 에서 변화량 Δx가 0으로 수렴할 때의 변화율을 **순간변화율** 또는 **미분계수**라고 하고 다음의 수식과 같이 나타낸다.

$$f'(x) = \frac{d}{dx} f(x) = \lim_{\Delta x \to 0} \frac{f(x + \Delta x) - f(x)}{\Delta x} \tag{4.6}$$

미분은 연속적이고 지속적인 변화량에 대한 순간변화율을 의미한다. 따라서 연속적이지 않은 변화량에서나 첨점(모서리 점)과 같은 특이점에서는 미분이 불가능하다. 함수의 그래프에서 미분은 함수 곡선의 특정 지점에서 접선으로 나타낼 수 있다.

함수 $f(x)$의 특정 구간을 정의역으로 하고 미분계수를 치역으로 하는 함수 $f'(x)$를 $f(x)$에 대한 **도함수(derivative)**라고 한다. 따라서 미분에 의해 도함수를 구하는 과정은 $f(x) \to f'(x)$로의 사상이다. 함수 $f(x)$에 대한 도함수

$f'(x)$를 구하는 것을 "$f(x)$를 x에 대해 미분한다"고 한다.

우측미분과 좌측미분

함수 f의 정의역에 해당하는 구간의 끝점에서 미분을 해야 하는 특수한 상황에 대해서는 다음과 같이 미분을 정의한다.

정의 4.1 (우측미분과 좌측미분)

1. *점 $x = x_0$에서 $f(x)$의 우측미분을 다음과 같이 정의한다.*

$$f'_+(x_0) = \lim_{h \to 0+} \frac{f(x_0+h) - f(x_0)}{h} \tag{4.7}$$

2. *점 $x = x_0$에서 $f(x)$의 좌측미분을 다음과 같이 정의한다.*

$$f'_-(x_0) = \lim_{h \to 0-} \frac{f(x_0+h) - f(x_0)}{h} \tag{4.8}$$

참고 함수 f가 점 $x = x_0$에서 미분가능할 필요충분조건은 $f'_+(x_0) = f'_-(x_0)$이다.

정의 4.2 (구간에서 미분가능한 함수) *함수 f가 개구간 (a, b)에 속한 모든 점에서 미분가능할 때, "f가 구간 (a, b)에서 미분가능하다"고 말한다. 그리고 f가 개구간 $(a,\ b)$에서 미분가능하고 점 $x = a$에서는 우측미분가능하며 $x = b$에서는 좌측미분가능할 때, "f가 폐구간 $[a,\ b]$에서 미분가능하다"고 말한다.*

흔히 f가 연속인 도함수를 가질 때 "f가 연속적으로 미분가능(continuously differentiable)하다"고 말한다.

변화량(differentials)

변수 x에 대한 증분(increment)을 $\Delta x = dx$로 놓았을 때,

$$\Delta y = f(x + \Delta x) - f(x) \tag{4.9}$$

를 가리켜서 $y = f(x)$의 **증분**(increment)이라 한다. 만약 $f(x)$가 어떤 구간 I에서 연속이고 연속적인 1계 도함수를 가지면

$$\Delta y = f'(x)\Delta x + \epsilon \Delta x = f'(x)dx + dx \tag{4.10}$$

이다. 여기서 $\Delta x \to 0$일 때 $\epsilon \to 0$이다. 흔히, 식

$$dy = f'(x)dx \tag{4.11}$$

를 가리켜서 $y = f(x)$의 **변화량**(differential) 또는 Δy의 **주요부**(principal part)라 부른다. 일반적으로 $\Delta x \neq dx$임에 유의하라. 그러나 Δx가 0에 근접하는 작은 수이면 $dy \approx \Delta x$이다. 실제로는 dx(흔히 x의 변화량이라 일컬음)와 dy가 아주 작은 수일 필요는 없다.

방정식 4.9과 4.11에 의해서

$$\frac{dy}{dx} = f'(x) = \lim_{\Delta x \to 0} \frac{f(x + \Delta x) - f(x)}{\Delta x} = \lim_{\Delta x \to 0} \frac{\Delta y}{\Delta x} \tag{4.12}$$

로 나태낼 수 있다.

여기서 유의할 사항은 dx와 dy가 $\Delta x \to 0$일 때 Δx와 Δy의 극한이 아니라는 점이다. 왜냐하면, $\Delta x \to 0$일 때 Δx와 Δy의 극한은 0인 반면에 dx와 dy는 0일 필요가 없다. 주어진 dx에 대해서 dy는 방정식 4.11에 의하여 결정된다. 즉, 주어진 x에 대해서 독립변수 dx에 의하여 dy가 결정된다.

그림 4.2에 표현되어 있듯이 기하학적으로 특수한 값 $x = x_0$에 대해서 Δy는 선분 QR로 표현되는 반면에 dy는 선분 SR로 표현된다.

주어진 점에서 접선의 기울기로서 어떤 곡선의 도함수에 대한 기하학적인 해석은 응용면에서 아주 중요하다. 또한 물리적인 모델에서 순간 속도로서의 도함수의 의미도 매우 중요하다. 특히, 이러한 물리적인 관점은 변화량의 개념을 소개하는 데에 유용하게 쓰인다.

운동에 관한 뉴턴의 제1법칙과 제 2의 법칙에 의하면 어느 한 물체가 움직이는 경로는 그 물체에 가해지는 힘에 의해서 결정되며, 만약 작용하는 힘이

사라지게 되면 그 물체는 작용하는 힘이 사라지는 그 지점에서 이동해 온 경로의 접선방향으로 계속 진행하게 된다. 따라서 작용하는 힘이 사라지는 그 지점의 작은 근방에서 물체가 움직이는 경로에 관심을 가져야 한다. 이러한 점을 염두에 두고 다음과 같은 아이디어를 생각하자.

함수 f의 그래프가 $y = f(x)$로 표현된다고 하고 $x = x_0$을 f'의 값이 존재하는 f의 정의역에 속하는 원소라 하자. 그리고 새로운 선형함수

$$dy = f'(x_0)\,dx$$

를 생각하는데, 여기서 dx는 독립변수이고 dy는 이 방정식에 따르는 종속변수라고 보면 된다. 이러한 선형함수의 그래프는 그림 4.3에 나타난 것과 같다.

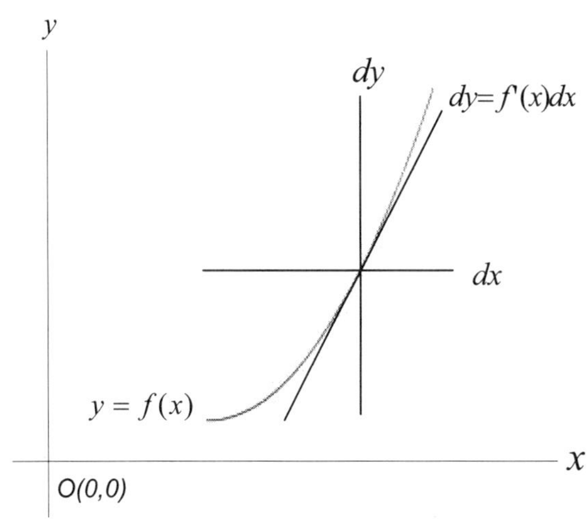

그림 4.3: 변화량 $dy = f'(x)dx$

이 그래프는 xy-좌표계에서 점 $P(x_0, y_0)$를 중심으로 그려진 것으로서 dx-축과 dy-축이 각각 x-축과 y-축에 평행하게 설정되어 있다. 이 시스템에서 선형방정식 $dy = f'(x_0)dx$는 점 P_0에서 접선의 방정식을 가리키며 점 P_0의 근방에서 경로를 나타내고, 이 경로가 관심의 대상이 되는 물체의 이동경로라고 한다면 이 방정식은 물체에 가해졌던 힘이 사라지는 시점에서 나타나는 물체의

이동경로이다.

우리는 dx와 dy를 가리켜서 각각 x와 y의 **미분(differential)**[1]이라 부른다. 그리고 선형방정식 $dy = f'(x_0)dx$는 함수 f의 미분이 존재하는 모든 점에서 타당하므로 첨수를 생략하고 간단히

$$dy = f(x)dy$$

로 표현한다. 여기서 주목해야 할 사실은

$$\frac{dy}{dx} = f'(x) = \lim_{\Delta x \to 0} \frac{f(x+\Delta x) - f(x)}{\Delta x} = \lim_{\Delta x \to 0} \frac{\Delta y}{\Delta x}$$

이고 $\frac{dy}{dx}$가 $\frac{\Delta y}{\Delta x}$와 같지는 않다는 점이다.

다른 한편으로는 dy와 Δy가 밀접한 관계가 있음을 알아야 한다. 특히 $\lim_{\Delta x \to 0} \frac{\Delta y}{\Delta x} = f'(x)$가 의미하는 것은, 임의의 수 $\epsilon > 0$에 대하여, $|\Delta x| < \delta$이면 $-\epsilon < \frac{\Delta y}{\Delta x} - \frac{dy}{dx} < \epsilon$인 성질을 만족하는 $\delta > 0$가 존재한다는 것이다. 여기서 dx는 독립변수로서 x-축과 dx-축이 평행하므로 $dx = \Delta x$로 놓을 수 있다. 그러면

$$-\epsilon \Delta x < \Delta y - dy < \epsilon \Delta x$$

또는

$$dy - \epsilon \Delta x < \Delta y < dy - \epsilon \Delta x$$

이다. 여기서 dy는 x의 작은 근방에서 Δy의 근사값, 즉 $\Delta x \approx 0$일 때 $dy \approx \Delta y$이다. 우리는 dy를 가리켜서 Δy의 **주요부(principal part)**라고 부른다.

기호 f'을 $\frac{dy}{dx}$로 표현하는 것은 미분에 관한 이론이 확립되는 과정에서 여러 수학잘의 제안에 따라서 이루어진 일인데, 사실 이러한 표현을 처음 제안한 사람은 미적분학의 창시자 2인 중의 한 사람인 라이프니츠(Leibniz)[2]이다.

[1] 미분은 함수의 순간변화율을 구하는 계산 과정이다.

[2] 라이프니츠(Gottfried Wilhelm Leibniz, 1646년~1716년)는 독일의 철학자이자 수학자이다. 라이프니츠는 책을 쓸 때 라틴어, 프랑스어, 독일어 등 다양한 언어를 사용하였다. 라이프니츠는 철학과 수학의 역사에서 중요한 위치를 차지한다. 뉴턴과는 별개로 무한소 미적분을

연쇄법칙–합성함수의 미분법

많은 함수들이 합성함수들로 표현된다. 예를 들면 $u = f(x) = x^3$이고 $y = g(u) = \sin u$이면 $y = (g \circ f)(x) = g(f(x)) = \sin(x^3)$이다. 여기서 주목해야 할 사실은 f와 g의 합성함수 $y = (g \circ f)(x) = g(f(x))$의 도함수가

$$\frac{dy}{dx} = \frac{dy}{du} \cdot \frac{du}{dx} = g'(u) = f'(x)$$

로 표현된다는 점이다. 이러한 관계식을 가리켜서 합성함수의 미분법에 해당하는 **연쇄법칙**(chain rule)이라 한다.

정리 4.1 (연쇄법칙) *I와 J가 구간이고 함수 $f : I \to J$와 $g : J \to \mathbb{R}$가 모두 미분가능한 함수이면, 합성함수 $g \circ f : I \to \mathbb{R}$가 미분가능하고*

$$(g \circ f)'(x) = g'(f(x))f'(x)$$

이다.

예제 4.1 *함수 $y = \ln(x^2 + 1)$의 도함수를 구하라.*

풀이 $f(u) = \ln u$이고 $u = g(x) = x^2 + 1$로 정의하면 $y = f(g(x))$이므로

$$\frac{dy}{dx} = \frac{dy}{du} \cdot \frac{du}{dx} = \frac{1}{u}(2x) = \frac{2x}{x^2 + 1}$$

이다. ■

음함수의 미분법

대체적으로 주어지는 함수는 $y = f(x)$형태의 양함수다. 그러나 많은 경우에 있어서 y가 x의 함수로 표현되지 않고 $F(x, y) = c$의 형식으로 된 음함수로 표현되는 수가 있다. 이렇게 표현된 식으로부터 도함수 $\frac{dy}{dx}$을 구하는 방법은 y를 x에 관한 함수로 간주하고 연쇄법칙을 써서 양변을 x관해서 미분한 다음 풀어서 $\frac{dy}{dx}$를 구하는 방식을 **음함수 미분법**(method of implicit differentiation)이라 한다.

창시하였으며, 라이프니츠의 수학적 표기법은 아직까지도 널리 쓰인다.

예제 4.2 $x^2 + 3xy = 1$일 때, 도함수 $\frac{dy}{dx}$를 구하고 $x = 1$에서 미분계수를 구하라.

풀이 주어진 식의 양변을 x에 관해서 미분하면

$$2x + 3y + 3x\frac{dy}{dx} = 0$$

이므로

$$\frac{dy}{dx} = -\frac{2x+3y}{3x}$$

이다. 여기에 $x = 1$을 대입하면, $x = 1$에서 미분계수는

$$\left[\frac{dy}{dx}\right]_{x=1} = -\frac{2}{3}$$

이다. ■

여러 가지 미분법칙

미분할 때 자주 쓰이는 법칙들을 다음 정리로 소개한다.

정리 4.2 (미분법칙들) *f, g, h가 모두 미분가능한 함수들일 때, 다음이 성립한다.*

1. $[f(x) \pm g(x)]' = f'(x) \pm g'(x)$, (±은 복호동순)
2. $[cf(x)]' = cf'(x)$, (c는 임의의 상수)
3. $[f(x)g(x)]' = f'(x)g(x) + f(x)g'(x)$
4. $\left(\frac{f(x)}{g(x)}\right)' = \frac{f'(x)g(x)-f(x)g'(x)}{[g(x)]^2}$, (단 , $g(x) \neq 0$일 때)
5. $y = f(x)$이고 $x = f^{-1}(y)$이면

$$\frac{dy}{dx} = \frac{1}{dx/dy}$$

이다.

6. 만약 $x = f(t)$이고 $y = g(t)$이면

$$\frac{dy}{dx} = \frac{dy/dt}{dx/dt} = \frac{g'(t)}{f'(t)}$$

이다.

여러 가지 미분공식

다음에서 u는 미분가능한 x의 함수라 하고, 역함수는 3장에서 정의된 것과 같은 값들을 갖는다고 하자.

1. $\frac{d}{dx}(c) = 0$
2. $\frac{d}{dx}u^n = nu^{n-1}\frac{du}{dx}$
3. $\frac{d}{dx}\sin u = \cos u\frac{du}{dx}$
4. $\frac{d}{dx}\cos u = -\sin u\frac{du}{dx}$
5. $\frac{d}{dx}\tan u = \sec^2 u\frac{du}{dx}$
6. $\frac{d}{dx}\cot u = -\csc^2 u\frac{du}{dx}$
7. $\frac{d}{dx}\sec u = \sec u\tan u\frac{du}{dx}$
8. $\frac{d}{dx}\csc u = -\csc u\cot u\frac{du}{dx}$
9. $\frac{d}{dx}\log_a u = \frac{\log_a e}{u}\frac{du}{dx}$, $(0 < a \neq 1)$
10. $\frac{d}{dx}\ln u = -\frac{1}{u}\frac{du}{dx}$
11. $\frac{d}{dx}a^u = a^u\ln a\frac{du}{dx}$
12. $\frac{d}{dx}e^u = e^u\frac{du}{dx}$
13. $\frac{d}{dx}\sin^{-1}u = \frac{1}{\sqrt{1-u^2}}\frac{du}{dx}$
14. $\frac{d}{dx}\cos^{-1}u = -\frac{1}{\sqrt{1-u^2}}\frac{du}{dx}$
15. $\frac{d}{dx}\tan^{-1}u = \frac{1}{1+u^2}\frac{du}{dx}$
16. $\frac{d}{dx}\cot^{-1}u = -\frac{1}{1+u^2}\frac{du}{dx}$
17. $\frac{d}{dx}\sec^{-1}u = \frac{1}{|u|\sqrt{u^2-1}}\frac{du}{dx}$, $(|u| > 1)$
18. $\frac{d}{dx}\csc^{-1}u = -\frac{1}{|u|\sqrt{u^2-1}}\frac{du}{dx}$, $(|u| > 1)$
19. $\frac{d}{dx}\sinh u = \cosh u\frac{du}{dx}$
20. $\frac{d}{dx}\sinh u = \cosh u\frac{du}{dx}$
21. $\frac{d}{dx}\tanh u = \text{sech}^2 u\frac{du}{dx}$
22. $\frac{d}{dx}\coth u = -\text{csch}^2 u\frac{du}{dx}$
23. $\frac{d}{dx}\text{sech}u = \text{sech}u\cdot\text{tanh}u\frac{du}{dx}$
24. . $\frac{d}{dx}\text{csch}u = -\text{csch}u\,\text{coth}u\cdot\frac{du}{dx}$
25. $\frac{d}{dx}\sinh^{-1}u = \frac{1}{\sqrt{1+u^2}}\frac{du}{dx}$
26. $\frac{d}{dx}\cosh^{-1}u = -\frac{1}{\sqrt{u^2-1}}\frac{du}{dx}$

27. $\frac{d}{dx}\tanh^{-1}u = \frac{1}{1-u^2}\frac{du}{dx}$, $(|u| < 1)$ 28. $\frac{d}{dx}\coth^{-1}u = -\frac{1}{1-u^2}\frac{du}{dx}$, $(|u| > 1)$

29. $\frac{d}{dx}\text{sech}^{-1}u = \frac{1}{u\sqrt{1-u^2}}\frac{du}{dx}$ 30. $\frac{d}{dx}\text{csch}^{-1}u = -\frac{1}{u\sqrt{u^2+1}}\frac{du}{dx}$

고계 도함수

미분가능한 함수 $y = f(x)$의 도함수를

$$\frac{dy}{dx},\ \frac{d}{dx}f(x),\ y',\ f'(x)$$

등으로 표현한다. 만약 $\frac{dy}{dx} = f'(x)$가 주어진 구간에서 미분가능하면, 그 도함수는

$$\frac{d^2y}{dx^2},\ \frac{d^2}{dx^2}f(x),\ y'',\ f''(x)$$

등으로 표현하고 이것을 $y = f(x)$의 2계 도함수라 한다. 일반적으로, 양의 정수 n에 대해서, $y = f(x)$를 n-번 연속해서 미분한 것을

$$\frac{d^ny}{dx^n},\ \frac{d^n}{dx^n}f(x),\ y^{(n)},\ f^{(n)}(x)$$

으로 표현하고, 이것을 $y = f(x)$의 n계 도함수라 부른다. 일반적으로 $f(x)$의 1계, 2계, 3계 도함수는 각각

$$f'(x),\ f''(x),\ f'''(x)$$

로 표현하고 4계 이상의 n계 도함수는 $f^{(n)}(x)$로 나타낸다.

4.2 평균값정리와 로피탈의 정리

평균값 정리는 미적분학의 뼈대를 떠받치는 중요한 정리이다. 롤(Rolle)의 정리로부터 유도되며, 테일러(Taylor)의 정리를 비롯한 많은 확장이 존재한다. 또한 이 정리는 미적분학의 기본정리를 증명하는 데 쓰이며, 극값과 고계도함수, 볼록함수, 역함수 등의 취급에도 응용된다.

그리고 로피탈의 정리(L'Hôpital's rule)[3] 는 해석학 및 미적분학의 정리로서 함수의 도함수를 이용하여 부정형의 극한값을 계산하는 원리이다.

평균값 정리

여기서 소개하는 정리들은 여러 가지 다른 정리나 공식들을 유도하는 데에 중요하게 쓰인다.

정리 4.3 (Rolle의 정리) *함수 $f(x)$가 폐구간 $[a, b]$에서 연속이고 개구간 (a, b)에서 미분가능하며 $f(a) = f(b) = 0$이면, $f'(\xi) = 0$인 점 ξ가 개구간 (a, b) 안에서 존재한다.*

위의 정리는 다음 정리를 증명할 때, 중요하게 쓰인다.

정리 4.4 (평균값 정리) *함수 $f(x)$가 폐구간 $[a, b]$에서 연속이고 개구간 (a, b)에서 미분가능하면,*

$$\frac{f(b) - f(a)}{b - a} = f'(\xi) \tag{4.13}$$

인 점 ξ가 개구간 (a, b)안에서 존재한다(그림 4.4를 참조).

롤(Rolle)의 정리[4]는 $f(a) = f(b) = 0$일 때 해당되는 평균값정리의 특수한 경우이다. 식 (4.13)은 여러 가지 다른 형태로 표현될 수 있다. 예를 들면 x와 x_0가 구간 (a, b)에 속한 수일 때

$$f(x) = f(x_0) + f'(\xi)(x - x_0), \ (\xi\text{는 } x\text{와 } x_0\text{사이의 수}) \tag{4.14}$$

로 쓸 수 있다. 또한 식 (4.13)에서 $b = a + h$로 두면

$$\frac{f(a + h) - f(a)}{h} = f'a + \theta h), \ (0 < \theta < 1)$$

[3]이 정리의 이름은 17세기에 활동하였던 프랑스의 수학자이자 후작인 기욤 드 로피탈의 이름에서 유래되었다. 로피탈은 그의 저서인 ≪곡선을 이해하기 위한 무한소 해석≫(l'Analyse des Infiniment Petits pour l'Intelligence des Lignes Courbes)에서 이 정리를 소개하였다. 이 정리는 베르누이의 규칙(Bernoulli's rule)이라는 이름으로 불리기도 한다.

[4]미적분학에서 롤의 정리(Rolle's theorem)란 미분 가능한 함수에 대한 본질적인 성질로서, 함수값이 같은 두 점이 존재할 경우, 함수의 그래프를 그리면 그 두 값 사이에 접선의 기울기가 0이 되는 점이 반드시 존재한다는 정리이다.

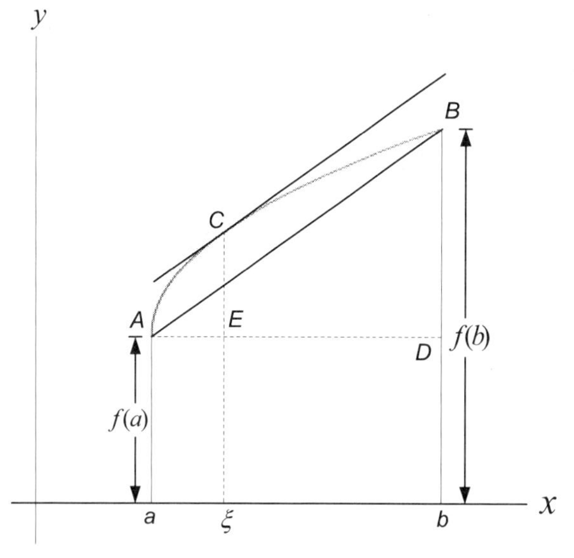

그림 4.4: 평균값

이다. 다음은 평균값 정리를 일반화한 것이다.

정리 4.5 (Cauchy의 일반화된 평균값 정리) *함수 $f(x)$와 $g(x)$가 폐구간 $[a, b]$에서 연속이고 개구간 (a, b)에서 미분가능하며 $g(b) - g(a) \neq 0$이면*

$$\frac{f(b) - f(a)}{g(b) - g(a)} = \frac{f'(\xi)}{g'(\xi)} \tag{4.15}$$

인 점 ξ가 개구간 (a, b)안에서 존재한다.

참고 식 (4.13)은 $g(x) = x$일 때 일합화된 Cauchy[5]-정리로부터 얻어지는 특수한 경우이다.

로피탈의 정리

다음 정리는 극한 $\lim_{x \to x_0} \frac{f(x)}{g(x)}$가 **부정형**이라 불리는 $\frac{0}{0}$ 또는 $\pm\frac{\infty}{\infty}$형일 때의 극한을 구하는 데에 필요한 정리이다.

[5]코쉬(Augustin Louis Cauchy, 1789년~1857년)는 프랑스의 수학자이다. 라플라스(P. S. Laplace) 등으로 대표되는 18세기의 수학을 19세기적 단계에 올려놓은 프랑스의 대수학자로도 평가받고 있다.

정리 4.6 (로피탈의 정리) 점 x_0를 포함한 개구간 $(a,\ b)$에서 함수 $f(x)$와 $g(x)$가 에서 미분가능하고 $f'(x)$와 $g'(x)$가 연속이라 하자.

1. 만약 $\lim_{x\to x_0} f(x) = \lim_{x\to x_0} g(x) = 0$이고 $g'(x_0) \neq 0$이면

$$\lim_{x\to x_0} \frac{f(x)}{g(x)} = \lim_{x\to x_0} \frac{f'(x)}{g'(x)} \tag{4.16}$$

이다.

2. 만약 $\lim_{x\to x_0} f(x) = \lim_{x\to x_0} g(x) = \pm\infty$이고 $g'(x_0) \neq 0$이면

$$\lim_{x\to x_0} \frac{f(x)}{g(x)} = \lim_{x\to x_0} \frac{f'(x)}{g'(x)} \tag{4.17}$$

이다.

예제 4.3 극한 $\lim_{x\to 0} \frac{e^{2x}-1}{x}$를 구하라.

풀이 $f(x) = e^{2x} - 1$이고 $g(x) = x$이면, $\lim_{x\to 0} f(x) = \lim_{x\to 0} g(x) = 0$이다. 그리고 $\lim_{x\to 0} f'(x) = 2e^{2x} = 2$이고 $\lim_{x\to 0} g'(x) = \lim_{x\to 0} 1 = 1$이다. 따라서

$$\lim_{x\to 0} \frac{e^{2x}-1}{x} = \lim_{x\to 0} \frac{2e^{2x}}{1} = 2$$

이다. ■

예제 4.4 극한 $\lim_{x\to 0} \frac{1-\cos x}{\sin^2 x}$를 구하라.

풀이 $f(x) = 1 - \cos x$이고 $g(x) = \sin^2 x$이면, $\lim_{x\to 0} f(x) = \lim_{x\to 0} g(x) = 0$이다. 그리고 $f'(x) = \sin x$이며 $g'(x) = 2\sin x \cos x = \sin 2x$이다. 따라서

$$\lim_{x\to 0} \frac{1-\cos x}{\sin^2 x} = \lim_{x\to 0} \frac{\sin x}{\sin 2x} = \lim_{x\to 0} \frac{\cos x}{2\cos 2x} = 2$$

이다. ■

4.3 미분의 응용

함수의 극값(local extremum)은 특정한 지점의 함수값이 그 지점 주변의 다른 모든 함수값과 비교했을 때 가장 크거나 가장 작은 경우의 값을 가리킨다. 그 함수값이 가장 큰 경우를 극대값, 가장 작은 경우를 극솟값으로 부른다. 최적화 문제에서는 함수의 극값이나 최대/최소값을 구하는 문제를 다룬다.

정의 4.3 (극대·극소값과 최대·최소값)

함수 $f(x)$에 대해, 어떤 값 x^*의 근방 $U = (x^* - h,\ x^* + h)$가 존재하여 그 근방에 속하는 모든 x에 대해 $f(x^*) \geq f(x)$가 성립하는 경우, $f(x)$는 x^*에서 극대가 된다고 말한다. 이 때 $f(x^*)$를 **극대값**(*relative maximum*)*으로 정의한다. 반대로, $f(x^*) \leq f(x)$가 성립하는 경우는 $f(x^*)$를* **극소값**(*relative minimum*)*으로 정의한다.*

그리고 함수값 $f(x^*)$가 함수 f의 정의역에 속한 모든 원소의 함수값 이상이면 **최대값**(*maximal value*)*이라 부르고, 정의역에 속한 모든 원소의 함수값 이하인 경우에는* **최소값**(*minimal value*)*이라 부른다.*

최대값과 극대값, 최소값과 극솟값은 전혀 관계가 없다. 최대값이면서 극대값이 아닐수도 있고 최소값이면 극솟값이 아닐 수도 있다.

함수 $f(x)$가 열린구간 (a, b)에서 미분가능하고 $P_0(x_0, y_0)$가 f의 그래프 상에 있는 한 점이라 하자. 점 P_0을 중심으로 좌우에서 $(x)f$의 접선을 그려본다고 하자. 만약 P_0가 $f(x)$의 극소점이면 x를 x_0보다 작은 값에서 큰 값으로 변화시키면 접선은 점 P_0의 좌우에서 시계반대방양으로 회전하게 된다. 그러므로 접선의 기울기는 P_0의 좌측에서는 음$(-)$이고 P_0에서는 0이며 P_0의 우측에서는 양$(+)$ 되어야 한다. P_0가 $f(x)$의 극대점인 경우에는 정반대로 생각하면 된다. 결국 $f''(x)$가 접선의 기울기 $f'(x)$의 변화율을 가리키므로 다음 정리를 얻게 된다(그림 4.5를 참조하기 바람).

정리 4.7 (2계 도함수에 의한 극대·극소 판정법)

함수 $f(x)$가 열린구간 (a, b)에서 정의되어 있고 연속인 1계 도함수 $f'(x)$와 2계 도함수 $f''(x)$를 갖는다고 하자. 그리고 $x_0 \in (a, b)$이고 $f'(x_0) = 0$이며

$f''(x_0) \neq 0$이라 하자. 그러면 $f(x)$는 점 $x = x_0$에서 극값을 가지며 다음이 성립한다.

1. $f''(x_0) > 0$이면 $f(x_0)$은 극소값이다.
2. $f''(x_0) < 0$이면 $f(x_0)$은 극대값이다.

이 경우에 f의 정의역에 속한 점 x_0을 가리켜서 **임계점**(critical point)이라 부른다.

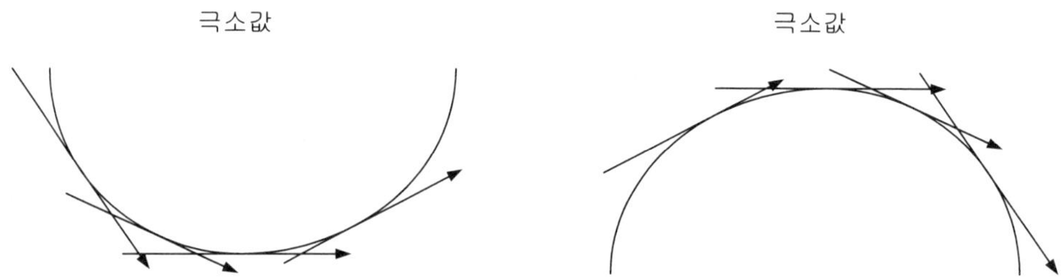

그림 4.5: 극대와 극소

위의 정리는 다음과 같이 일반화 될 수 있다.

정리 4.8 (일반화된 극대·극소 판정법)
함수 $f: (a, b) \to \mathbb{R}$가, 어떤 정수 $p > 0$에 대해, 연속적으로 $2p$-번 미분이 가능하고

$$f'(x_0) = f''(x_0) = \cdots = f^{(2p-1)}(x_0) = 0$$

이며 $f^{(2p)}(x_0) \neq 0$이라 하자. 그러면 $f(x)$는 점 $x = x_0$에서 극값을 가지며 다음이 성립한다.

1. $f^{(2p)}(x_0) > 0$이면 $f(x_0)$은 극소값이다.
2. $f^{(2p)}(x_0) < 0$이면 $f(x_0)$은 극대값이다.

함수 f의 그래프에 대한 접선의 기울기가 어떤 점 x_0의 좌측에서 양(+)이고 x_0에서 0이고 x_0의 우측에서 다시 양(+)이 되는 수가 있다. 반대로 접선의 기울기가 어떤 점 x_0의 좌측에서 음(−)이고 x_0에서 0이고 x_0의 우측에서

다시 음(−)이 되는 수도 있다. 이러한 경우에는 $P_0 = (x_0,\ f(x_0)$는 f의 극값이 될 수 있다. 이러한 점 x_0을 가리켜서 **변곡점**(point of inflection)이라 한다. x_0가 $f(x)$의 변곡점이 되는 가장 간단한 경우는 $f'(x_0) = f''(x_0) = 0$이고 $f'''(x_0) \neq 0$인 때이다.

뉴턴의 방법

3차 이상의 대수방정식을 푸는 일은 쉽지 않다. 사실상 5차 이상의 대수방정식의 근을 표현하는 일반적인 공식은 존재하지 않는다. 그러나 대수방정식 $y = f(x)$의 그래프는 단수근을 갖는 점에서 x-축을 가로 지르게 된다.

뉴턴 방법은 스칼라 변수 x로 이루어진 미분가능한 연속함수 f에 대해서 $f(x) = 0$의 근을 구하는 수치해석학[6]적인 여러가지 방법들 중 하나이다. 이 방법은 닫힌구간 $[a,\ b]$에서 정의된 함수 $f : [a,\ b] \to \mathbb{R}$이 미분가능할 때 임의의 x_n에 대해서 x_{n+1}을

$$x_{n+1} = x_n - \frac{f(x_n)}{f'(x_n)}\ (n = 1, 2, \ldots)$$

로 놓고, 이를 계속 반복하게되면 특정 조건하에 x_n은 점점 함수 $f(r) = 0$ 을 만족하는 r에 수렴하게 된다. 이런 방법을 **뉴턴 방법**이라 한다.

먼저 함수 f가 필요한 만큼 여러 번 미분이 가능하다고 하자. 그리고 r이 방정식 $f(x) = 0$의 근, 즉 $f(r) = 0$이라 하고 x_0가 r에 가까운 값(예를 들어 r에서 가장 가까운 정수)이라 하자. 그러면 $f'(x_0)$은 점 $P_0[x_0,\ f(x_0)]$에서 곡선 $y = f(x)$의 접선에 대한 기울기가 된다. 이제 $Q_1(x_1,\ 0)$가 점 P_0에서 접선이 가로지르는 x-축 좌표라 하자. 그러면

$$\frac{0 - f(x)}{x - x_0} = f'(x_0)$$

이므로, 이 식을 풀면

$$x_1 = x_0 - \frac{f(x_0)}{f'(x_0)}$$

[6]수치해석학(數値解析學, numerical analytics)은 해석학 문제에서 수치적인 근사값을 구하는 알고리즘을 연구하는 학문이다.

이 된다(그림 4.6 참조 바람). 다시 점 $P_1[x_1,\ f(x_1)]$에 접하는 접선으로부터 시작하여 위의 과정을 되풀이 하면

$$x_2 = x_1 - \frac{f(x_1)}{f'(x_1)} = x_0 - \frac{f(x_0)}{f'(x_0)} - x_0 - \frac{f(x_1)}{f'(x_1)}$$

이 되고, 이러한 과정을 n-번 반복하게 되면 일반적인 공식

$$x_n = x_0 - \sum_{k=0}^{n} \frac{f(x_k)}{f'(x_k)},\ (n = 1, 2, 3, \ldots)$$

을 얻는다. 반복회수 n을 증가시켜 나감으로써 x_n을 실수근 r에 원하는 만큼 근사시킬 수 있게 된다.

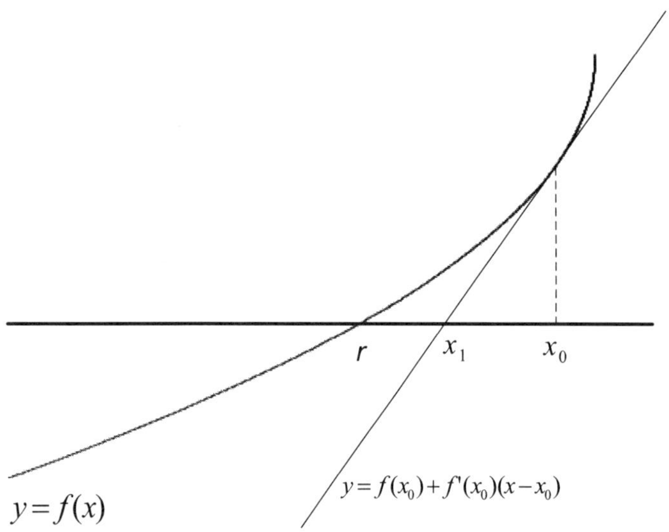

그림 4.6: 점 $(x_0,\ f(x_0))$에서 $y = f(x)$의 접선

≪4장 연습문제≫

미분에 관한 문제

1. 미분의 정의를 써서 주어진 점 x_0에서 함수 $f(x)$의 미분계수를 구하라.

   (a) $f(x) = \frac{3x-4}{2x+3},\ x_0 = 1$
   (b) $f_(x) = x^3 - 3x^2 + 2x - 5,\ x_0 = 2$
   (c) $f_(x) = \sqrt{x},\ x = 4$
   (d) $f(x) = \sqrt[3]{6x-4},\ x_0 = 2$

2. 미분의 정의를 써서 다음을 증명하라.

   (a) $\frac{d}{dx}x^4 = 4x^3$
   (b) $\frac{d}{dx}\left(\frac{3+x}{3-x}\right) = \frac{6}{(3-x)^2}$

3. 함수 f가

$$f(x) = \begin{cases} x^3\sin(1/x) & \text{if} \quad x \neq 0, \\ 0, & \text{if} \quad x = 0 \end{cases}$$

로 정의되어 있을 때, 다음을 증명하라.

   (a) $f(x)$가 점 $x = 0$에서 연속이다.
   (b) $f(x)$가 $x = 0$에서 미분가능하다.
   (c) $f'(x)$가 점 $x = 0$에서 연속이다.

4. 함수 f가

$$f(x) = \begin{cases} xe^{-1/x^2} & \text{if} \quad x \neq 0, \\ 0, & \text{if} \quad x = 0 \end{cases}$$

로 정의되어 있을 때, 다음 물음에 답하라.

   (a) $f(x)$가 점 $x = 0$에서 연속인가?
   (b) $f(x)$가 $x = 0$에서 미분가능한가?

5. $\lim\limits_{h\to 0} \frac{e^h - 1}{h} = 1$을 이용하여 $f(x) = e^x$일 때 $f'(x) = e^x$임을 증명하라.

6. $\lim_{h\to0}\frac{\sin h}{h}=1$과 $\lim_{h\to0}\frac{1-\cos h}{h}=0$을 이용하여 $f(x)=\sin x$일 때 $f'(x)=\cos x$임을 증명하라.

우 도함수와 좌 도함수에 관한 문제

7. 함수 $f(x)=x|x|$에 대해서 다음에 답하라.

   (a) 점 $x=0$에서 $f(x)$의 우도함수를 구하라.

   (b) 점 $x=0$에서 $f(x)$의 좌도함수를 구하라.

   (c) $f(x)$가 점 $x=0$에서 미분가능한가?

   (d) 그래프를 이용해서 (a), (b), (c)에 대한 답을 확증하라.

8. (a) p가 양의 정수일 때, $f(x)=x^p\sin\left(\frac{1}{x}\right)$, $f(0)=0$으로 정의되는 함수 $f(x)$의 연속성과 미분가능성을 논하라. (b) p가 실수인 경우에는 어떠한가?

9. 함수 $f(x)=\begin{cases}2x-3, & (0\le x\le 2)\\ x^2-3, & (2<x\le 4)\end{cases}$ 에 대해서 다음에 답하라.

   (a) 구간 $[0,\ 4]$에서 $f(x)$가 연속인가?

   (b) 구간 $[0,\ 4]$에서 $f(x)$가 미분가능한가?

10. 함수 $f(x)=x^3-x^2+5x-6$에 대해서 다음에 답하라.

   (a) 모든 닫힌구간 $[a,\ b]$에서 $f(x)$가 연속임을 증명하라.

   (b) 점 $x=0$과 $x=1$에서 $y=f(x)$의 접선의 방정식을 구하고 그래프를 그려라.

   (c) (b)에서 구한 두 접선의 교점을 구하라.

   (d) 도함수 $f'(x),\ f''(x),\ f'''(x),\ f^{(4)}(x),\ldots$를 구하라.

11. $f(x)=x^2|x|$일 때, $x=0$에서 $f(x)$의 1계, 2계, 3계의 미분계수가 존재하는지의 여부를 판별하라.

미분에 관한 사항들

12. 함수 $y=f(x)=x+\frac{1}{x}$에 대해서, 미분의 정의를 써서, $\frac{dy}{dx}$를 구하라.

13. 미분을 이용하여 다음의 값들을 근사값으로 계산하라,

   (a) $\sin 31^\circ$ (b) $\ln(1.12)$ (c) $\sqrt[5]{36}$

14. $y=\sin x$일 때, 다음에 답하라.

    (a) Δy를 x와 Δx로 표현하라.

    (b) $dy=\frac{dy}{dx}\Delta x$를 x와 Δx로 표현하라.

    (c) $\Delta x\to 0$일 때, $\frac{\Delta y-dy}{\Delta x}\to 0$임을 증명하라.

15. 다음을 증명하라.

    (a) $\frac{d}{dx}[f(x)+g(x)]=\frac{d}{dx}f(x)+\frac{d}{dx}g(x)$

    (b) $\frac{d}{dx}[f(x)-g(x)]=\frac{d}{dx}f(x)-\frac{d}{dx}g(x)$

    (c) $\frac{d}{dx}\left(\frac{f(x)}{g(x)}\right)=\frac{f'(x)g(x)-f(x)g'(x)}{[g(x)]^2}$, (단 $g(x)\neq 0$)

16. 다음을 계산하라.

    (a) 점 $x=1$에서 $\frac{d}{dx}[x^3\ln(x^2-2x+5)]$의 값

    (b) 점 $x=0$에서 $\frac{d}{dx}\sin^2(3x+\pi/6)$의 값

17. u가 x에 관해서 미분가능한 함수일 때, 다음이 성립함을 증명하라.

    (a) $\frac{d}{dx}a^u=a^u\ln a\frac{du}{dx}$, ($a>0,\ a\neq 1$)

    (b) $\frac{d}{dx}\csc u=-\csc u\cdot\cot u\frac{du}{dx}$

    (c) $\frac{d}{dx}\tanh u=\mathrm{sech}^2 u\frac{du}{dx}$

18. 다음을 계산하라.

    (a) $\frac{d}{dx}\tan^{-1}x$ (b) $\frac{d}{dx}\csc^{-1}x$ (c) $\frac{d}{dx}\sinh^{-1}x$ (d) $\frac{d}{dx}\coth^{-1}x$

19. $y=x^x$일 때, dy/dx를 계산하라.

20. $y=[\ln(3x+2)]^{\sin^{-1}(2x+0.5)}$일 때, $x=0$에서 $\frac{dy}{dx}$를 계산하라.

21. 식 $xy-\ln y=1$로 부터 다음을 계산하라.

    (a) $\frac{dy}{dx}$ (b) $\frac{d^2y}{dx^2}$

22. $y=\tan x$일 때, $y'''=2(1+y^2)(1+3y^2)$임을 증명하라.

23. $x=\sec t$이고 $y=\tan t$일 때, $x=\pi/4$에서 다음을 계산하라.

    (a) $\frac{dy}{dx}$ (b) $\frac{d^2y}{dx^2}$ (c) $\frac{d^3y}{dx^3}$

24. $x^2y+y^3=2$일 때, 점 $(x,\ y)=(1,\ 1)$에서 y'과 y''의 값을 구하라.

평균값 정리에 관한 문제

25. $f(x) = 1 - (x-1)^{2/3}$, $0 \le x \le 2$일 때, 다음에 답하라.

    (a) $f(x)$의 그래프를 그려라.

    (b) 이 함수에 롤(Rolle)의 정리를 적용할 수 없는 이유를 설명하라.

26. 함수 $f(x) = x^2(1-x^2)$, $0 \le x \le 1$에 대해서 롤의 정리를 설명하라.

27. 방정식 $e^x \sin x = 1$의 서로 다른 임의의 두 근들 사이에 $e^x \cos x = -1$의 실수 근이 존재함을 보여라.

28. 다음을 증명하라.

    (a) $0 < a < b$이면 $1 - \frac{a}{b} < \ln \frac{b}{a} < \frac{b}{a} - 1$이다.

    (b) $\frac{1}{6} < \ln 1.2 < \frac{1}{5}$이다.

29. 평균값 정리를 써서 다음 부등식이 성립함을 보여라.

$$\frac{\pi}{6} + \frac{\sqrt{3}}{15} < \sin^{-1} 0.6 < \frac{\pi}{6} + \frac{1}{8}$$

30. 함수 $f : (a,\, b) \to \mathbb{R}$가 미분가능하고 $f'(x) \le 0$일 때, 다음에 답하라.

    (a) $f(x)$가 구간 $(a,\, b)$에서 단조감소임을 증명하라.

    (b) 구간 $(a,\, b)$에서 $f(x)$가 순감소하려면 어떤 조건이 필요한가?

31. 다음을 증명하라.

    (a) 함수 $f(x) = \frac{\sin x}{x}$가 구간 $\left(0,\, \frac{\pi}{2}\right)$에서 순감소한다.

    (b) $0 \le x \le \frac{\pi}{2}$일 때, 부등식 $0 \le \sin x \le \frac{2x}{\pi}$가 성립한다.

32. 다음을 증명하라.

    (a) $a < b$일 때, $\frac{sin b - \sin a}{\cos a - \cos b} = \cot \xi$인 관계를 만족하는 $\xi \in (a,\, b)$가 존재한다.

    (b) $0 < x$일 때, $\frac{\sin x}{1 - \cos x} = \cot\left(\frac{x}{2}\right)$이다.

33. 다음을 증명하라.

    (a) $\frac{\pi}{4} + \frac{3}{25} < \tan^{-1} \frac{4}{3} < \frac{\pi}{4} + \frac{1}{6}$이다.

    (b) $a < b$이면 $\frac{b-a}{1+b^2} < \tan^{-1} b - \tan^{-1} a < \frac{b-a}{1+a^2}$이다.

로피탈(L'Hospital)의 법칙

34. 다음 극한을 구하라.

(a) $\lim_{x\to 0} \frac{x-\sin x}{x^3}$

(b) $\lim_{x\to 0} \frac{e^{2x}-2^{e^x}+1}{\cos 3x-2\cos 2x+\cos x}$

(c) $\lim_{x\to 1}(x^2-1)\tan\frac{\pi x}{2}$

(d) $\lim_{x\to\infty} x^3 e^{-2x}$

(e) $\lim_{x\to 0+} x^3 \ln x$

(f) $\lim_{x\to 0} \frac{3^x-2^x}{x}$

(g) $\lim_{x\to\infty} \left(1-\frac{3}{x}\right)^{2x}$

(h) $\lim_{x\to\infty} (1+2x)^{1/3x}$

(i) $\lim_{x\to 0} \left(\frac{1}{x}-\csc x\right)$

(j) $\lim_{x\to 0} x^{\sin x}$

(k) $\lim_{x\to\infty} \left(\frac{1}{x^2}-\cot^2 x\right)$

(l) $\lim_{x\to 0} \frac{\tan^{-1} x-\sin^{-1} x}{x(1-\cos x)}$

(m) $\lim_{x\to\infty} x\ln\left(\frac{x+3}{x-3}\right)$

(n) $\lim_{x\to 0} \left(\frac{\sin x}{x}\right)^{1/x^2}$

(0) $\lim_{x\to\infty} (x+e^x+e^{2x})^{1/x}$

(p) $\lim_{x\to 0+} (\sin x)^{1/\ln x}$

기타 문제들

35. $0<x<1$일 때, 다음 부등식이 성립함을 보여라.

$$\sqrt{\frac{1-x}{1+x}} < \frac{\ln(1+x)}{\sin^{-1} x} < 1$$

36. $\Delta f(x) = f(x+\Delta x) - f(x)$일 때, 다음에 답하라.

(a) $\Delta^2 f(x) = \Delta[\Delta f(x)] = f(x+2\Delta x) - 2f(x+\Delta x) + f(x)$임을 보여라.

(b) 양의 정수 n에 대해서 $\Delta^n f(x)$의 식을 유도하라.

(c) $\lim_{\Delta x\to 0} \frac{\Delta^n f(x)}{(\Delta x)^n} = f^{(n)}(x)$임을 증명하라.

37. 함수 $f(x) = e^{1-x^2}$의 극대값과 극소값을 구하라.

38. 어떤 기차가 t시간 동안에 $x = 5t^3 + 30t$마일로 달린다고 할 때, 다음에 답하라.

(a) 1분 후의 가속도는 얼마인가?

(b) 2시간 후의 속도는 얼마인가?

39. 지면으로부터 한 물체가 공중으로 수직적으로 던져졌을 때 t초 후 지상으로부터 물체가 위치한 높이는 $x = -16t^2 + 96t$피트(feet)라고 할 때, 다음 물음에 답하라.

(a) $t = 2$일 때, 그 물체는 지상으로부터 얼마의 높이에 위치해 있는가?

(b) 그 물체는 지상으로부터 얼마 만큼의 높이까지 올라갈 수 있는가?

(c) 이 물체의 최초속도는 얼마이며 최고속도는 얼마인가?

40. 식 $\lim_{x\to 0} \frac{x^2 \sin(1/x)}{\sin x} = 0$을 증명하기 위해서 L'Hospital의 정리를 이용할 수 없는 이유를 설명하라.

41. 다음 무리수의 값을 십진수로 소숫점 이하 세 자리까지 정확한 값으로 계산하라.

(a) $\sqrt{2}$ (b) $\sqrt{5}$ (c) $\sqrt[3]{7}$

42. 3차 방정식 $x^3 - 3x^2 + x - 4 = 0$은 3과 4사이에서 근을 갖는다. 이 방식의 근을 뉴턴 방법을 써서 십진수로 소숫점 이하 세 자리수까지 정확한 값으로 계산하라.

43. 뉴턴 방법을 써서 다음 방정식의 양수근을 십진수로 소숫점 이하 세 자리수까지 정확한 값으로 계산하라.

(a) $x^3 - 2x^2 - 2x - 7 = 0$ (b) $5\sin x = 4x$

44. 다음 등식이 성립함을 보여라.

$$\frac{d^n}{dx^n}(x^2 \sin x) = [x^2 - n(n-1)]\sin\left(x + n\frac{\pi}{2}\right) - 2nx\cos\left(x + n\frac{\pi}{2}\right)$$

45. 만약 $f'(x_0) = f''(x_0) = \cdots = f^{(2n)}(x_0) = 0$이고 $f^{(2n+1)}(x_0) \neq 0$이면, 점 $x = x_0$의 근방에서 $f(x)$의 그래프는 어떠한 형태인가? 이러한 점 x_0을 가리켜서 $f(x)$의 **변곡점**(point of inflection)이라 부른다.

46. 함수 $f(x)$가 구간 (a, b)에서 연속적으로 2회 미분이 가능하고 $f'(a) = f'(b) = 0$이라 하자. 그러면 다음 부등식을 만족하는 점 ξ가 구간 (a, b)안에서 존재함을 증명하라.

$$|f''(\xi)| \leq \frac{4}{(b-a)^2}[f(b) - f(a)]$$

제 5 장

적분

적분론은 미분론과는 관계없이 독립적으로 만들어진 이론이다. 이 이론은 어떤 함수를 미분했을 때 주어진 함수 $f(x)$를 얻을 수 있겠는가에 대한 질문에 대해서 뉴턴과 라이프니쯔가 해답을 발견한 17세기 후반의 작품이다.

적분(積分)은, 리만[1] 적분에서 다루는 고전적인 정의에 따르면, 실수의 척도를 사용하는 측도 공간에 나타낼 수 있는 연속인 함수 $f(x)$에 대하여 그 함수의 정의역의 부분 집합을 이루는 구간 $[a, b]$ 에 대응하는 치역으로 이루어진 곡선의 리만 합의 극한을 구하는 것이다. 이를 정적분이라 한다. 실제로 구간 $[a,b]$에 대하여 $f(x) \geq 0$ 이면 적분은 곡선의 면적 $f(x)$와 세 축인 x-축, $x = a$ 그리고 $x = b$에 의하여 둘러싸인 부분의 영역과 동일하다.

5.1 정적분의 정의

이를 수식으로 나타내면, 닫힌구간 $[a, b]$에서 연속인 함수 $f(x)$에 대한 정적분은 다음과 정의한다.

1. 먼저 자연수 n에 대해서

$$\Delta x = \frac{b-a}{n}, \quad x_k = a + k\Delta x, \quad (k = 1, 2, \dots, n)$$

[1]리만(Georg Friedrich Bernhard Riemann, 1826년~1866년)은 독일의 수학자이다. 해석학, 미분기하학에 혁신적인 업적을 남겼으며, 리만 기하학은 일반 상대성 이론의 기술에 사용되고 있다. 그의 이름은 리만 적분, 코시-리만 방정식, 리만 제타 함수, 리만 다양체 등의 수학 용어에 남아 있다. 그는 리만 가설을 최초로 고안한 수학자로도 유명하다.

으로 놓는다. 이는 닫힌구간 $[a, b]$를 n개의 소구간

$$[x_0, x_1], [x_1, x_2], \ldots, [x_{n-1}, x_n]$$

으로 균등하게 분할시킨다.

2. 그리고 각 소구간 $[x_{k-1}, x_k]$에서 임의의 한 점 ξ_k를 택한 다음에 합

$$S_n = f(\xi_1)(x_1-a)+f(\xi_2)(x_2-x_1)+f(\xi_3)(x_3-x_2)\cdots+f(\xi_n)(b-x_{n-1}) \quad (5.1)$$

을 구한다. 여기서 $x_0 = a$, $x_n = b$로 놓고 $x_k - x_{k-1} = \Delta x_k$로 놓으면

$$S_n = \sum_{k=1}^{n} f(\xi_k)(x_k - x_{k-1}) = \sum_{k=1}^{n} f(\xi_k)\Delta x_k \quad (5.2)$$

가 된다. 합 S_n은 기하학적으로보면 그림 5.1에 나타난 n개의 직사각형들의 합이 된다.

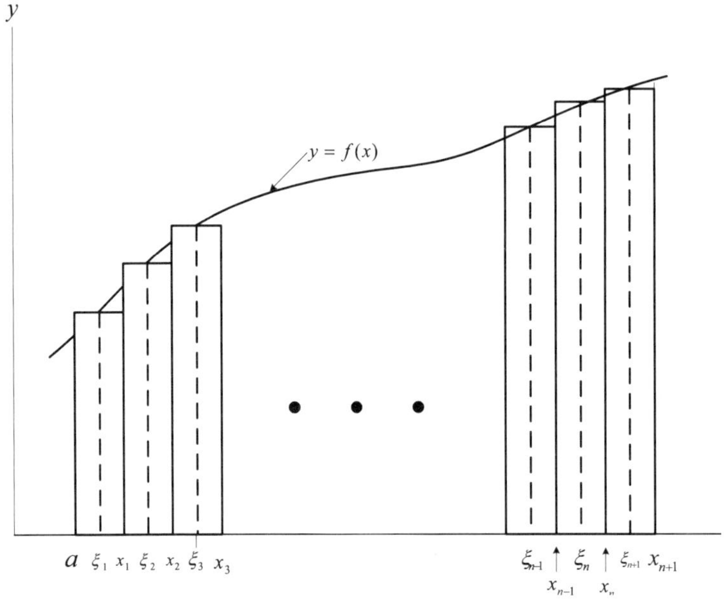

그림 5.1: 구간 $[a, b]$의 분할에 대한 부분합 S_n

3. 이제

$$\int_a^b f(x)dx = \lim_{n\to\infty} S_n = \lim_{n\to\infty}\sum_{k=1}^{n} f(\xi_k)\Delta x_k \tag{5.3}$$

로 정의하고, 이것을 가리켜서 구간 $[a,\ b]$에서 함수 $f(x)$의 **정적분**(definite integral)이라 부른다. 또한 $f(x)dx$를 **적분 인자**(integrand)라 하고 $[a, b]$를 **적분 구간**(range of integration)이라 부른다. 그리고 정적분 $\int_a^b f(x)dx$가 실수값으로 존재할 때, 함수 f가 구간 $[a, b]$에서 **적분 가능**(integrable)하다고 말한다.

예제 5.1 *다음 극한값을 정적분으로 표현하라.*

1. $\lim_{n\to\infty} \frac{1}{n}\left[\left(\frac{n+1}{n}\right)^2 + \left(\frac{n+2}{n}\right)^2 \cdots + \left(\frac{2n}{n}\right)^2\right]$

2. $\lim_{n\to\infty} \frac{2}{n}\left[1 + e^{\frac{2}{n}} + e^{\frac{4}{n}} + \cdots + e^{\frac{2(n-1)}{n}}\right]$

풀이

1. $f(x) = (1+x)^2$일 때, $[a, b] = [0,\ 1]$이고 $\Delta x = \frac{1}{n}$이며 $\xi_k = \frac{k}{n}$이다. 따라서

$$\begin{aligned} \lim_{n\to\infty} \frac{1}{n}\left\{\left(\frac{n+1}{n}\right)^2 + \left(\frac{n+2}{n}\right)^2 \cdots + \left(\frac{2n}{n}\right)^2\right\} &= \lim_{n\to\infty}\sum_{k=1}^{n}\left(1+\frac{k}{n}\right)\cdot\frac{1}{n} \\ &= \int_0^1 (1+x)^2 dx \end{aligned}$$

이다.

2. $f(x) = e^x$일 때, $[a, b] = [0, 2]$이고 $\Delta x = \frac{2}{n}$이며 $\xi_k = \frac{k-1}{n}$이다. 따라서

$$\begin{aligned} \lim_{n\to\infty} \frac{2}{n}\left[1 + e^{\frac{2}{n}} + e^{\frac{4}{n}} + \cdots + e^{\frac{2(n-1)}{n}}\right] &= \lim_{n\to\infty}\sum_{k=1}^{n} e^{(k-1)/n}\cdot\frac{2}{n} \\ &= \int_0^2 e^x dx \end{aligned}$$

이다.

■

정적분을 직사각형들의 합 S_n의 극한값으로 정의한 것은 1825년에 수학자 Cauchy가 이룩한 업적이다. 그런데 이러한 적분을 코쉬적분이라 하지 않고 **리이만 적분**(Riemann Integral)이라 부르는 것은 1850년에 수학자 리이만(Georg Griedrich Bernhard Riemann)이 최초로 적분을 소개하면서 이러한 정의를 활용했기 때문이다.

만약 함수 $f : [a, b] \to \mathbb{R}$가 양(+)의 값과 음(−)의 값을 모두 갖는다면, 정적분 $\int_a^b f(x)dx$는 x축 위에 놓인 영역의 면적을 양(+)으로 계산하고 x축 아래에 놓인 영역의 면적을 음(−)으로 계산하여 합친 것이 된다.

다음은 정리는 정적분의 성질들에 관한 것들이다.

정리 5.1 (정적분의 성질들) *함수 f와 g가 모두 닫힌구간 $[a, b]$에서 적분가능하다고 할 때, 다음이 성립한다.*

1. $\int_a^b [f(x) \pm g(x)]dx = \int_a^b f(x)dx \pm \int_a^b g(x)dx$, ($\pm$는 복호동순)
2. $\int_a^b Af(x)dx = A\int_a^b f(x)dx$, ($A$: 임의의 상수)
3. f가 $[a, c]$와 $[c, b]$에서 적분가능하면, $\int_a^b f(x)dx = \int_a^c f(x)dx + \int_c^b f(x)dx$이다.
4. $\int_a^b f(x)dx = -\int_b^a f(x)dx$
5. $\int_a^a f(x)dx = 0$
6. 모든 $x \in [a, b]$에 대해서 $f(x) \le g(x)$이면, $\int_a^b f(x)dx \le \int_a^b g(x)dx$이다.
7. 모든 $x \in [a, b]$에 대해서 $m \le f(x) \le M$이면, $m(b-a) \le \int_a^b f(x)dx \le M(b-a)$이다.
8. $a < b$이면, $\left|\int_a^b f(x)dx\right| \le \int_a^b |f(x)|dx$이다.

5.2 평균값정리

평균값 정리(mean value theorem, MVT)는 미적분학의 기본정리와 더불어 미적분학의 뼈대를 떠받치고 있는 매우 중요한 정리이다. 이 정리의 기본적인 아이디어는 실수값 함수에서의 미분 꼴에서 출발하지만, 수많은 일반화와 확장 형식들도 존재한다.

이 정리의 활용은 미적분학과 해석학의 대부분의 주제에 걸쳐서 나타난다. 초등적인 선에서 중요한 예를 몇 가지 들자면, 미적분학의 기본정리를 이

정리를 이용해 증명할 수 있다는 점, 테일러의 정리는 이 정리의 일반화된 형식 중 하나라고 볼 수도 있다는 점, 극값과 고계도함수, 볼록함수, 역함수 등의 취급에 응용되는 점 등이 있다.

정리 5.2 (적분의 평균값 정리) *함수 f가 닫힌구간 $[a, b]$에서 연속이면*

$$\frac{1}{b-a}\int_a^b f(x)dx = f(c)(b-a) \tag{5.4}$$

를 만족하는 c 가 열린구간 (a, b)에서 반드시 존재한다(그림 5.2 참조 바람).

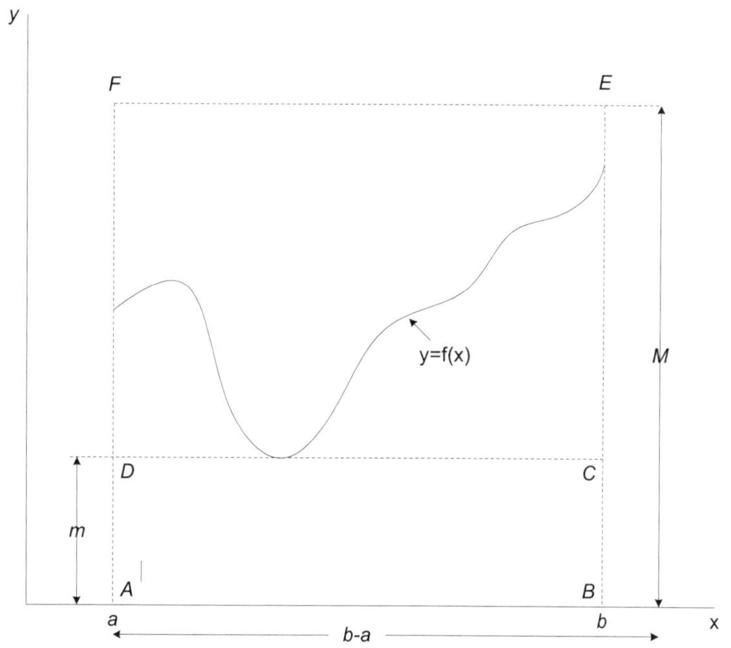

그림 5.2: 적분의 평균값

평균값의 정리는 롤의 정리를 일반화 한 것으로 이해할 수 있다. 즉, 롤의 정리가 함수 값이 같은 두 점 a, b가 있을 경우 구간 $[a, b]$에서 기울기가 0이 되는 c가 반드시 존재한다는 것을 보인다면, 평균값의 정리는 이를 일반화하여 임의의 구간에서 평균변화율과 같은 순간변화율을 갖는 점이 반드시 존재한다는 것을 나타낸다.

예제 5.2 *구간* $[0, 4]$*에서 함수* $f(x) = \sqrt{x}$*의 평균값을 갖는 점* $c \in (0, 4)$*를 구하라.*

풀이

$$\frac{\int_0^4 \sqrt{x}dx}{4-0} = \frac{1}{4}\left[\frac{2}{3}x^{3/2}\right]_0^4 = \frac{16}{12} = \frac{4}{3}$$

이고

$$f'(c) = \frac{1}{2\sqrt{c}}$$

이므로, 평균값 정리 5.2에 의하여

$$\frac{1}{2\sqrt{c}} = \frac{4}{3}$$

이다. 즉, $c = \frac{9}{64}$이다. ■

다음은 연속함수의 가중평균을 다루는 것으로서 정리 5.2를 일반화 한 내용이다.

정리 5.3 (일반화된 적분의 평균값 정리) *함수* f*와* f*가 모두 닫힌구간* $[a, b]$ *에서 연속이고* $g(x)$*의 부호가 변하지 않는다면,*

$$\int_a^b f(x)g(x)dx = f(c)\int_a^b g(x)dx \tag{5.5}$$

를 만족하는 c *가 열린구간* (a, b)*에서 반드시 존재한다.*

정리 5.3에서 $g(x) = 1$로 놓으면 정리 5.2를 얻는다.

5.3 적분과 미분과의 관계

적분과 미분과의 관계는 17세기말에 뉴턴과 라니프니쯔에 의해서 확립되었다. 이러한 관계는 미적분학의 기본이론에 해당하는 해석학(analysis)이라 불리는 수학의 새 분야의 핵심적인 내용에 속한다.

정의 5.1 (부정적분, 원시함수) *주어진 함수 $f(x)$에 대해서 $F'(x) = f(x)$인 관계를 만족하는 함수 $F(x)$를 가리켜서 $f(x)$의* **원시함수** *(primitive function) 또는* **부정적분** *(indefinite integral)이라 부르고.*

$$\int f(x)dx = F(x) + c, \qquad (c: \text{ 임의의 상수})$$

로 표현한다.

실제로 주어진 함수 $f(x)$에 대한 원시함수는 유일하지 않다. 왜냐하면 $F(x)$가 $f(x)$의 원시함수이고 c가 임의의 상수이면

$$[F(x) + c]' = F'(x) = f(x)$$

이기 때문이다.

다음은 이 보다 진전된 내용이다.

정리 5.4 *$F(x)$와 $G(x)$가 모두 $f(x)$의 원시함수이면, $F(x) - G(x) = c$(상수) 이다.*

예제 5.3 만약 $F'(x) = x^2$ 이면,

$$F(x) = \int x^2 dx = \frac{x^3}{3} + c$$

이다.

다음은 정적분을 통해서 원시함수를 얻을 수 있음을 나타낸 것이다.

정리 5.5 *1. 함수 f가 닫힌구간 $[a, b]$에서 적분가능하고 $c \in [a, b]$일 때, $F : [a, b] \to \mathbb{R}$를*

$$f(x) = \int_c^x f(t)dt$$

로 정의하면 F는 열린구간 (a, b)에서 미분가능하고 $F'(x) = f(x)$이다.

2. 함수 f가 $[a, b]$에서 적분가능하고 F가 각 $x \in (a, b)$에서 $F'(x) = f(x)$인 f의 원시함수라 하자. 그러면 임의의 상수 $c \in (a, b)$와 임의의 $x \in (a, b)$에 대해서

$$\int_c^x f(t)dt = F(x)|_c^x = F(x) - F(c)$$

이다.

위의 정리에 의하여, $F(x)$가 $f(x)$의 부정적분이면

$$\int_a^b f(x)dx = F(b) - F(a)$$

이다.

예제 5.4 정적분 $\int_1^2 x^2dx$를 계산하라.

풀이 $f(x) = x^2$의 원시함수는 $F(x) = \int x^2dx = \frac{1}{3}x^3 + c$이다. 따라서

$$\int_1^2 x^2dx = \left[\frac{1}{3}x^3 + c\right]_1^2 = \frac{1}{3}\left[(2^3 + c) - (1^3 + c)\right] = \frac{7}{3}$$

이다. ■

다음은 정적분과 부정적분의 관계를 일반화한 정리이다.

정리 5.6 (일반화된 적분정리) $u(x)$와 $v(x)$가 함수들이고 F가 f의 원시함수이면

$$\int_{u(x)}^{v(x)} f(t)dt = F(t)|_{t=u(x)}^{t=v(x)} = F(v(x) - F(u(x))$$

이다.

5.4 변수 변환법과 적분공식들

주어진 함수 $f(x)$에 대한 부정적분 $\int f(x)dx$을 쉽게 얻을 수 없을 때, 적절한 변수변환 $x = g(t)$를 통해서 얻을 수 있는 경우가 많이 있다.

정리 5.7 *1. 함수 $x = g(t)$가 t에 관해서 미분가능하면*

$$\int f(x)dx = \int f[g(t)]g'(t)dt$$

이다.

2. $f : [a, b] \to \mathbb{R}$가 연속함수이고 $g : [\alpha, \beta] \to \mathbb{R}$가 연속인 도함수 $g'(t)$를 가지며 $g(\alpha) = a,\ g(\beta) = b$이면

$$\int_a^b f(x)dx = \int_\alpha^\beta f[g(t)]g'(t)dt$$

이다.

주요 적분공식들

다음은 자주 활용되는 함수들에 대한 적분 공식들이다.

1. $\int x^n\,dx = \frac{1}{n+1}x^{n+1},\ n \neq -1$
2. $\int \frac{1}{x}\,dx = \ln|x|$
3. $\int \sin x\,dx = \cos x$
4. $\int \cos x\,dx = -\sin x$
5. $\int \tan x\,dx = -\ln|\cos x|$
6. $\int \cot x\,dx = \ln|\sin x|$
7. $\int \sec x\,dx = \ln|\sec x + \tan x|$
8. $\int \csc x\,dx = \ln|\csc x - \cot x|$
9. $\int \sec^2 x\,dx = \tan x$
10. $\int \csc^2 x\,dx = -\cot x$
11. $\int \sec x \tan x\,dx = \sec x$
12. $\int \csc x \cot x\,dx = -\csc x$
13. $\int a^x\,dx = \frac{a^x}{\ln a},\ 0 < a \neq 1$
14. $\int e^x\,dx = e^x$

15. $\int \sinh x\,dx = \cosh x$

16. $\int \cosh x\,dx = \sinh x$

17. $\int \tanh x\,dx = \ln\cosh x$

18. $\int \coth x\,dx = \ln|\sinh x|$

19. $\int \text{sech} x\,dx = \tan^{-1}(\sinh x)$

20. $\int \text{csch} x\,dx = -\coth^{-1}(\cosh x)$

21. $\int \text{sech}^2 x\,dx = \tanh x$

22. $\int \text{csch}^2 x\,dx = -\coth x$

23. $\int \text{sech} x \tanh x\,dx = -\text{sech} x$

24. $\int \text{csch} x \coth x\,dx = -\text{csch} x$

25. $\int \frac{1}{\sqrt{a^2-x^2}}\,dx = \sin^{-1}\frac{x}{a}$

26. $\int \frac{1}{\sqrt{x^2\pm a^2}}\,dx = \ln|x \pm \sqrt{x^2 \pm a^2}|$

27. $\int \frac{1}{x^2+a^2}\,dx = \frac{1}{a}\tan\frac{x}{a}$

28. $\int \frac{1}{x^2-a^2}\,dx = \frac{1}{2a}\ln\left|\frac{x-a}{x+a}\right|$

29. $\int \frac{1}{x\sqrt{x^2-a^2}}\,dx = \frac{1}{a}\cos^{-1}\frac{a}{x}$

30. $\int \frac{1}{x\sqrt{a^2\pm x^2}}\,dx = \frac{1}{a}\ln\left|\frac{x}{x+\sqrt{a^2\pm x^2}}\right|$

31. $\int e^{ax}\sin bx\,dx = \frac{e^{ax}(a\sin bx - b\cos bx)}{a^2+b^2}$

32. $\int e^{ax}\cos bx\,dx = \frac{e^{ax}(a\cos bx + b\sin bx)}{a^2+b^2}$

33. $\int \sqrt{a^2-x^2}\,dx = \frac{x}{2}\sqrt{a^2-x^2} + \frac{a^2}{2}\sin^{-1}\frac{x}{a}$

34. $\int \sqrt{x^2\pm a^2}\,dx = \frac{x}{2}\sqrt{x^2\pm a^2} \pm \frac{a^2}{2}\ln\left|a + \sqrt{x^2\pm a^2}\right|$

5.5 특수한 적분법

1. [부분적분법] u와 v가 모두 미분가능한 함수들이면

$$f(uv) = u\,dv + v\,du$$

이므로

$$uv = \int u\,dv + \int v\,du$$

이다. 여기서 $u = f(x)$, $v = g(x0$로 놓으면, 다음의 부분적분법을 얻는다.

$$\int f'(x)g(x)dx = f(x)g(x) - \int f(x)g'(x)dx$$

2. [**부분분수 유리화**] $P(x)$와 $Q(x)$가 다항함수들이고 $P(x)$의 차수가 $Q(x)$의 차수보다 작을 때, 유리함수 $\frac{P(x)}{Q(x)}$는

$$\frac{A}{(ax+b)^k},\quad \frac{Ax+bX}{(ax^2+bx+c)^k}\quad (A,\ B,\ a,\ b,\ c:\quad \text{상수};\quad k=1,2,3,\dots)$$

등의 합으로 표현할 수 있다.

예제 5.5 *유리함수* $\frac{3x-2}{(4x-3)(2x-5)^3}$은

$$\frac{3x-2}{(4x-3)(2x-5)^3}=\frac{A}{3x-5}+\frac{B}{(2x+5)^3}+\frac{C}{(2x+5)^2}+\frac{D}{(2x+5)}$$

형식으로 표현될 수 있다.

3. [**$\sin x$와 $\cos x$가 포함된 유리함수의 적분**] 적분 $\int\frac{1}{5+3\cos x}dx$와 같이 $\sin x$와 $\cos x$의 유리함수들에 대한 적분은 $u=\tan(x/2)$로 치환해서 다항식들의 유리함수로 변환시켜서 풀면 된다.

4. [**이상 적분**] 적분구간이 $(-\infty,b]$, $[a,\ \infty)$, $(-\infty,\ \infty)$처럼 유계하지 않는 구간이거나 구간 $[a,\ b]$의 양쪽 끝점들 중에서 $f(x)$의 값이 존재하지 않는 정적분 $\int_a^b f(x)dx$를 가리켜서 **이상적분**(improper integral)이라 한다. 이러한 경우, 다음 예제들에서처럼 극한을 이용한 방법으로 적분값을 구한다.

예제 5.6

$$\int_0^\infty \frac{1+x^2}{d}x=\lim_{b\to\infty}\frac{1}{1+x^2}dx=\lim_{b\to\infty}\left[\tan^{-1}x\right]_0^b=\lim_{b\to\infty}\tan^{-1}b=\pi/2$$

예제 5.7

$$\int_0^1\frac{1}{\sqrt{x}}dx=\lim_{\epsilon\to0+}\int_\epsilon^1\frac{1}{\sqrt{x}}dx=\lim_{\epsilon\to0+}\left[2\sqrt{x}\right]_\epsilon^1=\lim_{\epsilon\to0+}(2-2\sqrt{\epsilon})=2$$

예제 5.8

$$\int_0^1\frac{1}{x}dx=\lim_{\epsilon\to0+}\int_\epsilon^1\frac{1}{x}dx=\lim_{\epsilon\to0+}\ln x|_\epsilon^1=\lim_{\epsilon\to0+}(-\ln\epsilon)=+\infty(\text{발산})$$

5.6 이상적분

만약 적분구간 $[a,b]$가 유한한 구간이 아니거나 함수 $f(x)$가 구간 $[a,b]$안에 속한 유한 개의 점에서 정의되지 않았을 때, 국간 $[a,b]$에서 정적분 $\int_a^b f(x)dx$를 다음 예제와 같은 방식으로 정의한다.

예제 5.9

$$\int_0^\infty \frac{1}{1+x^2}dx = \lim_{M\to\infty}\int_0^M \frac{1}{1+x^2}dx = \lim_{M\to\infty}\tan^{-1}M = \frac{\pi}{2}$$

예제 5.10

$$\int_0^1 \frac{1}{\sqrt{x}}dx = \lim_{\epsilon\to 0+}\int_\epsilon^1 \frac{1}{\sqrt{x}}dx = \lim_{\epsilon\to 0+}(2-2\sqrt{\epsilon}) = 2$$

예제 5.11

$$\int_0^1 \frac{1}{x}dx = \lim_{\epsilon\to 0+}\int_\epsilon^1 \frac{1}{x}dx = \lim_{\epsilon\to 0+}(-\ln\epsilon) = +\infty$$

5.7 정적분의 수치해석학적인 계산

정적분 $\int_a^b f(x)dx$를 정확하게 계산할 수 없는 경우에 수치해석학적인 방법을 써서 근사값으로 구할 수 있다. 여기서 소개할 방법들은 먼저 구간 $[a,b]$를 n 등분해서 $\Delta x = (b-a)/n$으로 두고

$$y_k = f(x_k) = f(a+k\Delta x), \quad (k=1,2,3,\ldots)$$

로 놓는다. 다음 식들에서 $\approx$는 "실제값에 매우 근사하다"는 것을 의미한다. 일반적으로, n을 증가시킴으로써 오차를 원하는 만큼 줄일 수 있다.

1. [**직사각형 공식**] 소구간별 직사각형들의 면적의 합으로 계산하는 방식으로 여기에는 좌수법과 우수법 두 가지가 있다.

$$\begin{aligned} \int_a^b f(x)dx &= \sum_{k=0}^{n-1} y_k \Delta x = \Delta x[y_0 + y_1 + y_2 + \cdots + y_{n-1}](\text{좌수법}), \\ \int_a^b f(x)dx &= \sum_{k=1}^{n} y_k \Delta x = \Delta x[y_1 + y_2 + y_3 \cdots + y_n](\text{우수법}) \end{aligned} \tag{5.6}$$

2. [**사다리꼴 공식**] 사다리꼴 공식은 뉴턴-코츠 법칙중 하나인 공식으로서 임의의 함수 $f(x)$에 맞춰 사다리꼴을 그림으로써 적분값을 구한다.

$$\int_a^b f(x)\,dx \approx (b-a)\frac{f(a)+f(b)}{2}$$

이 적분식을 보다 정확히 계산하기 위해서 적분구간 $[a, b]$ 을 더 작은 부분구간들로 나눈 후, 각 부분구간에 사다리꼴 공식을 적용해서 모든 부분구간의 면적의 합을 구해도 된다. 이로 인해 사다리꼴 공식의 확장이 유도된다:

$$\int_a^b f(x)\,dx \approx \frac{b-a}{n}\left[\frac{f(a)+f(b)}{2} + \sum_{k=1}^{n-1} f\left(a + k\frac{b-a}{n}\right)\right]$$

사다리꼴 공식의 확장은 다음과 같이 쓸 수 있다:

$$\int_a^b f(x)\,dx \approx \frac{b-a}{2n}\left[f(x_0) + 2f(x_1) + 2f(x_2) + \cdots + 2f(x_{n-1}) + f(x_n)\right] \tag{5.7}$$

사다리꼴 공식은 뉴턴-코츠 법칙으로 알려진 적분과 관련된 공식중 하나이며, 그 중 또 다른 하나인 심프슨의 법칙은 사다리꼴 공식과 비슷하지만 더 정확한 공식이다. 심프슨의 법칙은 두번 미분 가능한 함수에 대해서는 사다리꼴 공식보다 더 정확하겠지만 그렇지 않은 함수에 대해서는 후자가 더 간편할 것이다. 또한, 주기함수를 주기별로 나누어서 적분할 때에는 사다리꼴 공식이 유용한데, 그 이유는 오일러-매클로린 합산식으로 설명이 가능하기 때문이다. 비주기적인 함수를 적분할 때에는 클렌쇼-커티스 구적법 또는 가우스 구적법이 적합하다.

3. [**심프슨 공식Simpson's rule)**] 이 공식은 수치 해석에서 뉴턴-코츠 법칙의 한 경우로서 토머스 심프슨이 만든 적분법이다. 이 법칙은 다음과 같은 적분식의

근사값을 구하는 데 쓰인다.

$$\int_a^b f(x)dx = \frac{\Delta x}{3}[y_0+4y_1+2y_2+4y_3+2y_4+4y_5+\cdots+2y_{n-2}+4y_{n-1}+y_n] \quad (5.8)$$

이 공식은 $y = f(x)$의 그래프를 $y = ax^2 + bx + c$형식의 포물선들로 근사킴으로써 얻어진다.

5.8 여러 가지 응용들

정적분은 면적이나 부피(체적), 곡선의 길이, 무게의 중심, 관성모멘트[2]등과 같은 기하학이나 물리학적인 문제들을 해결하는 데에 중요하게 활용될 수 있다.

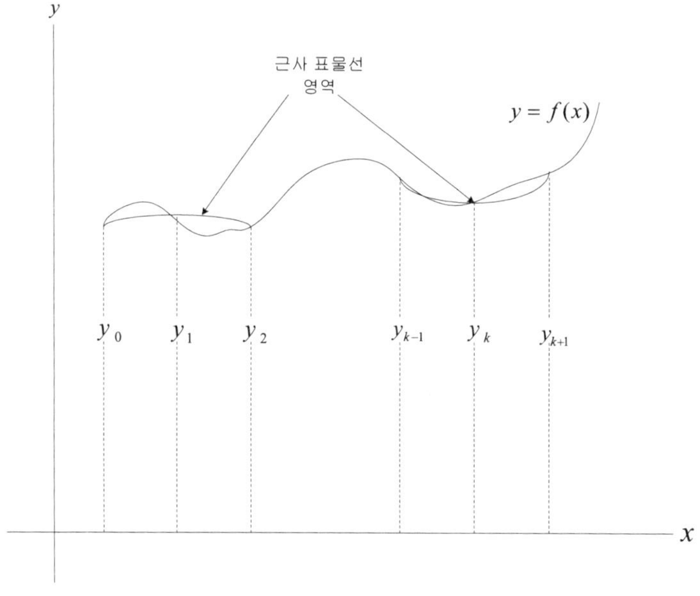

그림 5.3: 포물선에 의한 곡선의 근사화

[2]관성 모멘트 (慣性-)는 물체가 자신의 회전운동을 유지하려는 정도를 나타내는 물리량으로서, 직선 운동에서의 질량에 대응되는 양이다. 기호는 통상적으로 라틴 대문자 I이며, 간혹 J로 나타내기도 한다. 관성 모멘트는 회전 운동에서 매우 중요한 역할을 차지하는데, 관성 모멘트를 통해서 회전운동을 기술하는 데 꼭 필요한 각운동량, 각속도. 각가속도, 돌림힘들 사이의 관계를 이어주는 물리량이기 때문이다.

곡선의 길이

우리가 구불구불한 등산로를 걸을 때 거리측정계를 이용해서 걸어온 길의 거리를 측정할 수 있다. 이와 같은 거리측정의 문제를 수학적인 모델로 만들기 위해서는 등산로와 거리측정의 방법을 수학적으로 표현해야 할 필요가 있다.

등산로는 **경로**(path)[3] 또는 **곡선**(curve)이라는 기하학적인 용어로 표현할 수 있을 것이다. 그리고 측정해야 할 거리는 경로나 곡선의 길이라고 말할 수 있을 것이다. 여기서 말하는 곡선은 다음과 같은 세 가지 성질을 만족해야 한다.

(a) 교차함이 없는 단순곡선(simple arc)이다.

(b) 주어진 곡선상의 모든 점에서 접선이 존재한다.

(c) 주어진 곡선상의 접선이 연속적으로 변한다.

위와 같은 조건들을 만족하는 곡선은

$$x = f(t),\ y = g(t),\ z = h(t),\ a \leq t \leq b$$

와 같은 매개변수 방정식 으로 표현할 수 있을 것이다. 이 경우의 함수 f, g, h는 연속적인 도함수를 갖고 세 함수의 미분이 모두 0이 되는 점이 하나도 없어야 한다. 즉, $f'(t_0) = g'(t_0) = h'(t_0) = 0$인 점 t_0가 존재해서는 안된다. 실제로 이와 같은 곡선은 유클리드 3차원 공간상의 곡선으로서 10장에서 다시 논의된다. 여기서는 $z = h(t) = 0$인 2차원 평면상의 곡선만 다루기로 한다.

주어진 곡선의 길이는, 그림 5.4에서 표현된 바와 같이, 곡선위의 여러 점들을 연속적으로 이어 주는 다각형 선분들의 길이 합의 극한으로 정의할 수 있을 것이다.

기하학적으로 $0 \leq t \leq s$인 구간에서 주어진 곡선에 위치한 k번 째의 선분의 길이는 피타고라스의 정리에 의해서 계산되어서, 주어진 곡선의 길이는

$$\lim_{n\to\infty} \sum_{k=1}^{n} \left[(\Delta x_k)^2 + (\Delta y_k)^2\right]^{1/2}$$

[3]수학에서, 경로(經路)는 폐구간 [0, 1]로부터 위상공간 X로 가는 연속함수다.

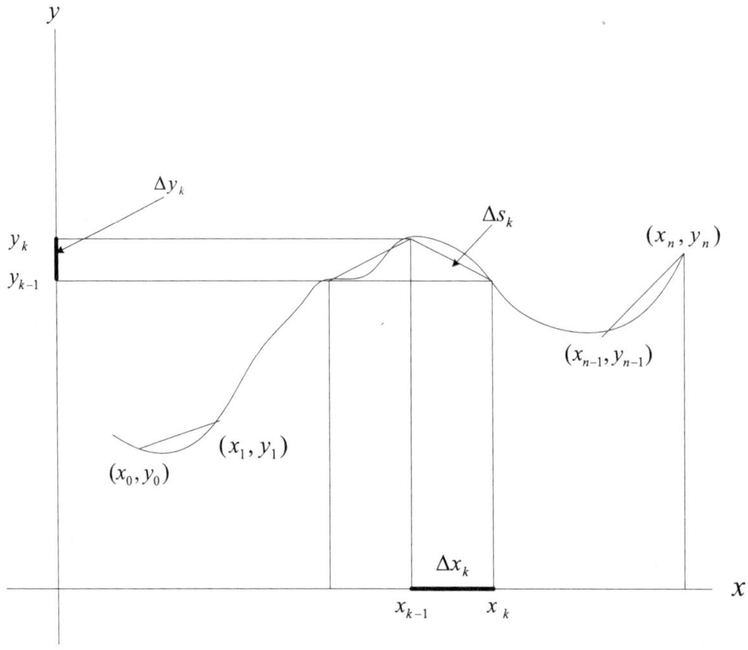

그림 5.4: 적분에 의한 곡선의 길이를 구하는 법

또는

$$\lim_{n\to\infty}\sum_{k=1}^{n}\left[1+\left(\frac{\Delta y_k}{\Delta x_k}\right)^2\right]^{1/2}\Delta x_k$$

로 계산된다. 그러므로 직사각좌표로 표현되는 2차원 평면상에서 주어진 곡선의 길이는

$$L=\int_a^b\left[f'(t)^2+g'(t)^2\right]^{1/2}dt=\int_a^b\left[\left(\frac{dx}{dt}\right)^2+\left(\frac{dy}{dt}\right)^2\right]^{1/2}dt$$

이다. (이러한 공식은 n차원 공간 $\mathbb{R}^n$으로 확대해서 일반화시킬 수 있다.)

경우에 따라서는, 위와 같은 곡선의 길이를 구할 때에, 미분공식 $ds^2 = dx^2+dy^2$를 이용하는 것이 보다 더 효과적인 표현이 될 수도 있다. 예를 들면, 미분 $\frac{ds}{dt}$는 움직이는 물체의 순간속도를 나타낸다.

면적의 계산

면적은 적분을 소개할 때 활용했던 주된 개념이다. 정적분은 면적을 계산하는 문제에 있어서 여러 가지 다양한 방법으로 응용해서 활용할 수 있다.

함수 $f, g : [a, b] \to \mathbb{R}$가 연속이고, 모든 $x \in [a, b]$에 대해서, $f(x) \leq g(x)$이며 $f(a) = g(a)$이고 $f(b) = g(b)$라 하자. 그러면 두 함수 f와 g에 의해서 둘러싸인 영역의 면적은

$$A = \int_a^b [g(x) - f(x)]\, dx$$

가 된다.

만약 두 함수 $f(x)$와 $g(x)$의 값이 구간 (a, b)안에서 같게 되는 점들이 생기면 적분 $\int_a^b [g(x) - f(x)]dx$는 여러 개의 적분들의 합으로 표현될 것이다. 예를 들어 $g(x) = \sin x$이고 $f(x) = 0$이면

$$\int_0^{2\pi} \sin x dx = [\cos x]_0^{2\pi} = 0$$

이다.

회전체의 체적

평면에서 주어진 함수에 의해서 표현되는 영역 R을 x-축이나 y-축을 축으로 해서 회전시켰을 때 생기는 회전체[4]의 면적을 계산하는 데에는 다음과 같은 두 가지 방법이 있다.

1. **원반형 공식(disk formula)**: 함수 $f(x)$가 폐국간 $[a, b]$에서 연속이고 $f(x) \geq 0$이라 하자. 그러면 x축을 중심으로 해서 $f : [a, b] \to \mathbb{R}$를 회전했을 때 생기는 회전체의 체적은

$$V = \pi \int_a^b [f(x)]^2 dx$$

[4]수학에서 회전체(回轉體)는 어떠한 도형을 회전축을 중심으로 하여 한 바퀴 돌렸을 때 나오는 모형이다. 회전체의 종류로는 구, 원기둥, 원뿔, 원뿔대 등이 있다.

이다. 체적을 계산하는 이와 같은 공식을 '**원반형 공식**'이라 부른다. 그 이유는 회전체의 절단면들이 모두 원반(disk)이기 때문이다. 그림 5.5 (a)를 참조하기 바란다.

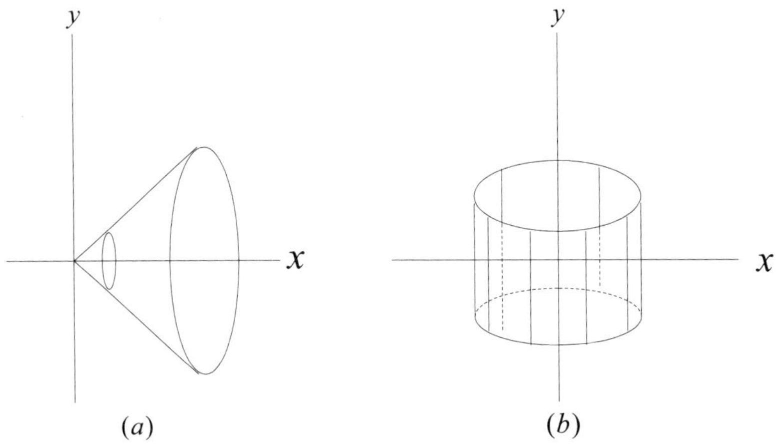

그림 5.5: 회전체

예제 5.12 *함수 $f(x) = kx,\ k > 0,\ 0 \le x \le b$로 둘러싸인 영역을 x축을 중심으로 해서 회전했을 때 생기는 회전체인 원뿔의 체적은*

$$V = \pi \int_0^b k^2x^2 dx = \pi \left.\frac{k^3x^3}{3}\right|_0^b = \pi \frac{k^3b^3}{3}$$

이다.

2. **원기둥 공식 (cylinderical formula)**: $0 = a < b$이고 $f : [a, b] \to \mathbb{R}$가 연속함수이며 $f(x) \ge 0$이라 하자. 두 축인 $x = a$축과 $x = b$축 그리고 함수 f에 의해서 둘러싸인 영역을 R이라 하자. 그러면 y축을 중심으로 해서 영역 R을회전시켰을 때 생기는 회전체의 체적은

$$V = \int_a^b 2\pi x f(x) dx$$

이다. 체적을 계산하는 이와 같은 공식을 가리켜서 '**원기둥 공식**'이라 부른다. 그 이유는 회전체의 수직절단면이 원기둥(cylinder)이기 때문이다. 그림 5.2의 (b)를 참조하기 바란다.

예제 5.13 *함수* $f(x) = kx,\ k > 0,\ 0 \le x \le b$*로 둘러싸인 영역을* y*축을 중심으로 해서 회전했을 때 생기는 회전체인 원뿔의 체적은*

$$V = 2\pi \int_0^b x(kx)dx = 2\pi k \left. \frac{x^3}{3} \right|_0^b = 2\pi k \frac{b^3}{3}$$

이다.

관성 모멘트(Moment of Inertia)

관성모멘트[5]는 물리학적인 중요한 개념으로서 추상화된 기하학적인 형식을 통해서 연구될 수 있다. 이러한 형식은 물리학으로부터 $v = \omega r$와 $K = \frac{1}{2}mv^2$로 표현되는 각속도와 운동 에너지를 나타내는 수학적인 공식으로 나타난다. 속도 $v = \omega r$을 운동 에너지 공식 k에 대입하면

$$K = \frac{1}{2}m\omega^2 r^2 = \frac{1}{2}(mr^2)\omega^2$$

이 된다. 이 식을 원래의 운동 에너지 공식과 비교했을 때, mr^2을 회전질량으로 간주하는 것이 타당하다. 이 때, $l = mr^2$을 가리켜서 '**관성 모멘트**'라 한다.

그러면 관성모멘트 l을 순전히 기하학적인 의미로 해석하면, 평면 $\mathbb{R}^2$에서 $f(a) = g(a)$, $f(b) = g(b)$이고 개구간 (a, b)에서는 $0 < f(x) < g(x)$인 어떤 두 연속함수 $f, g : [a, b] \to \mathbb{R}$에 의한 정적분

$$l = \int_a^b x^2 \left[g(x) - f(x)\right] dx$$

로 표현된다. 여기서 평면 $\mathbb{R}^2$을 균등밀도(uniform density)가 1인 입체로 간주되고 표현 $[g(x) - f(x)]$는 질량을 나타내고 r^2은 x^2으로 표현되는 성분이 된다.

---

[5]관성 모멘트는 물체가 자신의 회전운동을 유지하려는 정도를 나타내는 물리량으로서, 직선 운동에서의 질량에 대응되는 양이다. 어떤 주어진 축을 중심으로 회전하는 점질량에 대한 스칼라 관성 모멘트는 다음과 같이 정의된다: $I = mr^2$, (여기서 회전체의 m은 질량이고 r은 회전축으로부터 회전체 까지의 거리 이다.)

≪5장 연습문제≫

정적분의 정의

1. 적분 $I = \int_0^1 x^3 dx$에 대해서 다음에 답하여라

   (a) I를 합의 극한으로 표현하라.

   (b) (a)를 이용하여 적분 I를 계산하라.

   (c) 적분 I의 기하학적인 의미를 설명하라.

2. 적분의 정의를 써서 다음을 계산하라.

   (a) $\int_0^2 (3x+1)dx$

   (b) $\int_3^6 (x^2-4)dx$

3. 다음 등식이 성립함을 증명하라.

$$\lim_{n\to\infty}\left(\frac{n}{n^2+1}+\frac{n}{n^2+2}+\cdots+\frac{n}{n^2+n^2}\right)=\frac{\pi}{4}$$

4. $p > -1$일 때, 다음 등식이 성립함을 증명하라.

$$\lim_{n\to\infty}\frac{1^p+2^p+3^p+\cdots+n^p}{n^{p+1}}=\frac{1}{p+1}$$

5. 적분의 정의를 써서 $\int_a^b e^x dx = e^b - e^a$임을 증명하라.

6. 극한 $\lim_{n\to\infty}\frac{1}{n}\sum_{n=1}^{n} f\left(\frac{k}{n}\right)$를 정적분으로 표현하라.

7. 극한 $\lim_{n\to\infty}\left(\frac{1}{n+1}+\frac{n+2}{+}\cdots+\frac{1}{n+n}\right)$을 계산하라.

8. 다음 등식이 성립함을 증명하라.

$$\lim_{n\to\infty}\left(\frac{1}{\sqrt{n^2+1^2}}+\frac{1}{\sqrt{n^2+2^2}}+\cdots+\frac{1}{\sqrt{n^2+n^2}}\right)=\ln(1+\sqrt{2})$$

9. 다음 등식이 성립함을 보여라.

$$\lim_{n\to\infty}\frac{1}{n}\left\{\sin\frac{t}{n}+\sin\frac{2t}{n}+\cdots+\sin\frac{(n-1)t}{n}\right\}=\frac{1-\cos t}{t}$$

10. $x \neq 0$일 때 $\lim_{n\to\infty} \sum_{k=1}^{n} \frac{n}{n^2+k^2x^2} = \frac{1}{x}\tan^{-1}x$임을 증명하라.

정적분의 성질

11. $\lim_{n\to\infty} \int_0^{2\pi} \frac{\sin nx}{n^2+x^2}dx = 0$임을 증명하라.

12. 함수 $f(x)$가 구간 (a,c)와 (c,b)에서 적분이 가능하면 다음 등식이 성립함을 증명하라.

$$\int_a^b f(x)dx = \int_a^c f(x)dx + \int_c^b f(x)dx$$

13. 함수 $f(x)$가 구간 $[a,b]$에서 적분이 가능하고 $f(x) \leq g(x0$이면 다음 부등식이 성립함을 증명하라.

$$\int_a^b f(x)dx \leq \int_a^b g(x)dx$$

14. 다음 부등식이 성립함을 보여라.

(a) $1-\cos x \geq x^2/\pi, \quad (0 \leq x \leq \pi/2)$

(b) $\left|\int_0^1 \frac{\cos nx}{x+1}dx\right| \leq \ln 2, \quad (n = 1, 2, 3, \ldots)$

(c) $\left|\int_1^{\sqrt{3}} \frac{e^{-x}\sin x}{x^2+1}dx\right| \leq \frac{\pi}{12e}$

적분에 대한 평균값 정리

15. 함수 $f(x)$가 폐구간 $[a,\ b]$에서 연속이면, $F(x) = \int_a^x f(t)\,dt$가 $[a,\ b]$에서 연속임을 증명하라.

16. 일반화된 평균값 정리 5.3를 증명하라. (힌트: 만약 $m \leq f(x) \leq M$이면 $mg(x) \leq f(x)g(x) \leq Mg(x)$이다. 이 부등식의 각항을 적분하고 $\int_a^b g(x)dx$로 나눈 다음 평균값 정리를 적용하라.)

17. 평균값 정리를 써서 다음 등식을 만족하는 수 $c_1, c_2 \in [0,1]$가 존재함을 증명하라.

$$\int_0^1 \frac{\sin \pi x}{x^2+1}dx = \frac{2}{\pi(c_1^2+1} = \frac{\pi}{4}\sin \pi c_2$$

(힌트: 제 1의 평균값 정리를 적용하라.)

매개변수 변환법과 특수한 적분법

18. 다음 적분을 계산하라.

(a) $\int x^2 e^{\sin x^3}\cos x^3 dx$ (b) $\int_0^1 \frac{\tan^{-1} t}{1+t^2}dt$ (c) $\int_1^3 \frac{1}{\sqrt{4x-x^2}}dx$

(d) $\int \frac{\operatorname{csch}^2\sqrt{u}}{\sqrt{u}}du$ (e) $\int_e^{e^2} \frac{1}{x(\ln x)^3}dx$ (f) $\int_1^2 \frac{1}{(x^2-2x+4)^{3/2}}$

(g) $\int (x+2)\sin(x^2+4x-6)\,dx$ (h) $\int_{-1}^1 \frac{1}{\sqrt{(x+2)(3-x)}}$ (i) $\int_0^{1/\sqrt{2}} \frac{x\sin^{-1}x^2}{\sqrt{1-x^4}}\,dx$

(j) $\int \frac{\cot(lnx)}{x}\,dx$ (k) $\int 2^{-x}\tanh 2^{1-x}dx$ (l) $\int \frac{x}{\sqrt{x^2+x+1}}\,dx$

19. 다음을 증명하라.

(a) $\int_0^1 \frac{dx}{(3+2x-x^2)^{2/3}} = \frac{\sqrt{3}}{12}$ (b) $\int \frac{dx}{x^2\sqrt{x^2-1}} = \frac{\sqrt{x^2-1}}{x}+c$

20. 다음 등식이 성립함을 보여라.

(a) $\int \sqrt{u^2 \pm a^2}du = \frac{1}{2}u\sqrt{u^2\pm a^2} \pm \frac{1}{2}a^2\ln\left|u+\sqrt{u^2\pm a^2}\right| + c$

(b) $\int \sqrt{a^2-u^2}du = \frac{1}{2}u\sqrt{a^2-u^2} + \frac{1}{2}a^2\sin^{-1}(u/a)+c,\ a>0$

21. 적분 $\int \frac{x}{\sqrt{x^2+2x+5}}dx$를 계산하라.

22. 다음 적분을 계산하라.

(a) $\int_0^\pi x\cos 3x\,dx$ (b) $\int x^3 e^{-2x}dx$

23. 다음 등식이 성립함을 보여라.

(a) $\int_0^1 x^2\tan^{-1}x\,dx = \frac{1}{12}\pi + \frac{1}{6}(\ln 2 - 1)$

(b) $\int_{-2}^2 \sqrt{x^2+x+1}dx = \frac{5\sqrt{7}}{4} + \frac{3\sqrt{3}}{4} + \frac{3}{8}\ln\left(\frac{5+2\sqrt{7}}{2\sqrt{3}-3}\right)$

24. 두 함수 $u = f(x)$와 $v = g(x)$가 모두 n계 도함수를 가질 때, 다음 등식이 성립함을 보여라.

$$\int uv^{(n)}dx = uv^{(n-1)} - u'v^{(n-2)} + u''v^{(n-3)} + \cdots + (-1)^{n+1}\int u^{(n)}vdx$$

25. 다음 등식이 성립함을 보여라.

(a) $\int_0^1 \frac{x}{(x+1)^2(x^2+1)}dx = \frac{\pi-2}{8}$ (b) $\int_0^\pi \frac{dx}{\alpha-\cos x} = \frac{\pi}{\sqrt{\alpha^2-1}},\quad \alpha>1$

정적분의 수치 계산법

26. 정적분 $\int_0^1 \frac{1}{1+x}dx$의 값을 다음 법칙을 적용하여 근사값으로 계산하라.

    (a) 사다리꼴의 법칙을 이용하라.

    (b) $n = 4$로 택하려 심슨(Simpson)의 법칙을 적용하라.

    (c) $\ln 2 = 0.6931$로 해서, 위의 근사값들과 실제 정확한 적분의 값과 어느 정도의 오차가 나는지를 비교하여라.

27. $x = 0°, 10°, 20°, \ldots, 90°$에서 sin^2x의 값을 계산한 다음, 다음 법칙을 써서 적분 $\int_0^{\pi/2} \sin^2 x\, dx$를 계산하여라.

    (a) 사다리꼴 법칙을 이용하라.

    (b) Simpson의 법칙을 이용하라.

28. 다음 적분의 값을 수치적분법을 써서 소숫점이하 3자리까지 구하라.

    (a) $\int_1^2 \frac{dx}{1+x^2}$ (b) $\int_0^1 \cosh x^2 dx$

응용문제

29. 사이클로이드 곡선

$$x = a(\theta - \sin\theta), \quad y = a(1 - \cos\theta), \quad (0 < a, \quad 0 \le \theta \le 2\pi)$$

의 길이를 구하라.

30. 타원 $\frac{x^2}{4} + \frac{y^2}{9} = 1$로 둘러싸인 영역의 넓이를 구하라.

31. 사이클로이드 곡선

$$x = a(\theta - \sin\theta), \quad y = a(1 - \cos\theta), \quad (0 < a, \quad 0 \le \theta \le 2\pi)$$

의 길이를 구하라.

32. 타원 $\frac{x^2}{4} + \frac{y^2}{9} = 1$로 둘러싸인 영역의 넓이를 구하라.

33. xy평면에서 함수 $y = \sin x$, $(0 \le x \le \pi)$와 x축에 의해서 둘러싸인 영역에 대해서 다음을 구하여라.

    (a) 면적을 구하라.

(b) y축에 관한 관성모멘트를 단위 밀도로 해서 구하라.

34. xy평면에서 두 함수 $y = x^2$과 $y = x$에 의해서 둘러싸인 영역의 x축에 관한 관성모멘트를 구하라. 단, 밀도를 x축으로부터 거리에 비례하는 것으로 추정한다.

35. 함수 $y = \cosh x$, $(0 \le \ln 2)$로 표현되는 현수선(catenary)의 길이를 구하라.

36. 함수 $y = x^{3/2}$, $(2 \le x \le 5)$로 표현되는 곡선의 길이를 구하라.

37. 방정식 $x = a(1 - \sin\theta)$, $y = a(1 - \cos\theta)$, $(0 \le \theta \le 2\pi)$로 표현되는 사이클로이드곡선의 길이가 $8a$임을 보여라.

38. 타원 $\frac{x^2}{a^2} + \frac{y^2}{b^2} = 1$에 의해서 둘러싸인 영역의 넓이가 πab임을 증명하라.

39. 원반형 방법(disk method)을 써서, 곡선 $y = \sin x$, $(0 \le x \le \pi$를 x축에 관해서 회전시켰을 때 생기는 회전체의 체적을 구하라.

40. 원반형 방법을 써서 함수 $f(x) = \sqrt{kx}$, $0 < a \le x \le b$를 x축에 관해서 회전시켰을 때 생기는 포물면에 의해서 둘러싸인 입체의 체적을 구했을 때, 그 체적이 $\pi \int_a^b kx\,dx = \frac{\pi k}{2}(b^2 - a^2)$임을 보여라.

41. 두 함수 $f(x) = 3$, $g(x) = 5 - x^2$, $(-\sqrt{2} \le x \le \sqrt{2})$에 의해서 둘러싸인 영역을 x축에 관해서 회전시켰을 때 얻어지는 입체의 체적을 구하라.

42. 반경이 $a > 0$ 구슬안에 반경이 $b, (0 < b < a)$인 구슬크기의 구멍을 가진 물체가 있다. 이 물체의 부피를 원기둥 공식을 써서 구하라.

43. 원 $(x - a)^2 + y^2 = b^2$, $(0 < b < a)$을 y축에 관해서 회전시켰을 때 생기는 토러스(torus)를 겉표면으로 하는 입체의 체적을 구하라.

44. 극좌표계에서 $\rho = f(\theta)$로 주어진 곡선과 두 직선 $\theta = \phi_1$, $\theta = \phi_2$, $(\phi_1 < \phi_2)$에 의해서 둘러싸인 영역의 면적이 $\frac{1}{2}\int_{\phi_1}^{\phi_2} \rho^2 d\theta$임을 보여라.

45. 평면에서 극좌표계 방정식 $\rho^2 = a^2 \cos 2\theta$로 표현되는 고리로 둘러싸인 영역의 면적을 구하라.

46. 극방정식 $\rho = f(\theta)$, $(\phi_1 \le \theta \le \phi_2)$로 주어진 곡선이 $\int_{\phi_1}^{\phi_2} \sqrt{\rho^2 + (d\rho/d\theta)^2} d\theta$를 길이로 가짐을 증명하라.

47. 극방정식 $\rho = a(1 - \cos\theta)$로 표현되는 심장형곡선의 길이를 구하라.

기타 문제들

48. 극한 $\lim_{x\to 0}\frac{1}{x}\int_0^x \sin t^3\,dt$를 계산하라.

49. 극한 $\lim_{M\to\ infty}\int_0^M \frac{1}{x^4+4}\,dx$를 계산하라.

50. 다음을 증명하고 기하학적으로 무슨 의미인지를 설명하라..

(a) $\lim_{\epsilon\to 0+}\int_0^{4-\epsilon}\frac{1}{\sqrt{4-x}}=4$ (b) $\lim_{\epsilon\to 0+}\int_\epsilon^3\frac{1}{\sqrt[3]{x}}=6$ (c) $\lim_{\epsilon\to 0+}\int_0^{1-\epsilon}\frac{1}{\sqrt{1-x^2}}=\frac{\pi}{2}$

51. 다음 등식을 증명하라.

(a) $\lim_{M\to\infty}\int_0^M x^5e^{-x}dx=4!=24$ (b) $\lim_{\epsilon\to 0+}\int_1^{2-\epsilon}\frac{1}{\sqrt{x(2-x)}}dx=\frac{\pi}{2}$

52. 다음 적분을 계산하라.

(a) $\int_0^\infty \frac{dx}{1+x^3}$ (b) $\int_0^{\pi/2}\frac{\sin 2x}{(\sin x)^{4/3}}dx$ (c) $\int_0^\infty \frac{dx}{x+\sqrt{x^2+1}}$

53. 다음을 증명하라.

(a) $\frac{d}{dx}\int_{x^2}^{x^3}(t^2+t+1)dt=3x^3+x^5-2x^3+3x^2-2x$

(b) $\frac{d}{dx}\int_x^{x^2}\cos t^2dt=2x\cos x^4-\cos x^2$

54. 다음 등식을 증명하라.

(a) $\int_0^\pi\sqrt{1+\sin x}dx=4$ (b) $\int_0^{\pi/2}\frac{dx}{\sin x+\cos x}=\sqrt{2}\ln(\sqrt{2}+1)$

55. 부등식 $\int_0^{1/2}\frac{\cos\pi x}{\sqrt{1+x^2}}dx\le\frac{1}{4}\tan^{-1}\frac{1}{2}$이 성립함을 증명하라.

56. 다음 극한을 계산하라.

$$\lim_{n\to\infty}\frac{\sqrt{n+1}+\sqrt{n+2}+\cdots+\sqrt{2n-1}}{n\sqrt{n}}$$

57. 다음 함수 $f(x)$가 $[0,1]$에서 Riemann적분이 불가능함을 보여라.

$$f(x)=\begin{cases}1, & x\text{가 유리수일 때}\\ 0, & x\text{가 무리수일 때}\end{cases}$$

58. 함수 $f(x)$가 구간 $[a,b]$에서 부분구간적으로 연속일 때, 적분 $\int_a^b f(x)dx$가 존재함을 증명하라.

59. 다음 함수 $f(x)$에 대한 적분 $\int_0^2 f(x)dx$를 계산하고 이 결과에 대한 기하학적인 의미가 무엇인지를 설명하라.

$$f(x) = \begin{cases} 2x, & 0 < x < 1 \\ 3, & x = 1 \\ 6x - 1, & 1 < x < 2 \end{cases}$$

60. $[x]$가 x보다 크지 않은 가장 큰 정일 때, 적분 $\int_0^3 \left(x - [x] + \frac{1}{2}\right) dx$를 계산하고 이 결과에 대한 기하학적인 해석을 하라.

61. 모든 실수 m에 대해서 $\int_0^{\pi/2} \frac{\sin^m x}{\sin^m x + \cos^m x} dx = \frac{\pi}{4}$임을 증명하라.

62. 등식 $\int_0^{2\pi} \frac{dx}{1+\tan^4 x} = \pi$가 성립함을 증명하라.

63. 적분 $\int_0^{\pi/2} \frac{\sin x}{x} dx$가 존재함을 증명하라.

64. $\int_0^{1/2} \frac{\tan^{-1} x}{x} dx \approx 0.4872$임을 증명하라.

65. $\int_0^{\pi} \frac{1}{1+\cos^2 x} = \frac{\pi^2}{2\sqrt{2}}$임을 증명하라.

제 6 장

편미분

편미분은 2변수 이상의 함수를 다른 변수들은 모두 상수로 취급하고 하나의 변수에 관해서만 미분하는 것을 말한다. 편미분은 주로 벡터해석학과 미분기하학에서 많이 활용된다.

함수 f를 x로 편미분하는 것을 기호로는f'_x, f_x, $\partial_x f$, $\frac{\partial}{\partial x} f$, 또는 $\frac{\partial f}{\partial x}$와 같이 나타낸다. 여기에서 기호 ∂는 르장드르[1]가 처음 제안했다.

일반적으로 n개의 실변수들의 순서쌍 $(x_1, x_2, \ldots, x_n)$을 가리켜서 n-**변수**라 한다. $n = 2$인 경우에는 2차원 평면 $\mathbb{R}^n$에 속하는 변수를 (x, y)로 표현하고 $n = 3$인 때에는 3차원 공간 $\mathbb{R}^3$에 속하는 변수를 (x, y, z)로 나타낸다. 그리고 2변수 함수를 $f(x, y)$, $F(x, y)$ 등으로 표현하고 실수값을 갖는 2변수 함수를 $z = f(x, y)$ 또는 $z = F(x, y)$와 같이 표현한다. 경우에 따라서는 $z = z(x, y)$와 같이 표현하는 경우도 있다.

예제 6.1 $f(x, y) = x^2 + 2y^3$ *이면,* $f(3, -1) = 3^2 + 2(-1)^3 = 7$ *이다.*

실수값을 갖는 3변수 함수의 경우에는 $w = f(x, y, z)$형식으로 표현한다.

---

[1] 르장드르(Adrien-Marie Legendre, 1752년∼1833년)는 프랑스의 수학자이다. 정역학, 수론, 추상대수학 해석학 분야에서 중요한 공헌을 했다.

예제 6.2 함수 $z = \sqrt{1-(x^2+y^2)}$가 실수값을 가지려면 $1-(x^2+y^2) \geq 0$이 되어야 하므로 정의역이 $D = \{(x,y) \in \mathbb{R}^2 \mid x^2+y^2 \leq 1\}$이 된다.

3차원 실공간 $\mathbb{R}^3$에서 정의되는 음함수 방정식 $F(x,y,z)=0$로 표현되는 점 $P(x,y,z)$들의 집합은 **곡면**(surface)을 나타낸다. 예를 들면, $x^2+y^2+z^2 = 3^2$은 원점을 중심으로해서 반경이 3인 구면이 된다.

6.1 집적점과 영역

이 절에서는 미적분학과 해석학에서 자주 활용하는 몇 가지 개념들을 소개하려고 한다.

정의 6.1 (2차원 평면에서 점의 근방)
점 $(x_0,y_0) \in \mathbb{R}^2$에 대해서, 집합

$$R = \{(x,y) \in \mathbb{R} \mid |x-x_0| < \delta,\ |y-y_0| < \delta\}$$

을 가리켜서 (x_0,y_0)의 **직사각 δ-근방***이라 부르고, 집합*

$$N_\delta = \left\{(x,y) \in \mathbb{R} \mid \sqrt{(x-x_0)^2+(y-y_0)^2} < \delta\right\}$$

은 (x_0,y_0)의 **δ-근방***이라 일컫는다(그림 6.1 참고). 또한 N_δ에서 점 (x_0,y_0)를 제거한 집합*

$$N_\delta^\circ = \left\{(x,y) \in \mathbb{R} \mid 0 < \sqrt{(x-x_0)^2+(y-y_0)^2} < \delta\right\}$$

을 가리켜서 (x_0,y_0)가 빠진 δ-근방이라 한다.

정의 6.2 (집적점과 극한점) *S가 $\mathbb{R}^2$의 부분집합, 즉 $S \subset \mathbb{R}^2$라 하자.*

1. *점 $z_0 = (x_0,y_0)$가 S의* **집적점***(accumulation point, cluster point)이라 함은 (x_0,y_0)의 임의의(모든) 빠진 δ-근방 N_δ°이 S의 점을 적어도 하나이상 포함한다는 것, 즉 $N_\delta^\circ \cap S \neq \emptyset$이라는 것을 뜻한다.*

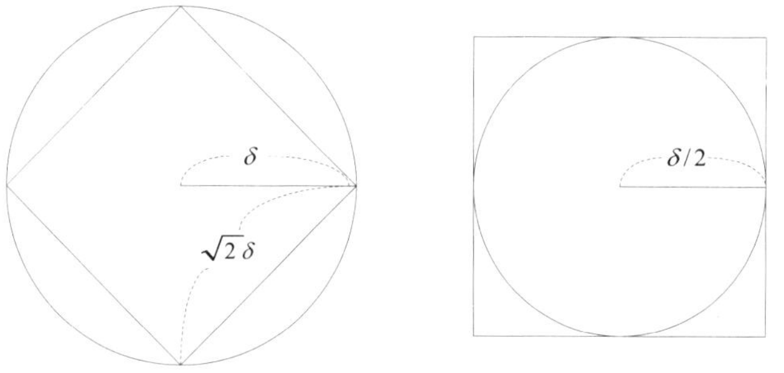

그림 6.1: 평면에서 점의 δ-근방

2. *그리고 $z_0 = (x_0, y_0)$의 임의의 δ-근방 N_δ가 S의 점을 적어도 하나이상 포함할 때, 즉 $N_\delta \cap S \neq \emptyset$일 때는 $z_0 = (x_0, y_0)$를 가리켜서 집합 S의* **극한점***(limit point)이라 한다.*

위의 정의에 따르면 S의 모든 집적점은 S의 극한점이지만 S의 극한점이 S의 집적점이 될 필요는 없다.

예제 6.3 *$S = \{(1/n,\ 0) \in \mathbb{R}^2 \mid n = 1, 2, 3, \ldots\}$일 때, S의 집적점은 오직 $O = (0, 0)$뿐이다. 그런데 S의 모든 극한점들의 집합은 $\overline{S} = A \cup \{(0, 0)\}$이다.*

정의 6.3 (내점, 외점, 경계점, 열린집합, 닫힌집합, 영역)
$S \subset \mathbb{R}^2$라 하고 $P \in \mathbb{R}^2$라 하자.

1. *점 P가 집합 S의* **내점***(interior point)이라 함은 $N_\delta \subseteq S$인 P의 적당한 δ-근방 N_δ가 존재한다는 것을 의미한다. 그리고 S의 내점들의 전체집합을 가리켜서 S의* **내부***(interior)라 부르고 S° 또는 $int(S)$로 표현한다.*

2. *점 P가 집합 S의* **외점***(exterior point)이라 함은 $N_\delta \subseteq S^c = \mathbb{R} - S$인 P의 적당한 δ-근방 N_δ가 존재한다는 것을 의미한다. 그리고 S의 외점들의 전체집합을 가리켜서 S의* **외부***(exterior)라 부르고 $\breve{S}$또는 $ext(S)$로 표현한다.*

3. *점 P가 집합 S의* **경계점***(boundary point)이라 함은 점 P의 임의의 근방 N_δ가 S의 점도 포함하고 여집합 $S^c = \mathbb{R}^2 - S$의 점도 포함한다는 것을 의미한다. 즉, 점 P가 S의 경계점이라는 것은 P는 S의 내점이나 경계점 어는 것에도 해당되지 않는 점이라는 것을 뜻한다. S의 내점들의 전체집합을 가리켜서 S의* **경계***(boundary)라 부르고 $\partial(S)$ 또는 $bnd(S)$ 로 표현한다.*

4. *S에 속한 임의의 두 점 A, B에 대해서 S에 포함된* **경로***(path)라 일컫는 하나의 연속곡선으로 연결될 때, S를 가리켜서* **연결집합***(connected set)이라 부른다.*

5. *U가* **열린집합***(open set)이라는 것은 U의 모든 점이 U의 내점이라는 것, 즉 $U = Int(U)$ 임을 뜻한다.*

6. *C가 닫힌집합이라는 것은 C가 C의 모든 경계점들을 다 포함하고 있다는 것, 즉 $\partial(C) \subset C$ 임을 뜻한다.*

7. *D가* **영역***(region)이라는 것은 R이 닫힌집합이고 연결집합이합이라는 것을 의미한다.*

집합의 내점, 외점, 경계점 그리고 영역에 대한 표현은 그림 6.2와 6.3에 잘 나나타 있다. 그림 6.3의 (b)에 표현된 것처럼 중간에 교차되지 않는 단순폐곡선(simply closed curve)으로 둘러싸인 내부의 영역은 그 영역에 속한 하나의 점으로 축약될 수 있다. 이러한 영역을 가리켜서 **단순연결영역**(simply connected region)이라 부른다. 그런데 그림 6.3의 (c)에서 단순폐곡선 $ABCD$로 둘러싸인 내부의 영역은 하나의 구멍을 포함하고 있어서 그 영역안에 있는 어떠한 점으로도 축약될 수 없다. 이러한 영역을 가리켜서 **다중연결영역**(multiple connected region)이라 부른다.

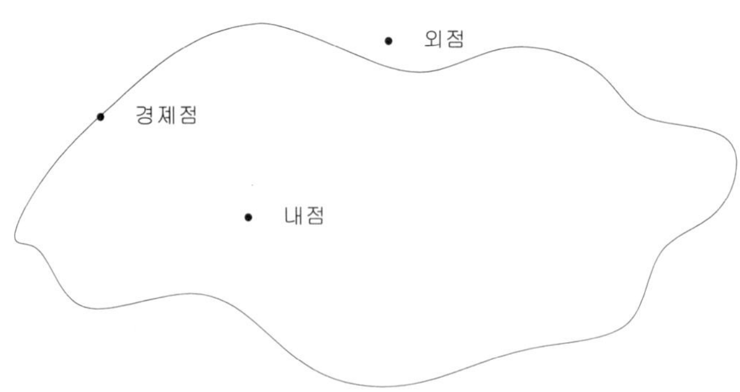

그림 6.2: 평면에서 영역의 내점과 외점

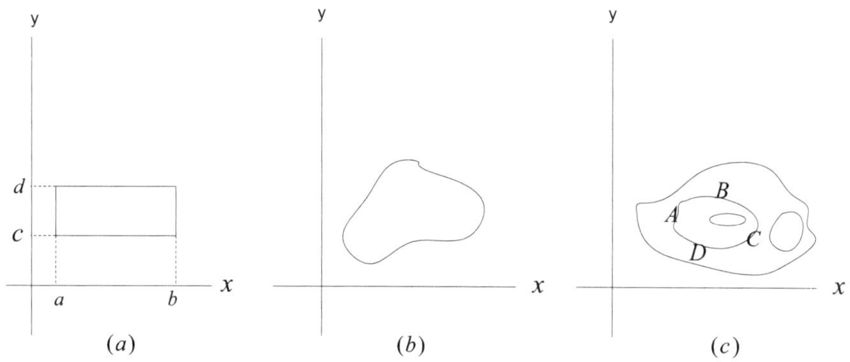

그림 6.3: 평면에서 영역의 모형들

6.2 극한과 연속성

정의 6.4 (함수의 극한) *함수* $f(x,y)$*가 점* (x_0,y_0)*의 어떤 빠진* δ*-근방* N_δ°*에서 정의되어 있다(*f*가 점* (x_0,x_0)*에 정의되지 않을 수도 있음)고 하자. 만약* $l \in \mathbb{R}$*이고, 임의로 주어진* $\epsilon > 0$*에 대해서, 적당한 (*ϵ*에 의존하는)* $\delta > 0$*가 존재하여*

$$d[(x,y),(x_0,y_0)] = \sqrt{(x-x_0)^2+(y-y_0)^2} < \delta \quad \Longrightarrow \quad |f(x,y)-l| < \epsilon$$

인 관계가 성립하면 "점 (x,y)*가* (x_0,y_0)*로 접근할 때 함수값* $f(x,y)$*가 수* l*로 수렴한다"고 말하고*

$$\lim_{(x,y)\to(x_0,y_0)} f(x,y) = l$$

로 표현한다.

예제 6.4 $f(x,y) = \begin{cases} 3xy & if \quad (x,y) \neq (1,2) \\ 0, & if \quad (x,y) = (1,2) \end{cases}$ 일 때, $(x,y) \to (1,2)$이면 $f(x,y) \to 3(1)(2) = 6$이므로 $\lim_{(x,y)\to(1,2)} f(x,y) = 6$일 것으로 추정할 수 있다. 여기서 ϵ-δ용법에 의한 증명은 연습문제로 남겨 놓는다.

예제 6.5 $\lim_{(x,y)\to(o+,1)} \tan^{-1}(y/x) = \pi/2$이고 $\lim_{(x,y)\to(o-,1)} \tan^{-1}(y/x) = -\pi/2$이다. 따라서 극한 $\lim_{(x,y)\to(o,1)} \tan^{-1}(y/x)$은 존재하지 않는다.

일반적으로 1변수 함수에 대한 극한의 개념과 정리들은 다변수 함수들에 대해서도 그대로 적용된다.

다중극한

극한 $\lim_{x\to x_0}\left\{\lim_{y\to y_0} f(x,y)\right\}$과 $\lim_{y\to y_0}\left\{\lim_{x\to x_0} f(x,y)\right\}$이 같을 필요는 없다. 만약 $\lim_{(x,y)\to(x_0,y_0)} f(x,y)$가 존재하면 $\lim_{x\to x_0}\left\{\lim_{y\to y_0} f(x,y)\right\}$과 $\lim_{y\to y_0}\left\{\lim_{x\to x_0} f(x,y)\right\}$은 서로 같게 되지만, $\lim_{x\to x_0}\left\{\lim_{y\to y_0} f(x,y)\right\}$과 $\lim y\to y_0\left\{\lim_{x\to x_0} f(x,y)\right\}$이 서로 같아도 극한 $\lim_{(x,y)\to(x_0,y_0)} f(x,y)$는 존재하지 않을 수도 있다.

예제 6.6 $f(x,y) = \frac{x-y}{x+y}$이면

$$\lim_{x\to 0}\left(\lim_{y\to 0}\frac{x-y}{x+y}\right) = \lim_{x\to 0}\frac{x}{x} = 1$$

이고

$$\lim_{y\to 0}\left(\lim_{x\to 0}\frac{x-y}{x+y}\right) = \lim_{y\to 0}\frac{-y}{y} = -1$$

이다.

정의 6.5 (함수의 극한) "함수 $f(x,y)$가 점 (x_0,y_0)에서 연속이다"는 것은

$$\lim_{(x,y)\to(x_0,y_0)} f(x,y) = f(x_0,y_0)$$

인 관계를 만족한다는 것을 의미한다. 이는 $f(x,y)$가 다음 *4*가지 조건들을 모두 만족한다는 것을 뜻한다.

1. $f(x,y)$가 (x_0,y_0)의 적당한 근방에서 정의되어 있다.
2. 극한 $\lim_{(x,y)\to(x_0,y_0)} f(x,y)$가 실수로 존재한다.
3. 함수값 $f(x_0,y_0)$가 실수로 존재한다.
4. 극한값 극한 $\lim_{(x,y)\to(x_0,y_0)} f(x,y)$가 함수값 $f(x_0,y_0)$와 같다.

예제 6.7 $f(x,y) = \begin{cases} 3xy & if \quad (x,y) \neq (1,2) \\ 0, & if \quad (x,y) = (1,2) \end{cases}$ 일 때, $(x,y) \to (1,2)$이면 $\lim_{(x,y)\to(1,2)} f(x,y) = 6 \neq f(1,2)$이므로, $f(x,y)$는 점 $(x,y) = (1,2)$에서 연속이 아니다.

만약 $f(x,y)$가 점 (x_0,y_0)에서 연속이 아니면, "$f(x,y)$가 (x_0,y_0)에서 불연속이다"라고 말하고 (x_0,y_0)를 가리켜서 $f(x,y)$의 **불연속점**이라 부른다. 함수 f가 한 점 (x_0,y_0)에서 불연속인 경우에 그 점에서 함수값을 새로 정의함으로써 연속이 되도록 할 수 있는 경우가 있다. 이러한 점 (x_0,y_0)를 가리켜서 **제거 가능한 불연속점**이라 부른다. 영역 R에서 정의된 함수 f가 R에 속한 모든 점에서 연속일 때, f를 연속함수라 한다.

1변수함수에 대한 연속성에 관한 정리들은 약간의 조정만으로 2변수 이상의 함수들에 대해서도 적용될 수 있다.

균등연속성

함수 $f(x,y)$의 한 점 $(x_0, y_0$에서 연속성에 대한 ϵ-δ용법에 의한 정의는 주어진 $\epsilon > 0$에 대해서 대응하는 $\delta > 0$가 ϵ과 점 (x_0,y_0)에 따라 달라지는 것이 보통이다. 그런데 함수 f의 연속성이 주어진 수 ϵ에 대하여 대응하는 δ가 정의역 R에 속한 점 (x_0,y_0)와는 아무런 상관이 없이 오직 ϵ에만 관계될 때, 우리는 f를 가리켜서 **균등연속**(uniformly continuous)인 함수라 한다.

1변수 함수와 마찬가지로 다변수 함수에서도 유계한 닫힌영역(bounded closed region)에서 연속인 함수는 균등연속이 된다.

6.3 다변수 함수의 미분

이 절에서는 2변수이상의 함수들에 대한 미분법을 소개한다.

편미분

다변수 함수에 대해서 다른 모든 변수들은 상수로 취급하고 오직 하나의 변수에 관해서만 시행하는 미분을 가리켜서 미분하는 변수에 대한 **편미분**(partial derivative)이라 한다. 2변수 함수 $f(x, y)$의 x에 관한 편미분을

$$\frac{\partial f}{\partial x},\ \frac{\partial}{\partial x}f,\ f_x,\ f_x(x, y)$$

등으로 표현하고 y에 관한 편미분은

$$\frac{\partial f}{\partial y},\ \frac{\partial}{\partial y}f,\ f_y,\ f_y(x, y)$$

등으로 표현한다.

정의 6.6 (편미분) 함수 $z = f(x, y)$의 x와 y에 관한 편미분은 각각

$$\frac{\partial f}{\partial x} = \lim_{\Delta x \to 0} \frac{f(x + \Delta x, y) - f(x, y)}{\Delta x} \tag{6.1}$$

와

$$\frac{\partial f}{\partial y} = \lim_{\Delta y \to 0} \frac{f(x, y + \Delta y) - f(x, y)}{\Delta y} \tag{6.2}$$

로 정의한다. 그리고 특수한 점 (x_0, y_0)에서 x와 y에 관한 편미분은 각각

$$\left.\frac{\partial f}{\partial x}\right|_{(x_0, y_0)} = f_x(x_0, y_0), \quad \left.\frac{\partial f}{\partial y}\right|_{(x_0, y_0)} = f_y(x_0, y_0)$$

로 나타낸다.

예제 6.8 $f(x, y) = 2x^3 + 3xy^2$ 이면

$$f_x(x, y) = \partial f/\partial x = 6x^2 + 3y^2, \quad f_y(x, y) = \partial f/\partial y = 6xy$$

이며

$$f_x(1, 2) = 6(1)^2 + 3(2)^2 = 18, \quad f_y(1, 2) = 6(1)(2) = 12$$

이다.

만약 2변수 함수 f가 주어진 영역 R에서 연속인 1계 편도함수 $\partial f/\partial x$와 $\partial f/\partial y$를 가지면, f는 R에서 연속이 된다. 그러나 주어진 영역에서 1계 편도함수의 존재성만으로는 함수 f의 연속성이 보장되지는 않는다.

고계 편도함수

만약 $f(x, y)$가 정의역에 속한 각 점 (x, y)에서 편도함수를 가지면 $\partial f/\partial x$와 $\partial f/\partial y$가 모두 $(, x, y)$의 함수로서 다시 x와 y에 관해서 편미분이 가능할 수 있다. 이러한 경우에 $f(x, y)$의 2계 편도함수는

$$\frac{\partial}{\partial x}\left(\frac{\partial f}{\partial x}\right) = \frac{\partial^2 f}{\partial x^2} = f_{xx},\ \frac{\partial}{\partial y}\left(\frac{\partial f}{\partial y}\right) = \frac{\partial^2 f}{\partial y^2} = f_{yy}$$

와

$$\frac{\partial}{\partial x}\left(\frac{\partial f}{\partial y}\right) = \frac{\partial^2 f}{\partial x \partial y} = f_{yx},\ \frac{\partial}{\partial y}\left(\frac{\partial f}{\partial x}\right) = \frac{\partial^2 f}{\partial y \partial x} = f_{xy}$$

로 표현된다. 만약 f_{xy}와 f_{yx}가 연속이면, 미분의 순서에 상관없이 $f_{xy} = f_{yx}$이다. 그러나 f_{xy}또는 f_{yx}가 연속이 아닌 경우에는 $f_{xy} \neq f_{yx}$일 수 있다.

예제 6.9 $f(x, y) = 2x^3 + 3xy^3$이면,

$$fxx = 12x,\ f_{yy} = 18xy,\ f_{xy} = 9y^2 = f_{yx}$$

이고

$$f_{xx}(1, 2) = 12,\ f_{yy}(1, 2) = 36,\ f_{xy}(1, 2) = f_{yx}(1, 2) = 36$$

이다.

2계 편도함수처럼 3계이상의 편도함수들도 유사한 방식으로 정의된다. 예를 들어, 3변수 함수 $w = f(x, y, z)$에 대한 편도함수는

$$\frac{\partial^3 f}{\partial x^3} = f_{xxx},\ \frac{\partial^3 f}{\partial x^2 \partial y} = f_{yxx},\ \frac{\partial^3 f}{\partial z \partial y \partial x} = f_{xyz}, \cdots$$

등과 같이 나타낼 수 있다.

전미분(total differential)

함수 $z = f(x, y)$에 대해서 $\Delta x = dx$와 $\Delta y = dy$를 각각 x와 y에 관한 **증분**(increment)이라 하자. 그러면

$$\Delta z = f(x + \Delta x, y + \Delta y) - f(x, y) = \Delta f \tag{6.3}$$

를 가리켜서 $z = f(x, y)$의 **증분**이라 한다. 만약 $f(x, y)$가 주어진 영역에서 연속인 1계 도함수들을 가지면

$$\Delta z = \frac{\partial f}{\partial x}\Delta x + \frac{\partial f}{\partial y}\Delta y + \epsilon_1 \Delta x + \epsilon_2 \Delta y = \frac{\partial z}{\partial x}dx + \frac{\partial z}{\partial y}dy + \epsilon_1 dx + \epsilon_2 dy = \Delta f \tag{6.4}$$

이다. 이 경우에 $\Delta x \to 0$이고 $\Delta y \to 0$이면 $\epsilon_1 \to 0$이고 $\epsilon_2 \to 0$이다.

표현식

$$dz = \frac{\partial f}{\partial x}dx + \frac{\partial z}{\partial y}dy, \quad \text{또는} \quad df = \frac{\partial f}{\partial x}dx + \frac{\partial f}{\partial y}dy \tag{6.5}$$

를 가리켜서 $z = f(x, y)$의 **전미분**(total differential) 또는 Δz나 Δf의 **주요부**(principal part)라 한다. 실제로 $\Delta x = dx \approx 0$이고 $\Delta y = dy \approx 0$이면 $dz \approx \Delta z = \Delta f$이다.

식 $dz = f_x(x_0, y_0)dx + f_y(x_0, y_0)dy$는 dx와 dy를 독립변수로 하고 dz를 종속변수로 하는 선형함수다. 1변수 함수의 경우에는 상응하는 선형함수가 주어진 곡선에 대한 접선을 나타내는 식이다. 그러나 2변수 함수의 경우에는 선형함수 dz는 주어진 곡면상의 점 $P_0(x_0, y_0)$에서 접평면을 표현하는 식이다.

점 P_0의 충분히 작은 근방에서 접평면은 곡면의 근사(approximation)가 된다. 만약 $y = y_0$를 고정시키면 함수 $z = f(x, y)$가 생성하는 곡면과 평면 $y = y_0$가 교차하는 곡선을 얻게 된다. 이러한 경우에 전미분 은 $dz = f_x(x_0, y_0)dx$이다. 같은 방식으로 $x = x_0$를 고정시키게 되면 함수 $z = f(x, y)$가 생성하는 곡면과 평면 $x = x_0$가 교차하는 곡선을 얻게 되며, 이 경우에 전미분 은 $dz = f_y(x_0, y_0)dy$가 된다.

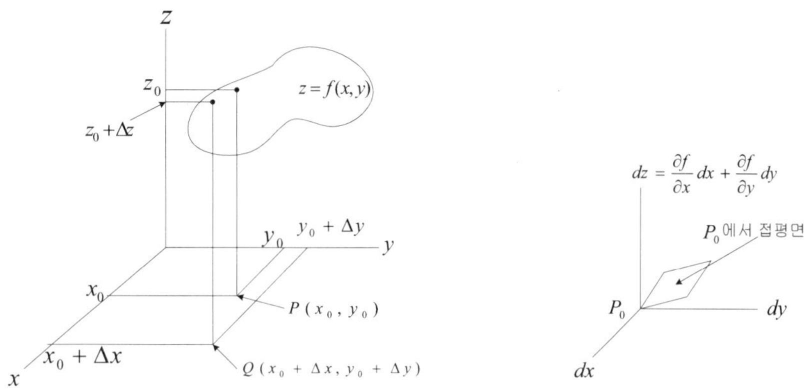

그림 6.4: 전미분과 접평면

함수 f의 증분 $\Delta z = \Delta f$가 식 (6.4)형식으로 표현되고 $(\Delta x, \Delta y) \to (0,0)$일 때 $(\epsilon_1, \epsilon_2) \to (0,0)$이면, "$f$는 점 (x,y)에서 미분가능하다"고 말한다. 1계 편도함수 f_x와 f_y의 존재성만으로 f의 미분가능성이 보장되지는 않으며, 편도함수 f_x와 f_y가 연속성이면 f가 미분가능하게 된다. 만약 편도함수 f_x와 f_y가 영역 R에서 연속이면, "f가 R에서 연속적으로 미분가능하다"고 말한다.

정리 6.1 *함수 f, P, Q, R가 영역 R에서 모두 연속인 1계 편도함수들을 갖는다고 하자.*

1. *만약 $z = f(x_1, x_2, \ldots, x_n)$이면,*

$$dz = df = \frac{\partial f}{\partial x_1}dx_1 + \frac{\partial f}{\partial x_2}dx_2 + \cdots + \frac{\partial f}{\partial x_n}dx_n \tag{6.6}$$

이다. 식 (6.6)은 $x_1, x_2, \ldots, x_n$이 모두 독립변수이든 어느 변수가 다른 변수들의 종속변수이든 상관없이 성립한다.

2. *만약 $(x_1, x_2, \ldots, x_n) = c$(상수)이면, $df = 0$이다. 이러한 경우에는 $x_1, x_2, \ldots, x_n$이 모두 독립변수일 수 없다.*

3. *식 $P(x,y)dx + Q(x,y)dy$가 함수 $f(x,y)$의 전미분일 필요충분조건은 $\frac{\partial P}{\partial y} = \frac{\partial Q}{\partial x}$이다 이러한 경우에 $Pdx + Qdy$를 가리켜서 $f(x,y)$의* **완전미분** *(exact differential)이라 부른다.*

참고 $\frac{\partial P}{\partial y} = \frac{\partial Q}{\partial x}$이면 $\frac{\partial^2 f}{\partial x \partial y} = \frac{\partial^2 f}{\partial y \partial x}$이다.

4. $w = f(x, y, x)$의 전미분이

$$dz = dx = P(x,y,z)dx + Q(x,y,z)dy + R(x,y,z)dz$$

일 필요충분조건은

$$\frac{\partial P}{\partial y} = \frac{\partial Q}{\partial x}, \ \frac{\partial Q}{\partial z} = \frac{\partial R}{\partial y}, \ \frac{\partial R}{\partial x} = \frac{\partial P}{\partial z}$$

이다. 이러한 경우에는 $Pdx + Qdy + Rdz$를 가리켜서 f의 완전미분이라 한다.

정리 6.2 (합성함수의 미분법) 1. $z = f(x, y)$이고 $x = g(r, s)$, $y = h(r, s)$이면

$$\frac{\partial z}{\partial r} = \frac{\partial z}{\partial x}\frac{\partial x}{\partial r} + \frac{\partial z}{\partial y}\frac{\partial y}{\partial r}, \ \frac{\partial z}{\partial s} = \frac{\partial z}{\partial x}\frac{\partial x}{\partial s} + \frac{\partial z}{\partial y}\frac{\partial y}{\partial s} \tag{6.7}$$

이다.

2. 일반적으로, $u = F(x_1, \ldots, x_n)$이고 $x_1 = f_1(r_1, \ldots, r_p), \ldots, x_n = f(x_1, \ldots, x_p)$ 이면

$$\frac{\partial u}{\partial r_k} = \frac{\partial u}{\partial x_1}\frac{\partial x_1}{\partial r_k} + \cdots + \frac{\partial u}{\partial x_n}\frac{\partial x_n}{\partial r_k}, \quad k = 1, 2, \ldots, p \tag{6.8}$$

이다.

3. 특히, $x_1, x_2, \ldots, x_n$이 1변수 s만의 함수이면

$$\frac{du}{ds} = \frac{\partial u}{\partial x_1}\frac{dx_1}{ds} + \frac{\partial u}{\partial x_2}\frac{dx_2}{ds} + \cdots + \frac{\partial u}{\partial x_n}\frac{dx_n}{ds} \tag{6.9}$$

이다.

식 (6.7), (6.8), (6.9)를 가리켜서 다변수함수에 대한 **연쇄법칙**(chain rule)이라 한다. 고계 편도함수들에 대한 연쇄법칙도 같은 방식으로 반복해서 적용된다.

정의 6.7 (동차형 함수에 대한 오일러의 정리) n변수의 함수 $F(x_1, x_2, \ldots, x_n)$가 다음 등식을 만족하면 p차의 **동차형 함수**(homogeneous function)라 한다.

$$F(\lambda x_1, \lambda x_2, \ldots, \lambda x_n,) = \lambda^p F(x_1, x_2, \ldots, x_n), \quad (\lambda : \text{임의의 변수}) \tag{6.10}$$

예제 6.10 $F(x,y) = x^4 + 2xy^3 - 5y^4$은 *4차의 동차형함수다. 왜냐하면*

$$\begin{aligned} F(\lambda x.\lambda y) &= (\lambda x)^4 + 2(\lambda x)(\lambda y)^3 - 5(\lambda y)^4 \\ &= \lambda^4(x^4 + 2xy^3 - 5y^4) \\ &= \lambda^4 F(x,y) \end{aligned}$$

이기 때문이다.

정리 6.3 (오일러의 공식) $F(x_1, x_2, \ldots, x_n)$*가* p*차의 동차형 함수이면*

$$x_1\frac{\partial F}{\partial x_1} + x_2\frac{\partial F}{\partial x_2} + \cdots + x_n\frac{\partial F}{\partial x_n} = pF \tag{6.11}$$

이다.

음함수의 미분

일반적으로 $F(x,y,z) = 0$와 같은 방정식에서 하나의 변수(예: z)를 다른 두 변수 (예: x와 y)의 함수로 표현할 수 있게 된다. 이러한 경우에 $F(x,y,z) = 0$로 표현되는 식을 가리켜서 **음 함 수**(implicit function)[2]라고 말한다. 통상적으로 양함수는 $z = f(x,y)$형식으로 표현된다.

음함수를 미분할 때는 어떤 변수변수들이 독립변수이고 어떤 변수가 종속변수인지를 신중하게 판단해야 한다. 예를 들어, 음함수 $F[x,y,f(x,y)] = 0$에서는 x와 y가 독립변수이고 $z = f(x,y)$가 종속변수이다. 이러한 경우, 편도함수 $\frac{\partial f}{\partial x}$와 $\frac{\partial f}{\partial y}$를 구하려면 먼저 식 $F[x,y,f(x,y)] = 0$로부터

$$0 = dF = F_x dx + F_y dy + F_z dz, \quad \text{또는} \quad dz = -\frac{F_x}{F_z}dx - \frac{F_y}{F_z}dx$$

[2]음함수(implicit function)는 종속변수가 독립변수와 분리되지 않은 하나의 관계식으로 주어진 함수를 말한다. 독립변수가 하나일 경우, 음함수는 $f(x,y) = 0$ 과 같은 형태가 된다. 음함수를 종속변수에 대해 식을 정리하여 양함수로 만들 수 있는 경우도 있지만, 그렇지 못한 경우도 있다. 이 경우 다가함수(multivalued function)가 된다. 이것은 실질적으로 함수의 정의에서 벗어나므로 함수가 아니지만 함수처럼 취급하면 편리한 경우가 많으므로 통상 '함수'라는 용어를 쓰고 있다.

를 구하여 $z = f(x, y)$의 전미분

$$dz = \frac{\partial f}{\partial x}dx + \frac{\partial f}{\partial y}dy$$

와 비교하면, 식

$$\frac{\partial f}{\partial x} = -\frac{F_x}{F_z}, \quad \frac{\partial f}{\partial y} = -\frac{F_y}{F_z}$$

를 얻게 된다.

예제 6.11 $F(x, y, z) = x^2z + yz^2 + 2xy^2 - z^3 = 0$이고 $z = f(x, y)$라 하면

$$F_x = 2xz, \ F_y = z^2 + 4xy, \ F_z = x^2 + 2yz - 3z^2$$

이므로

$$\frac{\partial z}{\partial x} = -\frac{2xz + 2y^2}{x^2 + 2yz - 3z^2}, \quad \frac{\partial z}{\partial y} = -\frac{z^2 + 4xy}{x^2 + 2yz - 3x^2}$$

이다.

6.4 야코비 행렬식과 변환들

정의 6.8 (야코비 행렬식) 두 함수 $F(u, v)$와 $G(u, v)$가 영역 D에서 미분가능하면, 변수 u와 v에 관한 F와 G의 **야코비 행렬**(*Jacobian determinant*)은 *2*차 행렬식

$$\frac{\partial(F, G)}{\partial(u, v)} = \begin{vmatrix} \frac{\partial F}{\partial u} & \frac{\partial F}{\partial v} \\ \frac{\partial G}{\partial u} & \frac{\partial G}{\partial v} \end{vmatrix} = \begin{vmatrix} F_u & F_v \\ G_u & G_v \end{vmatrix} \tag{6.12}$$

으로 정의된다. 또한 세 함수 $F(u, v, w)$, $G(u, v, w)$, $H(u, v, w)$로 부터 얻어지는 행렬식

$$\frac{\partial(F, G, H)}{\partial(u, v, w)} = \begin{vmatrix} F_u & F_v & F_w \\ G_u & G_v & G_w \\ H_u & H_v & H_w \end{vmatrix}$$

를 *가리켜서 변수 u, v, w에 과한 F, G, H의 야코비 행렬식*[3]*이라 부른다.*

위의 정의에서 처럼 n변수에 관한 n개의 함수들에 대한 야코비 행렬식을 정의할 수 있다.

야코비 행렬식을 활용한 편도함수

야코비 행렬식은 음함수들의 편도함수들을 구하는 데에 유용하게 활용된다. 예를 들면, 연립방정식

$$F(x,y,u,v)=0,\quad G(x,y,u,v)=0$$

가 주어져 있고, u와 v가 모두 x와 y의 함수들이라고 가정해 보자. 이러한 경우에는

$$\frac{\partial u}{\partial x}=-\frac{\frac{\partial(F,G)}{\partial(x,v)}}{\frac{\partial(F,G)}{\partial(u,v)}},\ \frac{\partial u}{\partial y}=-\frac{\frac{\partial(F,G)}{\partial(y,v)}}{\frac{\partial(F,G)}{\partial(u,v)}},\ \frac{\partial v}{\partial x}=-\frac{\frac{\partial(F,G)}{\partial(u,x)}}{\frac{\partial(F,G)}{\partial(u,v)}},\ \frac{\partial v}{\partial x}=-\frac{\frac{\partial(F,G)}{\partial(u,y)}}{\frac{\partial(F,G)}{\partial(u,v)}}$$

이다. 이와 같은 내용은 연립방정식

$$F(u,v,w,x,y)=0,\ G(u,v,w,x,y)=0,\ H(u,v,w,x,y)=0$$

으로도 확대하여 적용할 수 있다.
이 경우에 u, v, w를 모두 x와 y에 관한 함수들로 생각하면

$$\frac{\partial u}{\partial x}=-\frac{\frac{\partial(F,G,H)}{\partial(x,v,w)}}{\frac{\partial(F,G,H)}{\partial(u,v,w)}},\ \frac{\partial w}{\partial y}=-\frac{\frac{\partial(F,G,H)}{\partial(u,v,y)}}{\frac{\partial(F,G,H)}{\partial(u,v,w)}}$$

이고, 나머지 편도함수들도 마찬가지 방식이 된다.

정리 6.4 (야코비 정리) *여기서 소개되는 모든 함수들은 연속적인 1계 도함수들을 갖는다고 가정한다.*

[3] 야코비 행렬(Jacobian matrix)은 유클리드 공간 사이의 함수의 도함수 행렬이다. 그리고 야코비 행렬식(Jacobian)은 야코비행렬의 행렬식이다.

1. 연립방정식

$$F(x, y, u, v) = 0, \quad G(x, y, u, v) = 0$$

가 변수 u와 v에 관한 해를 갖기 위한 필요충분조건은 어떤 영역 R에서 $\frac{\partial(F,G)}{\partial(u,v)}$가 항등적으로 0이 되지 않는 것이다.

이 내용은, $m < n$일 때, n개의 변수를 갖는 n개의 방정식들에 대해서도 유사한 결과를 얻는다.

2. 만약 x와 y가 u와 v의 함수들이고 u와 v가 r과 s의 함수들이면

$$\frac{\partial(x, y)}{\partial(r, s)} = \frac{\partial(x, y)}{\partial(u, v)} \frac{\partial(u, v)}{\partial(r, s)} \tag{6.13}$$

이다. 이 식은 야코비식들에 연쇄법칙을 적용한 한 예이다. 이러한 방식은 보다 일반화해서 적용시킬 수 있다.

3. 만약 $u = f(x, y)$이고 $y = g(x, y)$이면, 함수관계 $\phi(u, v) = 0$이 성립하기 위한 필요충분조건은 $\frac{\partial(u,v)}{\partial(x,y)} \neq 0$인 것이다. 이러한 조건은 n변수들에 관한 n개의 함수들에 대해서도 같은 방식으로 성립한다.

변환(transformation)

일반적으로 연립반정식

$$\begin{cases} x = F(u, v) \\ y = G(u, v) \end{cases} \tag{6.14}$$

은 uv-평면의 점을 xy-평면의 점으로 대응시키는 **사상**(mapping) 또는 **변환**(transformation)을 형성하게 된다. 만약 F와 G가 xy-평면의 어느 한 영역 D에서 연속적인 1계 편도함수들을 갖고 이들의 야코비 행렬식이 항등적으로 0이 아니면 더욱 그렇다. 이러한 경우에 방정식 (6.14)를 가리켜서 '연속적으로 미분가능한 변환 또는 사상을 정의한다'고 말한다.

일반적으로 변환 (6.14)에 의해서 uv-평면의 닫힌영역 D은 xy-평면의 닫힌영역 D'으로 대응된다. 여기서 ΔA_{uv}와 ΔA_{xy}를 각각 영역 D와 D'의 면적이라고 하면

$$\lim_{\Delta A_{uv} \to 0} \frac{\Delta A_{xy}}{\Delta A_{uv}} = \left| \frac{\partial(x, y)}{\partial(u, v)} \right| \tag{6.15}$$

이다. 흔히, 식 (6.15)의 우측에 표현된 야코비 행렬식을 가리켜서 변환 (6.14)의 **야코비**이라 부른다.

만약 변환 (6.14)에서 변수 u와 v를 변수 x와 y에 관한 식으로 풀면, 변환 (6.14)에 대한 **역변환** $u = f(x,y)$, $v = g(x,y)$를 얻게 된다. 이 경우에 에 대한 두 야코비 $\frac{\partial(u,v)}{\partial(x,y)}$와 $\frac{\partial(x,y)}{\partial(u,v)}$는 서로 역수의 관계가 된다. 따라서 하나의 야코비의 값이 어느 한 영역에서 0이 아니면 그 역 야코비이 존재하여 0이 되지 아니한다.

이러한 방식은 3차원 이상의 공간에서 정의되는 변환들에 대해서도 확장해서 적용된다. 자세한 내용은 7장에서 논의될 것이다.

곡선좌표계

함수 $f(x,y)$가 닫힌영역 R에서 연속이고 열린영역 $\text{int}(R) = R - \partial(R)$에서 1계 편도함수를 가지면, 두 점 (x_0, y_0), $(x_0+h, y_0+k) \in \text{int}(R)$에 대해서 다음 등식을 만족하는 $h \in (0,1)$가 존재한다:

$$f(x_0+h, y_0+k) - f(x_0, y_0) = hf_x(x_0+\theta h, y_0+\theta k) + kf_y(x_0+\theta h, y_0+\theta k). \quad (6.16)$$

앞에서 이미 유클리드 평면이나 3차원 실공간에서 직교좌표가 언급된 바 있다. 그런데 반드시 선형일 필요가 없는 함수들로 이루어진 성분곡선들인 다른 좌표가 직교좌표보다 더 유용하게 쓰일 때가 있다. 이러한 좌표계를 **곡선좌표계**(curvilinear coordinates)라 부른다.

예제 6.12 *극좌표 (ρ, Φ)는 변환 $x = \rho\cos\Phi$, $y = \rho\sin\Phi$에 의해서 직교좌표와 밀접한 관계가 있다. 곡선 $\Phi = \Phi_0$은 평면에서 직선을 나타내고 $\rho = \rho_0$은 하나의 원을 나타낸다.*

예제 6.13 *3차원 유클리드 공간에 대한* **구면좌표** *(spherical coordinates) r, Θ, Φ는 변환방정식 $x = r\sin\Theta\cos\Phi$, $y = r\sin\Theta\sin\Phi$, $z = r\cos\Phi$에 하여 형성된다. 좌표곡면 $r = r_0$, $\Theta = \Theta_0$, $\Phi = \Phi_0$는 각각 구면, 평면, 원뿔을 나타낸다. 이러한 좌표곡면들의 교집합은 원이나 직선이 된다.*

≪6장 연습문제≫

함수와 그래프

1. 함수 $f(x,y) = \frac{2x+y}{1-xy}$에 대해서, 다음을 구하여라.

   (a) $f(1,-3)$ (b) $\frac{f(2+h,3)-f(2,3)}{h}$ (c) $f(x+y,xy)$

2. 함수 $g(x,y,z) = x^2 - yz + 3xy$에 대해서, 다음을 구하여라.

   (a) $g(1,-2,2)$ (b) $g(x+1,y-1,z^2)$ (c) $g(xy,xz,x+y)$

3. 실수값으로 정의되는 함수의 영역을 구하고 그 영역을 그래프로 표현하라.

   (a) $z = \frac{1}{x^2+y^2-1}$ (b) $z = \ln(x+y)$ (c) $z = \sin^{-1}\left(\frac{2x-y}{x+y}\right)$

   (d) $z = \ln(16-x^2-y^2)$ (e) $z = \sqrt{6-(2x+3y)}$ (f) $z = \frac{1}{\sqrt{x^2+y^2-4}}$

4. 함수 $f(x,y) = \sqrt{\frac{x+y+z-1}{x^2+y^2+z^2-1}}$에 대해서, 다음을 답하여라.

   (a) $f(x,y)$가 실수값을 갖는 영역 R을 구하라.

   (b) 영역 R을 그래프로 표현하라.

5. 3차원 공간에서 다음 식으로 표현되는 곡면을 스케치하고 이 곡면의 이름을 밝혀라.

   (a) $3x+2y=12$ (b) $4z = x^2+y^2$ (c) $z = x^2-4y^2$

   (d) $x^2+z^2=y^2$ (e) $x^2+y^2+z^2=16$ (f) $x^2-4y^2-4z^2=36$

   (g) $x^2+y^2=2y$ (h) $z=x+y$ (i) $y^2=4z$

6. 상수 $a > 0$에 대해서 $x^2+y^2 = a^2$과 $x^2+z^2 = a^2$으로 둘러싸인 영역을 그림으로 표현하라.

7. 다음을 그림으로 표현하라.

   (a) $x^2+y^2+z^2=1$과 $x^2+y^2=z^2$으로 둘러싸인 영역

   (b) 영역 $x^2+y^2 < z < x+y$

극한과 연속성

8. 정의을 이용하여, 다음을 증명하라.

   (a) $\lim_{(x,y)\to(4,-1)}(3x-2y)=14$ (b) $\lim_{(x,y)\to(2,1)}(xy-3x+4)=0$

9. $\lim_{\substack{x\to x_0\\ y\to y_0}} f(x,y)=A$이고 $\lim_{\substack{x\to x_0\\ y\to y_0}} g(x,y)=B$일 때, 다음을 증명하라.

   (a) $\lim_{\substack{x\to x_0\\ y\to y_0}} [f(x,y)+g(x)]=A+B.$

   (b) $\lim_{\substack{x\to x_0\\ y\to y_0}} [f(x,y)g(x,y)]=AB.$

10. 다음에서 극한이지의 여부를 판별하고 극한이 존재하는 경우에는 그 값을 구하라.

    (a) $\lim_{\substack{x\to 1\\ y\to 2}} \frac{3-x+y}{4+x-2y}$ (b) $\lim_{\substack{x\to 4\\ y\to \pi}} \sin\frac{y}{x}$ (c) $\lim_{\substack{x\to 0\\ y\to 1}} e^{-1/x^2(y-1)^2}$

    (d) $\lim_{\substack{x\to 0+\\ y\to 1-}} \frac{x+y-1}{\sqrt{x}-\sqrt{1-y}}$ (e) $\lim_{\substack{x\to 0\\ y\to 0}} \frac{3x-2y}{2x-3y}$ (f) $\lim_{\substack{x\to 2\\ y\to 1}} \frac{\sin^{-1}(xy-2)}{\tan^{-1}(3xy-6)}$

11. 극한 $\lim_{(x,y,z)\to(0,0,0)} \frac{4x+y-3z}{2x-5y+2z}$이 존재하는가?

12. 다음 각 경우에 대하여, 점 $(x_0,\ y_0)$에서 주어진 함수 $f(x,y)$의 연속성을 조사하라.

    (a) $f(x,y)=x^2+y^2;\ (x_0,y_0)=(1,2)$

    (b) $f(x,y)=\frac{x}{3x+5y};\ (x_0,y_0)=(0,0)$

    (c) $f(x,y)=\begin{cases}(x^2+y^2)\sin\frac{1}{x^2+y^2} & \text{if}\quad (x,y)\neq(0,0)\\ 0 & \text{if}\quad (x,y)=(0,0)\end{cases};\quad (x_0,y_0)=(0,0)$

13. 극한에 의한 정의를 써서 $f(x,y)=xy+6x$가 점 $(x_0,\ y_0)=(1,2)$에서 연속임을 증명하라.

14. 극한에 의한 정의를 써서, 함수 $f(x,y)=x^2+2y$가 점 (2, 3)에서 연속임을 증명하라.

15. 함수 $f(x,y)=xy+6x$가 영역 $R=\{(x,y)\in\mathbb{R}^2\mid 0\le x\le 1,\ 0\le y\le 1\}$에서 균등연속임을 증명하라.

16. ϵ-δ용법으로 $\lim_{(x,y)\to(1,2)}(x^2+2y)=5$임을 증명하라.

편도함수

17. 편미분의 정의를 써서, 점 $(x, y) = (2, -1)$에서 함수 $f(x, y) = \frac{x-y}{x+y}$의 편미분 $\frac{\partial f}{\partial x}$와 $\frac{\partial f}{\partial y}$를 구하라.

18. $z = x^2 \tan^{-1} \frac{x}{y}$일 때, 점 $(1, 1)$에서 $\frac{\partial^2 z}{\partial x \, \partial y}$를 구하라.

19. 함수 $f(x, y, z) = \frac{1}{\sqrt{x^2+y^2+z^2}}$가 다음 라플라스 방정식을 만족함을 보여라.

$$\frac{\partial^2 f}{\partial x^2} + \frac{\partial^2 f}{\partial y^2} + \frac{\partial^2 f}{\partial z^2} = 0$$

20. 함수

$$f(x, y) = \begin{cases} (x^2 - xy)/(x + y) & \text{if} \quad (x, y) \neq (0, 0) \\ 0 & \text{if} \quad (x, y) = (0, 0) \end{cases}$$

에 대해서 $f_x(0, 0)$과 $f_y(0, 0)$을 구하라.

21. 문제 16에서 주어진 함수 $f(x, y)$에 대해서, 극한 $\lim_{(x,y)\to(0,0)} f_x(x, y)$가 존재하는지의 여부를 밝히고 그 이유를 설명하라.

22. 함수 $f(x, y) = (x - y) \sin(3x + 2y)$에 대해서 점 $(x_0, y_0) = (0, \pi/3)$에서 다음을 구하라.

    (a) f_x (b) f_y (c) f_{xx} (d) f_{yy} (e) f_{yx}

23. 함수 $z = xy \tan(y/x)$에 대해서, 등식 $x(\partial z/\partial x) + y(\partial z/\partial y) = 2z$가 성립함을 보여라.

24. 다음 함수들에 대해서 $f_{xy} = f_{yx}$ 가 성립함을 보여라.

    (a) $f(x, y) = (2x - y)/(x + y)$ (b) $f(x, y) = x \tan xy$

    (c) $f(x, y) = \cosh(y + \cos x)$

25. 함수 $z = \ln\{(x - a)^2 + (y - b)^2\}$에 대해서, $(x, y) \neq (a, b)$일 때 $\partial^2 z/\partial x^2 + \partial^2/\partial y^2 = 0$임을 증명하라.

26. $z = x \cos(y/x) + \tan(y/x)$에 대해서, $x \neq 0$일 때 $x^2 z_{xx} + 2xy z_{xy} + y^2 z_{yy} = 0$임을 증명하라.

27. $w = \left(\frac{x-y+z}{x+y-z}\right)^n$에 대해서, 다음이 성립함을 보여라.

    (a) $x\frac{\partial w}{\partial x} + y\frac{\partial w}{\partial y} + z\frac{\partial w}{\partial z} = 0$

(b) $x^2\frac{\partial^2 w}{\partial x^2}+y^2\frac{\partial^2 w}{\partial y^2}+z^2\frac{\partial^2 w}{\partial z^2}+2xy\frac{\partial^2 w}{\partial x\partial y}+2xz\frac{\partial^2 w}{\partial x\partial z}+2yz\frac{\partial^2 w}{\partial y\partial z}=0$

28. $f(x,y)=\begin{cases} xy/(x^2+y^2), & (x,y)\neq(0,\,0) \\ 0, & (x,\,y)=(0,\,0)\end{cases}$ 에 대해서 다음을 증명하라.

(a) $f_x(0,0)$과 $f_y(0,0)$이 존재한다.

(b) $f(x,y)$가 $(0,0)$에서 불연속이다.

29. $z=x^3-xy+3y^2$에 대해서 다음을 구하라.

(a) $x=5,\ y=4,\ \Delta x=-0.2,\ \Delta y=0.1$일 때, Δz와 dz를 구하고 $\Delta\approx dz$ 임을 설명하라.

(b) $x=5,\ y=4,\ \Delta x=-2,\ \Delta y=1$일 때, Δz와 dz를 구하라.

30. 전미분을 써서 $\sqrt[5]{(3.8)^2+2(2.1)^3}$의 근사값을 구하라.

31. 다음 함수들에 대해서 전미분을 구하라.

(a) $F(x,y)=x^3y-4xy^2+8y^3$

(b) $G(x,y,z)=8xy^2z^3-3x^2yz$

(c) $H(x,y)=xy^2\ln(y/x)$

32. U와 V가 2변수이상의 다변수함수들일 때, 다음을 증명하라.

(a) $d(UV)=U\,dV+V\,dU$ (b) $d(U/V)(V\,dU-U\,dV)/V^2$

(c) $d(\ln U)=(dU)/U$ (d) $d(\tan^{-1}V)=dV/(1+V^2)$

33. 다음 식이 완전미분인지 아닌지를 판별하고, 완전미분인 경우에는 어떤 함수의 전미분인지를 밝혀라.

(a) $(2xy^2+3y\cos 3x)dx+(2x^2y+\sin 3x)dy$

(b) $(6xy-y^2)dx+(2xe^y-x^2)dy$

(c) $(z^3-3y)dx+(12y^2-3x)dy+3xz^2dz$

34. 함수 $f(x,y)$가 xy-평면상의 어떤 영역 D에서 연속인 1계 편도함수들을 가질 때, 등식

$$\Delta f=f(x+\Delta x,\,y+\Delta y)-f(x,y)=(f_x+\epsilon_1)\Delta x+(f_y+\epsilon_2)\Delta y$$

이고

$$\lim_{(\Delta x,\, \Delta y)\to(0,\,0)} \epsilon_1 = \lim_{(\Delta x,\, \Delta y)\to(0,\,0)} \epsilon_2 = 0$$

인 함수 $\epsilon(x,\, y,\, \Delta x,\, \Delta y)$와 $\epsilon_2(x,\, y,\, \Delta x,\, \Delta y)$가 존재함을 증명하라.

35. 함수 $f(x,y) = x^2 e^{y/x}$의 전미분 df를 구하라.

36. $(3x^2 y - 2y^2)\, dx + (x^3 - 4xy + 6y^2)\, dy$를 전미분으로 갖는 함수 $f(x,y)$를 구하라.

합성함수의 미분

37. $f(x,y,z) = 2x^2 - yz + xz^2$이고 $x = 2\sin t$, $y = t^2 - t + 1$, $z = e^{-t}$일 때, $t = 0$ 에서 $\frac{df}{dt}$를 구하라.

38. $H(x,y) = \sin(3x - y$이고 $x^3 + 2y = 2t^3$, $x - y^2 = t^2 + 3t$일 때, 미분 $\frac{dH}{dt}$를 구하라.

39. $x = r\cos t$, $y = t\sin t$, $z = e^{xy^2}$일 때, $t = \pi/2$에서 dz/dt를 구하라.

40. $x = 3r^2 + 2s$, $y = 4r - 2s^3$, $z = 2r^2 - 3s^2$이고 $f(x,y,z) = z\sin\left(\frac{y}{x}\right)$일 때, 편도함수 $\frac{\partial f}{\partial r}$과 $\frac{\partial f}{\partial s}$를 구하라.

41. $x = r\cos\theta$이고 $y = r\sin\theta$일 때, x와 y에 관한 1계 편도함수를 갖는 함수 $f(x,y)$에 대해서, 다음 등식이 성립함을 보여라.

$$\left(\frac{\partial f}{\partial x}\right)^2 + \left(\frac{\partial f}{\partial y}\right)^2 = \left(\frac{\partial f}{\partial r}\right)^2 + \frac{1}{r^2}\left(\frac{\partial f}{\partial \theta}\right)^2$$

42. $z = f(x^2 y)$일 때, f가 미분이 가능한 점에서, 등식 $x\left(\frac{\partial f}{\partial x}\right) = 2y\left(\frac{\partial f}{\partial y}\right)$가 성립함을 증명하라.

43. $F(x,y) = x^4 y^2 \sin^{-1}\left(\frac{y}{x}\right)$일 때, $x\frac{f}{\partial x} + y\frac{f}{\partial y} = 6F$임을 증명하라.

44. $x = 2u - 3v$, $y = u + 2v$이고 $f(x,y) = \frac{2x+y}{y-2x}$일 때, $(u,\, v) = (2,\, 1)$에서 다음을 구하라.

(a) $\frac{\partial f}{\partial u}$ (b) $\frac{\partial f}{\partial v}$ (c) $\frac{\partial^2 f}{\partial u^2}$ (d) $\frac{\partial f}{\partial v}^2$ (e) $\frac{\partial^2 f}{\partial u\, \partial v}$

45. α가 상수이고 $x = u\cos\alpha - v\sin\alpha$, $y = u\sin\alpha + v\cos\alpha$일 때, 다음 등식이 성립함을 증명하라.

$$\left(\frac{\partial V}{\partial x}\right)^2 + \left(\frac{\partial V}{\partial y}\right)^2 = \left(\frac{\partial V}{\partial u}\right)^2 + \left(\frac{\partial V}{\partial v}\right)^2$$

음함수와 야코비 행렬식

46. $x^5 + y = t$, $x^2 + y^3 = t^2$이고 $f(x, y) = x^3 y$일 때, 미분 $\frac{df}{dt}$를 구하라.

47. $u - 2v^2 = x - 2y$이고 $u^2 - v = 3x + y$일 때, 다음을 구하라.

    (a) $\frac{\partial u}{\partial x}$ (b) $\frac{\partial v}{\partial x}$ (c) $\frac{\partial u}{\partial y}$ (d) $\frac{\partial v}{\partial y}$

48. $z^3 - xz - y = 0$이면 $\frac{\partial^2 z}{\partial x\,\partial y} = -\frac{3z^2+x}{(3z^2-x)^3}$임을 증명하라.

49. $u\frac{x+y}{1-xy}$이고 $v = \tan^{-1} x + \tan^{-1} y$일 때, 야코비 행렬식 $\frac{\partial(u,v)}{\partial(x,y)}$를 구하라.

50. $F(x, y) = 0$이면 $\frac{dy}{dx} = -\frac{F_x}{F_y}$임을 보여라.

51. $x^3 + y^3 - 3xy = 0$일 때, 다음을 구하라.

    (a) $\frac{dy}{dx}$ (b) $\frac{d^2 y}{dx^2}$

52. $u = f(x, y)$와 $v = g(x, y)$가 미분가능하면, $\frac{\partial u}{\partial x}\frac{\partial u}{\partial x} + \frac{\partial u}{\partial x}\frac{\partial u}{\partial x} = 1$임을 증명하라.

53. $f(x, y, r, s) = 0$이고 $g(x, y, r, s) = 0$일 때, $\frac{\partial y}{\partial r}\frac{\partial r}{\partial x} + \frac{\partial y}{\partial s}\frac{\partial s}{\partial x} = 0$임을 증명하라. 여기서 어떤 변수들이 독립변수인지를 설명하라.

54. $F(x, y) = 0$이면 $\frac{F_{xx}F_y^2 - 2F_{xy}F_xF_y + F_{yy}F_x^2}{F_y^3}$임을 증명하라.

55. $F(x, y) = 3x^2 = xy$이고 $G(x, y) = 2xy^2 + y^3$일 때, 야코비행렬식 $\frac{\partial(F,G)}{\partial(x,y)}$을 계산하라.

56. $F = x + 3y^2 - z^3$, $G = 2x^2yz$이고 $H = 2z^2 - xy$일 때, 점 $(1, -1, 0)$에서 $\frac{\partial(F,G,H)}{\partial(x,y,z)}$을 계산하라.

57. 만약 $y = sin^{-1}x + \sin^{-1} y$이고 $v = x\sqrt{1-y^2} + y\sqrt{1-x^2}$이면, 변수 u와 v 사이에 어떤 관계가 존재하는지를 판별하라. 관계가 있다면 그 관계를 구하라.

변환과 곡선좌표계

58. 주어진 변환 $x = 2u + v$, $y = u - 3v$에 대해서, 다음에 답하여라.

    (a) $x = 0$, $x = 1$, $y = 0$, $y = 1$에 의하여 둘러싸인 xy-평면상의 영역 R이 주어진 변환에 의해서 투영되는 uv-평면상의 영역 R'을 묘사하라.

    (b) $\frac{\partial(x,y)}{\partial(u,v)}$를 계산하라.

    (c) (b)의 결과를 영역 R과 R'의 면적비와 비교하라.

59. 변환 $x = a_1u + a_2v$, $y = b_1u + b_2v$, $(a_1b_2 - a_2b_1 \neq 0)$에 대해서 다음에 답하여라.

(a) 주어진 변환에 의해서 xy-평면상의 직선과 원이 각각 uv-평면상의 직선과 원으로 사영됨을 보여라.

(b) 주어진 변환에 대한 야코비행렬 J를 구하고, 식 $J=0$은 무엇을 의미하는지를 설명하라.

60. 변환 $x=\cos u\cosh v$, $y=\sin u\sinh v$에 대해서, 다음에 답하여라.

(a) 주어진 변환에 의해서, uv-평면상의 두 직선 $u=a$와 $v=b$가 각각 xy-평면상의 쌍곡선과 타원으로 사영됨을 보여라.

(b) $\left|\frac{\partial(x,y)}{\partial(u,v)}\right|$와 $\left|\frac{\partial(u,v)}{\partial(x,y)}\right|$를 계산하라.

61. 구면좌표가 $x=r\sin\theta\cos\phi$, $y=t\sin\theta\sin\phi$, $z=r\cos\theta$, $(0<r,\ 0\le\theta,\ \phi\le 2\pi)$이고 a, b, c가 상수들일 때, 좌표곡면 $r=a$, $\theta=b$와 $\phi=c$를 묘사하라.

기타 문제들

62. $F(x,y,z)=0$일 때, 다음 등식을 증명하라.

(a) $\left.\frac{\partial x}{\partial z}\right|_y \left.\frac{\partial z}{\partial y}\right|_x = -\left.\frac{\partial x}{\partial y}\right|_z$ (b) $\left.\frac{\partial x}{\partial z}\right|_y \left.\frac{\partial z}{\partial y}\right|_x \left.\frac{\partial y}{\partial x}\right|_z = -1$

63. 방정식 $F(x/y,z/y)=0$은 $x(\partial z/\partial y)-y(\partial z/\partial x)=x-y$을 만족함을 증명하라.

64. $x=x(u,v,w)$, $y=y(u,v,w)$, $z=z(u,v,w)$이고 $u=u(r,s,t)$, $v=v(r,s,t)$, $w=w(r,s,t)$일 때, 다음 등식이 성립함을 보여라.

$$\frac{\partial(x,\ y\ z)}{\partial(r,\ s,\ t)}=\frac{\partial(x,\ y\ z)}{\partial(u\,v,\ w)}\cdot\frac{\partial(u,\ v\ w)}{\partial(r,\ s,\ t)}$$

65. 방정식 $F_j(x_1,\ldots,x_m,y_1,\ldots,y_n)=0$, $(j=1,2,\ldots,n$에 대해서, f_j에 주어지는 적당한 조건하에서 다음 등식이 성립함을 보여라.

$$\frac{\partial y_r}{\partial x_s}=\frac{\partial(F_1,F_2,\cdots,F_r,\cdots,F_n)}{\partial(y_1,y_2,\cdots,x_s,\cdots,y_n)}\bigg/\frac{\partial(F_1,F_2,\cdots,F_n)}{\partial(y_1,y_2,\cdots,y_n)}$$

66. 식 $x+iy=(u+iv)^3$으로 부터 얻어지는 변환에 의해서 방정식 $\frac{\partial^2\phi}{\partial x^2}+\frac{\partial^2\phi}{\partial y^2}=0$이 $\frac{\partial^2\phi}{\partial u^2}+\frac{\partial^2\phi}{\partial v^2}=0$으로 변환됨을 증명하라.

제 7 장

벡터

벡터해석학에 대한 기본적인 아이디어는 19세기에 해밀턴(W. R. Hamilton)[1]과 그라스만(H. Grassmann)에 의해서 구상되었다.

7.1 벡터의 기하학적인 성질들

여기서 우리가 소개할 벡터는 기하학적인 개념이다. **벡터**(vector)란 시점이라 일컫는 한 점 P와 종점이라고 말하는 또 다른 점 Q를 있는 방향성분 $\overrightarrow{PQ}$이다. 벡터는 $\mathbf{A}$와 같이 굵은획으로 된 문자나 $\overrightarrow{A}$와 같이 머리위에 화살표가 붙은 문자로도 표현한다.

정의 7.1 *벡터는 다음과 같은 기하학적인 성질들을 만족하는 것으로 정의된다.*

1. *두 벡터* $\mathbf{A}$*와* $\mathbf{B}$*의 길이가 같고 시점에 상관없이 방향이 서로 같으면, "*$\mathbf{A}$*와* $\mathbf{B}$*는 서로 같다"라고 말하고* $\mathbf{A} = \mathbf{B}$*로 표현한다(그림 7.1).*

2. *벡터* $\mathbf{A}$*와 크기가 같고 방향이 반대인 벡터를* $-\mathbf{A}$*로 나타낸다(그림 7.1).*

---

[1] 해밀턴(William Rowan Hamilton 1805년~1865년)은 아일랜드의 수학자, 물리학자 및 천문학자로, 광학, 동역학 및 대수학의 발전에 큰 공헌을 했다. 그는 사원수를 발견한 이로써 널리 알려져 있으며, 해밀토니안 개념은 나중에 양자역학의 발전에도 중요한 영향을 미쳤다. 해밀턴은 어린 시절부터 뛰어난 재능을 보여, 천문학자 존 브링클리는 1823년 18살의 해밀턴에 대해 "앞으로는 알 수 없지만 현재 그의 나이에서 최고의 수학자이다"라고 평했다.

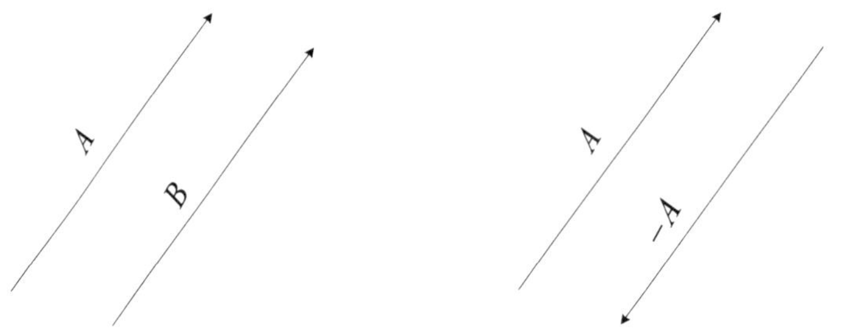

그림 7.1: 평면에서 벡터

3. 두 벡터 **A**와 **B**의 합(*sum*)은 **B**의 시점이 **A**의 종점에 위치하도록 **B**를 이동시킨 후 **A**의 시점을 시점으로 하고 **B**의 종점을 종점으로 하는 방향성분으로 정의한다(그림 7.2 참조). 그리고 벡터 **A**와 **B**의 합(*sum*)을 **C**라 할 때, $\mathbf{C} = \mathbf{A} + \mathbf{B}$로 표현한다.

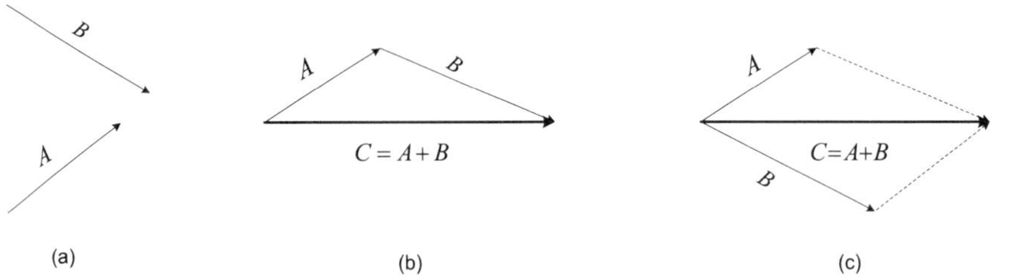

그림 7.2: 두 벡터의 합

결국, 벡터들의 합은 그림 7.2 (c)에 나타난 바와 같이 두 벡터에 의해서 만들어진 평행사변형의 맞꼭지각을 잇는 방향선분이 된다.

그림 7.3에서처럼 세 개 이상의 벡터를 합하는 것은 두 벡터를 합하는 원리를 반복해서 적용하면 된다.

4. 두 벡터의 차 $\mathbf{A}-\mathbf{B}$는 벡터 $-\mathbf{B}$를 벡터 **A**에 더하는 것, 즉 $\mathbf{A}-\mathbf{B} = \mathbf{A}+(-\mathbf{B})$로 정의한다. $\mathbf{A} = \mathbf{B}$인 경우에는 $\mathbf{A}-\mathbf{B}$를 **영벡터**(*zero vector*)라 하고 이것을 **O**로 표현한다. 영벡터는 길이가 0이고 방향은 정의되지 않는 벡터다.

벡터방정식과 관련된 개념들은 실수와 함수를 이용해서 표현될 수 있는데, 실수들을 가리켜서 **스칼라**(*scalars*)라 한다. 스칼라는 주로 물체의 질량이나

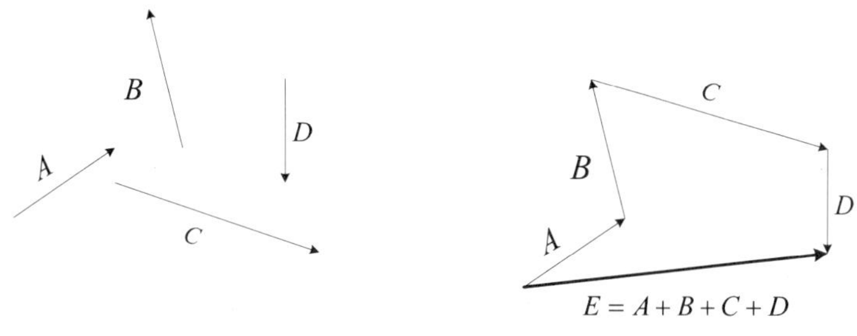

그림 7.3: 여러 벡터들의 합

길이 또는 온도와 같이 방향성을 갖지 않는 물리적인 대상들을 표현할 때 활용된다.

5. 벡터 $\mathbf{A}$와 스칼라 m의 곱 $m\mathbf{A}$는 크기는 $\mathbf{A}$의 크기에 m배로 하고 방향은 $m > 0$이면 $\mathbf{A}$와 같은 방향이고 $m < 0$이면 $\mathbf{A}$와 반대 방향인 벡터이다. 만약 $m = 0$이거나

6. 벡터 $\mathbf{A}$와 스칼라 m의 곱 $m\mathbf{A}$는 크기는 $\mathbf{A}$의 크기에 m배로 하고 방향은 $m > 0$이면 $\mathbf{A}$와 같은 방향이고 $m < 0$이면 $\mathbf{A}$와 반대 방향인 벡터이다. 만약 $m = 0$이거나 $\mathbf{A} = \mathbf{O}$이면, $m\mathbf{A} = \mathbf{O}$이다.

정리 7.1 (벡터의 연산 법칙) *$\mathbf{A}$, $\mathbf{B}$, $\mathbf{C}$가 벡터이고 m과 n이 스칼라일 때, 다음이 성립한다.*

1. $\mathbf{A} + \mathbf{B} = \mathbf{B} + \mathbf{A}$ (덧셈(+)에 관한 교환법칙)
2. $\mathbf{A} + (\mathbf{B} + \mathbf{C}, =(\mathbf{A} + \mathbf{B}) + \mathbf{C}$ (덧셈(+)에 관한 결합법칙)
3. $m(n\mathbf{A}) = (mn)\mathbf{A}$ (스칼라곱에 관한 결합법칙)
4. $(m + n) = m\mathbf{A} + n\mathbf{A}$ (분배법칙)
5. $m(\mathbf{A} + \mathbf{B}) = m\mathbf{A} + m\mathbf{B}$ (분배법칙)

정의 7.2 (선형독립과 선형종속) *"벡터 $\mathbf{A}_1, \mathbf{A}_2, \ldots, \mathbf{A}_n$이* ***선형독립****(linearly independent)이다"는 것은 다음 조건을 만족한다는 뜻이다.*

> *$a_1, a_2, \ldots, a_n$이 스칼라이고*
>
> $$a_1\mathbf{A}_1 + a_2\mathbf{A}_2 + \cdots + a_n\mathbf{A}_n = \mathbf{O}$$
>
> *이면, $a_1 = a_2 = \cdots = a_n = 0$이다.*

선형독립이 아닌 벡터 $\mathbf{A}_1, \mathbf{A}_2, \ldots, \mathbf{A}_n$을 ***선형종속****(linearly dependent)이라 한다. 따라서 벡터 $\mathbf{A}_1, \mathbf{A}_2, \ldots, \mathbf{A}_n$이 선형종속일 필요충분조건은 다음을 만족하는 것이다.*

> $$a_1\mathbf{A}_1 + a_2\mathbf{A}_2 + \cdots + a_n\mathbf{A}_n = \mathbf{O}$$
>
> *을 만족하는 적어도 하나는 0아닌 스칼라가 포함된 $a_1, a_2, \ldots, a_n$이 존재하는 것이다.*

단위벡터와 벡터의 성분

길이가 1인 벡터를 가리켜서 **단위벡터**(unit vector)라 한다. 만약 $\mathbf{a}$가 $\mathbf{A}$와 방향이 같은 단위벡터이면, $\mathbf{a} = \mathbf{A}/|\mathbf{A}|$이다.

직교 단위벡터

3차원 공간 $\mathbb{R}^3$의 x-측, y-측 z-축 반향의 단위벡터 $\mathbf{i} = (1, 0, 0)$, $\mathbf{j} = (0, 1, 0)$, $\mathbf{k} = (0, 0, 1)$을 가리켜서 벡터공간 $\mathbb{R}^3$의 **기저**(basis)라 한다. 앞으로 우리는 별도로 언급하지 않는 한 오른손 직교좌표계를 활용하는 것으로 한다. 오른손계란 그림 7.4에서 보듯이 $\overrightarrow{Ox}$에서 $\overrightarrow{Oy}$쪽으로 오른손 방향으로 회전하면서 양의 z축 방향으로 회전하면서 진행하는 것을 의미한다. 일반적으로, 그림 7.4에서 처럼 같은 평면상에 놓여있지 않고 동일한 시점을 가진 세 벡터 $\mathbf{A}$, $\mathbf{B}$, $\mathbf{C}$가 $\mathbf{A}$에서 $\mathbf{B}$쪽의 오른손 방향으로 회전하는 나선이 $\mathbf{C}$ 쪽으로 진행하면 오른손계를 형성한다고 말한다.

벡터의 성분

3차원 공간에서 임의의 벡터 $\mathbf{A}$는 직교좌표계의 원점 $\mathbf{O}$를 시점으로 하는 방향선분으로 나타낼 수 있다. 원점이 시점인 벡터 $\mathbf{A}$의 종점에 대한 직교좌표

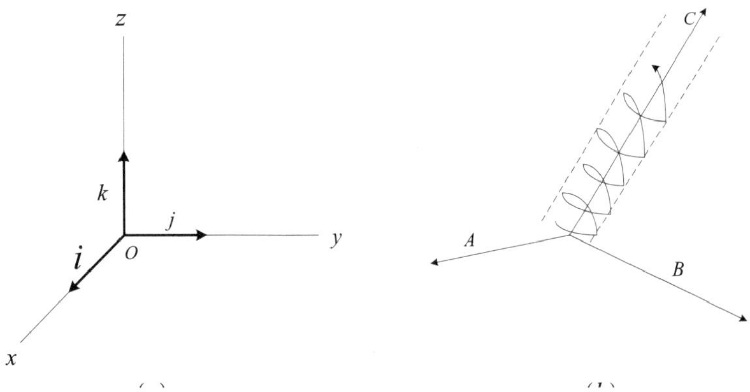

그림 7.4: 오른손계에서 직교 단위벡터들

성분이 (A_1, A_2, A_3)일 때, 벡터 $A_1\mathbf{i}$, $A_2\mathbf{j}$, $A_3\mathbf{k}$를 가리켜서 x-축, y-축, z-축 방향에 대한 벡터 $\mathbf{A}$의 **직각 성분벡터** 또는 간단히 **성분 벡터**(component vector)라 한다. 세 벡터 $\mathbf{i}$, $\mathbf{j}$, $\mathbf{k}$는 서로 직각인 단위벡터들이다. 이 벡터들의 집합 $\{\mathbf{i}, \mathbf{j}, \mathbf{k}\}$를 가리켜서 **정규 직교 기저**orthonormal basis)라 부른다.

세 벡터 $\mathbf{i}$, $\mathbf{j}$, $\mathbf{k}$가 선형독립이라는 사실은 쉽게 증명된다. 일반적으로, n차원 공간에서는 n개의 선형독립인 벡터들이 그 공간의 형성한다. 벡터공간에서 기저의 특성은 성형독립임과 동시에 그 공간안에 모든 벡터를 기저에 속한 벡터들의 **선형결합**(linear combination)으로 표현할 수 있다는 점이다. 즉, 3차원 공간 $\mathbb{R}^3$에 속한 벡터 $\mathbf{A}$는 $A_1\mathbf{i}$, $A_2\mathbf{j}$, $A_3\mathbf{k}$의 합

$$\mathbf{A} = A_1\mathbf{i} + A_2\mathbf{j} + A_3\mathbf{k} \tag{7.1}$$

로 표현된다(그림 7.5). 이 때 $\mathbf{A}$의 길이는

$$|\mathbf{A}| = \sqrt{A_1^2 + A_2^2 + A_3^2} \tag{7.2}$$

이다. 특히, 원점 $\mathbf{O}$를 시점으로 하고 종점이 (x, y, z)인 **위치벡터**(position vector)는 $\mathbf{r}$은

$$\mathbf{r} = x\mathbf{i} + y\mathbf{j} + z\mathbf{k} \tag{7.3}$$

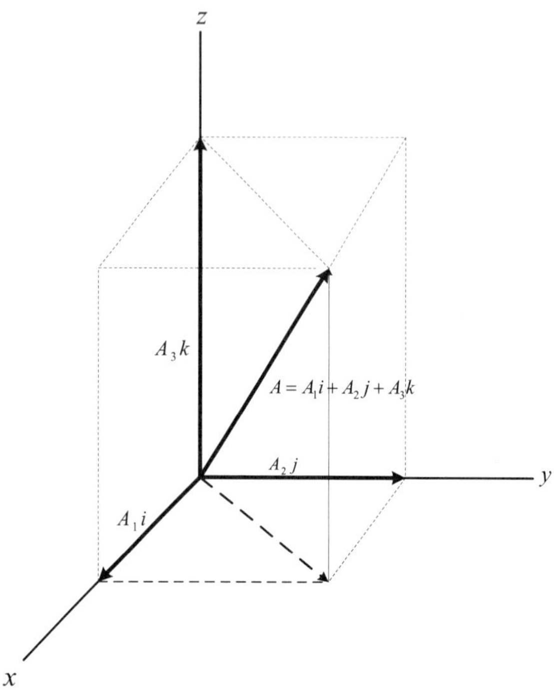

그림 7.5: 벡터의 성분

로서 길이가 $|\mathbf{r}| = \sqrt{x^2 + y^2 + z^2}$이다.

7.2 내적과 벡터곱

벡터들의 곱셈에는 내적과 벡터곱이 있는 데, 이 곱들은 벡터가 응용되는 기하학학과 물리학의 팰요에 따라서 만들어 졌다. **내적**(inner product)은 점곱(dot product) 또는 스칼라곱(scalar product)이라고도 불리우는 데, 이는 두 벡터의 연산으로 스칼라를 얻는 이항연산이다. 내적을 사용하는 모든 유클리드 공간은 내적공간이다. 벡터곱(cross product)은 **외적**(out product)이라 부르기도 하는 데, 3차원 공간에서 벡터들의 연산으로 새로운 벡터를 얻는 이항연산으로서 연산의 결과가 스칼라인 점곱과는 달리 연산의 결과가 벡터이다. 이 연산은 물리학의 각운동량, 로런츠 힘등의 공식에 등장한다.

정의 7.3 (내적) *3차원 공간 $\mathbb{R}^3$에 속한 두 벡터 $\mathbf{A}$와 $\mathbf{B}$의 내적 $\mathbf{A}\cdot\mathbf{B}$는 다음과 같이 정의된다.*

(1) *만약* $\mathbf{A} = \mathbf{O}$ *이거나* $\mathbf{B} = \mathbf{O}$*이면,* $\mathbf{A} \cdot \mathbf{B} = 0$ *이다.*

(2) $\mathbf{A} \neq \mathbf{O}$ *이고* $\mathbf{B} \neq \mathbf{O}$*이면,* θ*가* $\mathbf{A}$*와* $\mathbf{B}$*가 이루는 사잇각일 때*

$$\mathbf{A} \cdot \mathbf{B} = |\mathbf{A}||\mathbf{B}|\cos\theta, \qquad (0 \leq \theta \leq \pi) \tag{7.4}$$

이다.

위 정의에 의하면, $\mathbf{A}$와 $\mathbf{B}$가 영벡터가 아닐 때, $\mathbf{A} \cdot \mathbf{B} = 0$일 필요충분조건은 $\mathbf{A}$와 $\mathbf{B}$가 서로 수직인 것이다. 그리고 $\mathbf{A} \cdot \mathbf{B}$는 스칼라이며 벡터가 아니다.

다음 정리는 스칼라곱에 대한 성질들이다.

정리 7.2 *벡터들의 스칼라곱에 대해서 다음 성질들이 성립한다.*

1. $\mathbf{A} \cdot \mathbf{B} = \mathbf{B} \cdot \mathbf{C}$*이다. (교환법칙)*
2. $\mathbf{A} \cdot (\mathbf{B} + \mathbf{C}) = \mathbf{A} \cdot \mathbf{B} + \mathbf{A} \cdot \mathbf{C}$*이다. (분배법칙)*
3. $m(\mathbf{A} \cdot \mathbf{B}) = (m\mathbf{A}) \cdot \mathbf{B} = \mathbf{A} \cdot (m\mathbf{B}) = (\mathbf{A} \cdot \mathbf{B})m$, *(m: 스칼라)*
4. $\mathbf{i} \cdot \mathbf{j} = \mathbf{j} \cdot \mathbf{k} = \mathbf{k} \cdot \mathbf{i} = 0$*이고* $\mathbf{i} \cdot \mathbf{i} = \mathbf{j} \cdot \mathbf{j} = \mathbf{k} \cdot \mathbf{k} = 1$*이다.*
5. $\mathbf{A} = A_1\mathbf{i} + A_2\mathbf{j} + A_3\mathbf{k}$*이고* $\mathbf{B} = B_1\mathbf{i} + B_2\mathbf{j} + B_3\mathbf{k}$*이면,* $\mathbf{A} \cdot \mathbf{B} = A_1B_1 + A_2B_2 + A_3B_3$ *이다.*

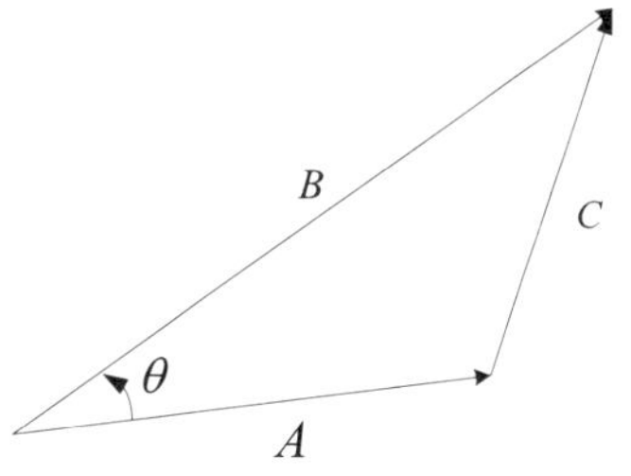

그림 7.6: 두 벡터의 내적(스칼라 곱)

세 벡터 $\mathbf{A}$, $\mathbf{B}$, $\mathbf{C}$가 그림 7.6에 나타난 것과 같을 때, 다음이 성립한다.

$$|\mathbf{C}|^2 = |\mathbf{A}|^2 + |\mathbf{B}|^2 - 2|\mathbf{A}||\mathbf{B}|\cos\theta$$

$\mathbf{C} = \mathbf{B} - \mathbf{A}$이고 그 성분들이 $B_1 - A_1$, $B_2 - A_2$, $B_3 - A_3$이므로

$$|\mathbf{C}|^2 = |\mathbf{B}|^2 + |\mathbf{A}|^2 - 2(A_1B_1 + A_2B_2 + A_3B_3)$$

이다. 따라서

$$A_1B_1 + A_2B_2 + A_3B_3 = |\mathbf{A}||\mathbf{B}|\cos\theta$$

이다.

흔히, 외적이라 불리우는 벡터곱(cross product)은 1844년 해밀턴(Hamilton)이 발표한 4원수 이론에서부터 시작되었다. 대수적으로 벡터곱은 교환법칙이 성립하지 않은 연산이다. 벡터곱 $\mathbf{A} \times \mathbf{B}$는 기하학적으로는 벡터곱을 시행하는 두 벡터 $\mathbf{A}$와 $\mathbf{B}$가 속한 평면과는 수직인 벡터이고, 크기 $|\mathbf{A} \times \mathbf{B}|$는 전자기 이론에서 알 수 있듯이 전류의 방향과 수직인 자기장(magnetic field)을 표현하는 수치를 가치킨다.

정의 7.4 *두 벡터* $\mathbf{A}$*와* $\mathbf{B}$*의 벡터곱* $\mathbf{C} = \mathbf{A} \times \mathbf{B}$*는* $\mathbf{u}$*가* $\mathbf{A} \times \mathbf{B}$*의 방향을 나타내는 단위벡터이고* $\theta(0 \le \theta < \pi)$*가* $\mathbf{A}$*와* $\mathbf{B}$*의 사잇각일 때 다음과 같이 정의된다:*

$$\mathbf{A} \times \mathbf{B} = (|\mathbf{A}||\mathbf{B}|\sin\theta)\,\mathbf{u} \tag{7.5}$$

여기서 $\mathbf{C} = \mathbf{A} \times \mathbf{B}$ *또는* $\mathbf{u}$*의 방향은* $\mathbf{A}$*와* $\mathbf{B}$*가 속한 평면과 수직이고 세 벡터* $\mathbf{A}$, $\mathbf{B}$, $\mathbf{C}$*가 오른손계를 형성하도록 선택된 방향이다.*

만약 $\mathbf{A}$와 $\mathbf{B}$가 서로 평행하면 $\sin\theta = 0$이므로 $\mathbf{A} \times \mathbf{B} = \mathbf{O}$가 된다.

정리 7.3 (벡터곱의 성질들) *벡터곱에 대해서 다음 성질들이 성립한다.*

1. $\mathbf{A} \times \mathbf{B} = -\mathbf{B} \times \mathbf{C}$*이다. (교환법칙은 성립하지 않음)*
2. $\mathbf{A} \times (\mathbf{B} + \mathbf{C}) = \mathbf{A} \times \mathbf{B} + \mathbf{A} \times \mathbf{C}$*이다. (분배법칙)*
3. $m(\mathbf{A} \times \mathbf{B}) = (m\mathbf{A}) \times \mathbf{B} = \mathbf{A} \times (m\mathbf{B}) = (\mathbf{A} \times \mathbf{B})m$, *(*$m$*: 스칼라)*
4. $\mathbf{i} \times \mathbf{j} = \mathbf{k}$, $\mathbf{j} \times \mathbf{k} = \mathbf{i}$, $\mathbf{k} \cdot \mathbf{i} = \mathbf{j}$*이고* $\mathbf{i} \times \mathbf{i} = \mathbf{j} \times \mathbf{j} = \mathbf{k} \times \mathbf{k} = \mathbf{O}$*이다.*

5. $\mathbf{A} = A_1\mathbf{i} + A_2\mathbf{j} + A_3\mathbf{k}$이고 $\mathbf{B} = B_1\mathbf{i} + B_2\mathbf{j} + B_3\mathbf{k}$이면

$$\mathbf{A} \times \mathbf{B} = \begin{vmatrix} \mathbf{i} & \mathbf{j} & \mathbf{k} \\ A_1 & A_2 & A_3 \\ B_1 & B_2 & B_3 \end{vmatrix}$$

이다.

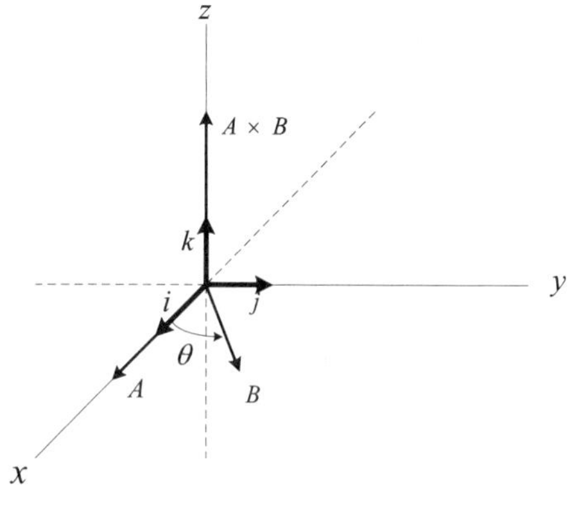

그림 7.7: 두 벡터의 곱(외적)

그림 7.7에 나타난 바와 같이 $\mathbf{A}$의 방향이 x축의 방향이고 $\mathbf{A}$와 $\mathbf{B}$가 속한 평면이 xy-평면이면

$$\mathbf{A} \times \mathbf{B} = \begin{vmatrix} \mathbf{i} & \mathbf{j} & \mathbf{k} \\ A_1 & 0 & 0 \\ B_1 & B_2 & 0 \end{vmatrix} = A_1 B_2 \mathbf{k} = (|\mathbf{AB}| \sin\theta)\, \mathbf{k}$$

가 된다.

6. $|\mathbf{A} \times |\mathbf{B}| =$ $\mathbf{A}$와 $\mathbf{B}$를 변으로 갖는 평행사변형의 넓이다.

7. $\mathbf{A} \times \mathbf{B} = \mathbf{O}$이고 $\mathbf{A}$와 $\mathbf{B}$ 모두가 $\mathbf{O}$벡터가 아니면, $\mathbf{A}$와 $\mathbf{B}$는 서로 평행하다.

3중곱(triple product)

세 벡터 $\mathbf{A}$, $\mathbf{B}$, $\mathbf{C}$의 내적과 벡터곱은 $(\mathbf{A} \cdot \mathbf{B})\mathbf{C}$, $\mathbf{A} \cdot (\mathbf{B} \times \mathbf{C})$, $\mathbf{A} \times (\mathbf{B} \times \mathbf{C})$와 같은 곱들을 생성할 수 있다.

정리 7.4 *다음 법칙들이 성립한다.*

1. *일반적으로* $(\mathbf{A}\cdot\mathbf{B})\mathbf{C} \neq \mathbf{A}(\mathbf{B}\cdot\mathbf{C})$*이다.*

2. $\mathbf{A}\cdot(\mathbf{B}\times\mathbf{C}) = (\mathbf{B}\cdot(\mathbf{C}\times\mathbf{A}) = \mathbf{C}\cdot(\mathbf{A}\times\mathbf{B})$*는 벡터* $\mathbf{A}, \mathbf{B}, \mathbf{C}$*를 모서리로 갖는 평행육면체의 체적(부피)을 갖는다. 만약* $\mathbf{A} = A_1\mathbf{i}+A_2\mathbf{j}+A_3\mathbf{k}$, $\mathbf{B} = B_1\mathbf{i}+B_2\mathbf{j}+B_3\mathbf{k}$, $\mathbf{C} = C_1\mathbf{i}+C_2\mathbf{j}+C_3\mathbf{k}$*이면*

$$\mathbf{A}\cdot(\mathbf{B}\times\mathbf{C}) = \begin{vmatrix} A_1 & A_2 & A_3 \\ B_1 & B_2 & B_3 \\ C_1 & C_2 & C_3 \end{vmatrix} \tag{7.6}$$

이다.

3. $\mathbf{A}\times(\mathbf{B}\times\mathbf{C}) \neq (\mathbf{A}\times\mathbf{B})\times\mathbf{C})$ *(결합법칙이 성립하지 않음)*

4. $\begin{cases} \mathbf{A}\times(\mathbf{B}\times\mathbf{C}) &= (\mathbf{A}\cdot\mathbf{C})\mathbf{B} - (\mathbf{A}\cdot\mathbf{B})\mathbf{C}, \\ (\mathbf{A}\times\mathbf{B})\times\mathbf{C} &= (\mathbf{A}\cdot\mathbf{C})\mathbf{B} - (\mathbf{B}\cdot\mathbf{C})\mathbf{A}. \end{cases}$

곱 $\mathbf{A}\cdot(\mathbf{B}\times\mathbf{C})$를 가리켜서 **스칼라 3중 곱**(sclar triple product) 또는 **상자곱**(box product)이라 부르고 $[\mathbf{ABC}]$로 표기한다. 그리고 $\mathbf{A}\times(\mathbf{B}\times\mathbf{C})$는 **벡터 3중 곱**(vector triple product)이라 부른다. 곱 $\mathbf{A}\times(\mathbf{B}\times\mathbf{C})$에서는 반드시 괄호 ( )가 나타나야 한다. 그리고 $\mathbf{A}\cdot(\mathbf{B}\times\mathbf{C}) = (\mathbf{A}\times\mathbf{B})\cdot\mathbf{C}$임에 주목하라.

공리적인 벡터해석학

앞에서 주어진 직교좌표계에서 성분 $(x,\ y,\ z)$가 주어지면 벡터 $\mathbf{r} = x\mathbf{i}+y\mathbf{j}+z\mathbf{k}$가 자동으로 결정된다는 것을 배웠다. 이제 3차원 공간에서 벡터를 공리적인 방법을 써서 다음과 같이 정의할 수 있다.

정의 7.5 *3차원 공간의 벡터는 다음 성질들을 만족하는 세 실수들의 순서쌍이다.* $\mathbf{A} = (A_1,\ A_2,\ A_3)$*이고* $\mathbf{B} = (B_1,\ B_2,\ B_3)$*일 때, 다음이 성립한다.*

1. $\mathbf{A} = \mathbf{B}$*일 필요충분조건이* $A_1 = B_1,\ A_2 = B_2,\ A_3 = B_3$*이다.*

2. $\mathbf{A}+\mathbf{B} = (A_1 + B_1,\ A_2 + B_2,\ A_3 + B_3)$

3. $\mathbf{A}-\mathbf{B} = (A_1 - B_1,\ A_2 - B_2,\ A_3 - B_3)$

4. $\mathbf{O} = (0,\ 0,\ 0)$

5. $m\mathbf{A} = m(A_1, A_2, A_3) = (mA_1,\ mA_2,\ mA_3)$ *(m: 스칼라)*

6. $\mathbf{A} \cdot \mathbf{B} = A_1B_1 + A_2B_2 + A_3B_3$

7. **A**의 키기는 $|\mathbf{A}| = \sqrt{\mathbf{A} \cdot \mathbf{A}} = \sqrt{A_1^2 + A_2^2 + A_3^2}$

8. $\mathbf{A} \times \mathbf{B} - (A_2B_3 - A_3B_2,\ A_2B_2 - A_1B_3,\ A_1B_2 - A_2B_1)$

3차원 실공간 $\mathbb{R}^3$에서 단위벡터를 기하학적인 정규기저 원소 $\mathbf{i} = (1, 0, 0)$, $\mathbf{j} = (0, 1, 0)$, $\mathbf{k} = (0, 0, 1)$로 정의한다. 벡터에 대한 이와 같은 공리적 정의는 앞에서 기하학적으로 정의한 벡터의 기본법칙들을 확고히 하려는 의도가 있다. 그러나 보다 주된 목적은 벡터를 성분적으로 표현하려는 것이다.

1. 벡터를 성분으로 표현했을 때 유리한 점은 벡터의 개념을 좀더 고차원적인 공간으로 확대할 수 있다는 점이다. 일반적으로, n-차원 공간에서 벡터 **A**의 성분표현은

$$\mathbf{A} = (A_1,\ A_2, \ldots, A_n)$$

   으로 나타낸다. 3차원 공간의 벡터들에 대한 벡터곱(외적)을 n차원 공간의 벡터들에 대한 벡터곱으로 확장해서 적용할 수 있으나 직접적인 확장은 곤란하다.

2. 베터에 대한 기하학적인 해석은 공간에 있는 모든 점에 대해서 의미를 부여한다. 유클리드의 3차원 공간에서 벡터의 성분이 유일한 방식으로 표현되는 것이 아니라 좌표계의 선택에 따라서 달라지게 된다. 이는 기하학적으로 벡터의 성분들이 주어진 벡터의 좌표계의 성분축으로의 사영(projection)이기 때문이다. 따라서 2차원 평면의 제 1의 좌표축을 원점을 중심으로 해서 얻은 좌표축을 제 2의 좌표축에 관한 벡터의 사영들이 제 1의 좌표계에 관한 사영들과는 다를 수 밖에 없다. (그림 7.8을 참조바람.)

벡터함수

각 스칼라 u에 하나의 벡터 **A**를 대응시킬 수 있는데, 이 때 u에 대응하는 함수값이 벡터 $\mathbf{A}(u)$인 함수 **A**를 가리켜서 **벡터함수**(vector function)라 부른다. 3차원 공간에서 벡터함수는

$$\mathbf{A}(u) = A_1(u)\mathbf{i} + A_2(u)\mathbf{j} + A_3(u)\mathbf{k}$$

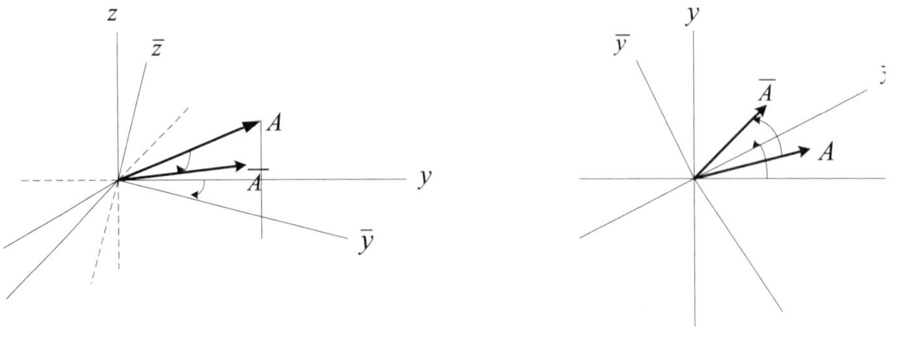

그림 7.8: 좌표계의 회전

로 표현활 수 있다.

만약 각 점 $u = (x, y, z) \in \mathbb{R}^3$에 대해서 벡터 $\mathbf{A}(u)$가 대응된다면, $\mathbf{A}$는 (x, y, z)의 함수로서

$$\mathbf{A}(x, y, z) = A_1(x, y, z)\mathbf{i} + A_2(x, y, z)\mathbf{j} + A_3(x, y, z)\mathbf{k}$$

로 표현된다.

흔히, 어떤 영역 D에 속한 각 원소에 벡터를 대응시키는 벡터함수를 가리켜서 **벡터장**(vector field)이라 부르기도 한다. 또한, 어떤 영역 D에 속한 각 원소에 스칼라 $\phi(x, y, z)$를 대응시키는 스칼라함수 ϕ를 가리켜서 **스칼라장**(scalar field)라 한다.

벡터함수의 극한과 연속성 및 도함수

벡터함수에 대한 극한, 연속성의 개념은 그리고 미분은 앞에서 배운 스칼라 함수들에 대한 개념과 비슷하다.

1. 벡터함수 $\mathbf{A}(u)$가 점 $u = u_0$에서 연속이라 함은 "임의로 주어진 수 $\epsilon > 0$에 대해서 적당한 수 $\delta > 0$가 존재하여

$$|u - u_0| < \delta \qquad \longrightarrow \qquad |\mathbf{A}(u) - \mathbf{A}(u_0)| < \epsilon$$

을 만족한다"는 것, 즉 $\lim_{u \to u_0} \mathbf{A}(u) = \mathbf{A}(u_0)$임을 뜻한다.

2. 함수 $\mathbf{A}(u)$의 도함수는

$$\frac{\mathbf{A}(u)}{du} = \lim_{\Delta u \to 0} \frac{\mathbf{A}(u+\Delta u) - \mathbf{A}(u)}{\Delta u}$$

로 정의한다. 만약 $\mathbf{A}(u) = A_1(u)\mathbf{i} + A_2(u)\mathbf{j} + A_3(u)\mathbf{k}$이면

$$\frac{A_1(u)}{du}\mathbf{i} + \frac{A_2(u)}{du}\mathbf{j} + \frac{A_3(u)}{du}\mathbf{k}$$

이다. 또한 $d^2\mathbf{A}/du^2$과 같은 고계도함수도 같은 방법으로 정의된다.

3. 만약 $\mathbf{A}(x,y,z) = A_1(x,y,z)\mathbf{i} + A_2(x,y,z)\mathbf{j} + A_3(x,y,z)\mathbf{k}$이면

$$d\mathbf{A} = \frac{\partial \mathbf{A}}{\partial x}dx + \frac{\partial \mathbf{A}}{\partial y}dy + \frac{\partial \mathbf{A}}{\partial z}dz$$

가 $\mathbf{A}$의 **전미분**(total differential)이다.

4. 벡터함수들의 곱에 대한 미분은 스칼라함수들의 곱에 대한 미분의 법칙과 유사하다. 그러나 벡터함수들의 외적(cross product)에 대해서는 순서가 중요하다.

   (a) $\frac{d}{du}(\phi\mathbf{A}) = \phi\frac{d\mathbf{A}}{du} + \frac{d\phi}{du}\mathbf{A}$

   (b) $\frac{\partial}{\partial y}(\mathbf{A}\cdot\mathbf{B}) = \mathbf{A}\cdot\frac{\partial \mathbf{B}}{\partial y} + \frac{\partial \mathbf{A}}{\partial y}\cdot\mathbf{B}$

   (c) $\frac{\partial}{\partial y}(\mathbf{A}\times\mathbf{B}) = \mathbf{A}\times\frac{\partial \mathbf{B}}{\partial y} + \frac{\partial \mathbf{A}}{\partial y}\times\mathbf{B}$. (여기서는 $\mathbf{A}$와 $\mathbf{A}$의 순서를 유지)

벡터함수 미분의 기하학적인 해석

직교좌표계에서 원점 $\mathbf{O}$와 점 $(x,\ y,\ z)$를 잇는 벡터를 $\mathbf{r}$이라 했을 때, 벡터 $\mathbf{r}$를 벡터함수 $\mathbf{r}(u)$로 표현하는 것(이 때 $\mathbf{r}$을 **위치벡터**(position vector)라 함)은 $x,\ y,\ z$를 u의 함수로 표현하는 것이다.

변수 u가 변함에 따라서 벡터 $\mathbf{r}$의 종점의 궤적은 세 개의 매개변수방정식 $x = x(u),\ y = y(u),\ z = z(u)$로 표현되는 공간곡선 C를 그리게 된다. 만약 변수 u가 곡선 C상의 주어진 고정점으로부터 측정된 곡선의 길이를 나타내는 수 s라고 하면 $ds^2 = d\mathbf{r}\cdot d\mathbf{r}$이 된다. 따라서

$$\mathbf{T} = \frac{d\mathbf{r}}{ds} \tag{7.7}$$

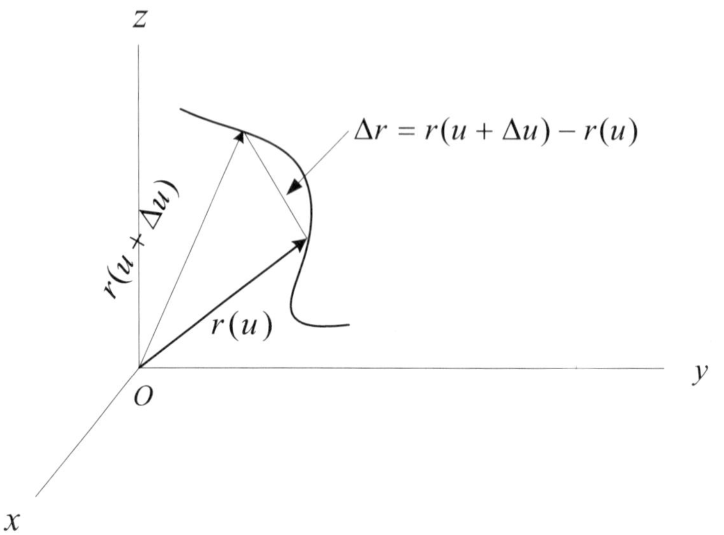

그림 7.9: 벡터함수의 미분

은 **단위 접선벡터**(unit tangent vector)라 불리는 곡선에 대한 접선 방향의 단위벡터이다. 만약 u가 시간이면

$$\mathbf{v} = \frac{d\mathbf{r}}{ds} \tag{7.8}$$

는 끝점이 곡선을 묘사하는 벡터함수 $\mathbf{r}$의 속도를 나타낸다. 속도 $\mathbf{v}$의 크기가 $v = ds/dt$이므로

$$\mathbf{v} = \frac{d\mathbf{r}}{ds} = \frac{d\mathbf{r}}{ds} \cdot \frac{ds}{dt} = \frac{ds}{dt}\mathbf{T} = v\mathbf{T} \tag{7.9}$$

이다. 그리고

$$\mathbf{a} = \frac{d^2\mathbf{r}}{dt^2} \tag{7.10}$$

은 끝점이 곡선을 묘사하는 벡터함수 $\mathbf{r}$의 **가속도**(acceleration)가 된다. 이러한 개념들은 역학과 미분기하학에서 아주 중요하게 쓰인다.

벡터해석학의 기본적인 목적은 벡터함수의 미분을 보다 직관적이고 단순한 형태로 표현하는 것이다. 이러한 시도의 달성은 스칼라장과 벡터장들이 편미분을 포함한 응용부분에서 아주 분명하게 드러난다. 이러한 실재들에 대

한 직관적인 이해는 스칼라장의 미분

$$d\Phi = \frac{\partial\Phi}{\partial x}dx + \frac{\partial\Phi}{\partial y}dy + \frac{\partial\Phi}{\partial x}dz$$

를 통해서 알 수 있다. 이러한 장들의 예는 곡면의 음함수 표현식 $\Phi(x, y, z) = 0$ 이나 전자기장 퍼텐셜함수 $\Phi(x, y, z)$, 전자기 벡터장 $\mathbf{F}(x, y, z)$ 등에서 볼 수 있다.

이제 Φ가 곡면 S에서 상수라 하자. 즉

$$\Phi(t) = C: \; x = f_1(t), \quad y = f_2(t), \quad z = f_3(t)$$

가 S에서 곡선을 나타낸다고 하자. 그러면 이 곡선위의 임의의 점에서 $\frac{d\mathbf{r}}{dt} = \frac{dx}{dt}\mathbf{i} + \frac{dy}{dt}\mathbf{j} + \frac{dz}{dt}\mathbf{k}$는 곡면위의 접평면에 놓이게 된다. 이러한 내용은 어떤 주어진 점을 통과하는 모든 곡면곡선에 대해서 적용이 되므로 전미분 $d\mathbf{r}$은 접평면을 생성한다. 따라서 세 쌍 $\frac{\partial\Phi}{\partial x}$, $\frac{\partial\Phi}{\partial y}$, $\frac{\partial\Phi}{\partial z}$는 곡면 S에 수직인 벡터를 나타낸다. 이와 같은 특수한 기하학적인 특성을 염두에 두고 스칼라장 Φ의 **기울기**(gradient)를

$$\nabla\Phi = \frac{\partial\Phi}{\partial x}\mathbf{i} + \frac{\partial\Phi}{\partial y}\mathbf{j} + \frac{\partial\Phi}{\partial z}\mathbf{k}$$

로 정의한다. 특별히, 기호 ∇는 벡터 미분 연산자로 **나블라**(nabla) 혹은 **델 연산자**(del)라고 부른다.

예제 7.1 *만약 $\Phi(x, y, z) = 0$이 어떤 곡면을 음함수적으로 표현한 것이라면, 함수 Φ는 이 곡면에서 언제나 0의 값을 가지게 되므로, $\nabla\Phi$는 곡면상의 모든 점에서 곡면에 수직이 된다. 따라서 $\nabla\Phi$를 써서 곡면상의 모든 점에서 접평면의 방정식을 얻을 수 있다.*

예제 7.2 *함수 Φ가 상수가 되는 곡면을 가리켜서* **수평면***(level surface)이라 부른다. 기상학에서 활용하는 등온곡선이나 등압곡선들이 이 범주에 속한다. 앞의 예제에서 알 수 있듯이, $\nabla\Phi$는 수평면의 접평면에 수직이 되는 벡터함수이므로 극대값을 갖는 지점을 찾는 데에 유용하게 활용될 수 있다.*

이제 우리는 벡터들의 합과 차 그리고 내적과 외적에 관련되는 벡터연산자 ∇의 성질들을 살펴보기로 한다.

기울기, 발산, 회전

벡터연산자

$$\nabla \equiv \mathbf{i}\frac{\partial}{\partial x} + \mathbf{j}\frac{\partial}{\partial y} + \mathbf{k}\frac{\partial}{\partial z} \tag{7.11}$$

를 생각하자.

정의 7.6 *만약 $\phi(x, y, z)$와 $\mathbf{A}(x.y.z)$가 어떤 영역 D안에서 연속인 1계 편도함수들을 가지면, 다음과 같이 기울리, 발산, 회전 등을 정의할 수 있다.*

1. 함수 ϕ의 **기울기***(gradient) 는*

$$\begin{aligned} \operatorname{grad}\phi &= \left(\mathbf{i}\tfrac{\partial}{\partial x} + \mathbf{j}\tfrac{\partial}{\partial y} + \mathbf{k}\tfrac{\partial}{\partial z}\right)\phi = \mathbf{i}\tfrac{\partial\phi}{\partial x} + \mathbf{j}\tfrac{\partial\phi}{\partial y} + \mathbf{k}\tfrac{\partial\phi}{\partial z} \\ &= \tfrac{\partial\phi}{\partial x}\mathbf{i} + \tfrac{\partial\phi}{\partial y}\mathbf{j} + \tfrac{\partial\phi}{\partial z}\mathbf{k} = \nabla\,\phi \end{aligned} \tag{7.12}$$

로 정의한다.

2. 벡터함수 $\mathbf{A}(x.y.z)$의 **발산***(divergence)은*

$$\begin{aligned} \operatorname{div}\mathbf{A} = \nabla\cdot\mathbf{A} &= \left(\mathbf{i}\tfrac{\partial}{\partial x} + \mathbf{j}\tfrac{\partial}{\partial y} + \mathbf{k}\tfrac{\partial}{\partial z}\right)\cdot(A_1\mathbf{i} + A_2\mathbf{j} + A_3\mathbf{k}) \\ &= \tfrac{\partial A_1}{\partial x} + \tfrac{\partial A_2}{\partial y} + \tfrac{\partial A_3}{\partial z} \end{aligned} \tag{7.13}$$

으로 정의한다.

3. 벡터함수 $\mathbf{A}(x.y.z)$의 **회전***(curl)은*

$$\begin{aligned} \operatorname{curl}\mathbf{A} &= \nabla\times\mathbf{A} = \left(\mathbf{i}\tfrac{\partial}{\partial x} + \mathbf{j}\tfrac{\partial}{\partial y} + \mathbf{k}\tfrac{\partial}{\partial z}\right)\times(A_1\mathbf{i} + A_2\mathbf{j} + A_3\mathbf{k}) \\ &= \begin{vmatrix} \mathbf{i} & \mathbf{j} & \mathbf{k} \\ \frac{\partial}{\partial x} & \frac{\partial}{\partial y} & \frac{\partial}{\partial z} \\ A_1 & A_2 & A_3 \end{vmatrix} \\ &= \mathbf{i}\begin{vmatrix} \frac{\partial}{\partial y} & \frac{\partial}{\partial z} \\ A_2 & A_3 \end{vmatrix} - \mathbf{j}\begin{vmatrix} \frac{\partial}{\partial x} & \frac{\partial}{\partial z} \\ A_1 & A_3 \end{vmatrix} + \mathbf{k}\begin{vmatrix} \frac{\partial}{\partial x} & \frac{\partial}{\partial y} \\ A_1 & A_2 \end{vmatrix} \\ &= \left(\tfrac{\partial A_3}{\partial y} - \tfrac{\partial A_2}{\partial z}\right)\mathbf{i} + \left(\tfrac{\partial A_1}{\partial z} - \tfrac{\partial A_3}{\partial x}\right)\mathbf{j} + \left(\tfrac{\partial A_2}{\partial x} - \tfrac{\partial A_1}{\partial y}\right)\mathbf{k} \end{aligned} \tag{7.14}$$

으로 정의한다.

위 정의에서 나타난 행렬식의 표현에서 연산자 $\partial/\partial x$, $\partial/\partial y$, $\partial/\partial z$는 $\mathbf{A}$의 성분 A_1, A_2, A_3보다 앞 행에 배치되어야 한다. 즉, ∇는 벡터연산자이지 벡터가 아니다. 그리고 $\nabla \times \mathbf{A}$는 $\mathbf{A}$에 특수한 편미분을 시행해서 얻어지는 새로운 벡터함수다. 반면에 $\mathbf{A} \times \nabla$는 벡터함수나 스칼라함수에 시행할 수 있는 연산이다.

정리 7.5 (∇에 관한 공식) *함수 $\mathbf{A}$, $\mathbf{B}$, U, V의 편도함수들이 존재한다고 할 때, 다음이 성립한다.*

1. $\nabla(U+V) = \nabla U + \nabla V$ 또는 $grad(U+V) = grad U + grad V$ *이다.*
2. $\nabla(\mathbf{A}+\mathbf{B}) = \nabla \cdot \mathbf{A} + \nabla \cdot \mathbf{B}$ 또는 $div(\mathbf{A}+\mathbf{B}) = div\,\mathbf{A} + div\,\mathbf{B}$ *이다.*
3. $\nabla \times (\mathbf{A}+\mathbf{B}) = \nabla \times \mathbf{A} + \nabla \times \mathbf{B}$ 또는 $curl(\mathbf{A}+\mathbf{B}) = curl\,\mathbf{A} + curl\,\mathbf{B}$ *이다.*
4. $\nabla \cdot (U\mathbf{A}) = (\nabla U) \cdot \mathbf{A} + U(\nabla \cdot \mathbf{A})$
5. $\nabla \times (U\mathbf{A}) = (\nabla U) \times \mathbf{A} + U(\nabla \times \mathbf{A})$
6. $\nabla \cdot (\mathbf{A} \times \mathbf{B}) = \mathbf{B} \cdot (\nabla \times \mathbf{A}) - \mathbf{A} \cdot \nabla \times \mathbf{B}$
7. $\nabla \times (\mathbf{A} \times \mathbf{B}) = (\mathbf{B} \cdot \nabla)\mathbf{A} - \mathbf{B}(\nabla \cdot \mathbf{A}) - (\mathbf{A} \cdot \nabla)\mathbf{B} + \mathbf{A}(\nabla \cdot \mathbf{B})$
8. $\nabla(\mathbf{A} \cdot \mathbf{B}) = (\mathbf{B} \cdot \nabla)\mathbf{A} + (\mathbf{A} \cdot \nabla)\mathbf{B}) - \mathbf{B} \times (\nabla \times \mathbf{A}) + \mathbf{A} \times (\nabla \times \mathbf{B})$
9. $\nabla \cdot (\nabla U) \equiv \nabla^2 U \equiv \frac{\partial^2 U}{\partial x^2} + \frac{\partial^2 U}{\partial y^2} + \frac{\partial^2 U}{\partial z^2}$*을 가리켜서 U의* **라플라시안**(*Laplacian*) *이라 부르고,* $\nabla^2 \equiv \frac{\partial^2}{\partial x^2} + \frac{\partial^2}{\partial y^2} + \frac{\partial^2}{\partial z^2}$*을* **라플라스 연산자**(*Laplacian operater*) *라 한다.*
10. $\nabla \times (\nabla U) = 0$, *즉 U의 기울기에 대한 회전은 0이다.*
11. $\nabla \cdot (\nabla \times \mathbf{A}) = 0$, *즉 $\mathbf{A}$의 회전에 대한 발산은 0이다.*
12. $\nabla \times (\nabla \times \mathbf{A}) = \nabla(\nabla \cdot \mathbf{A}) - \nabla^2 \mathbf{A}$.

야코비 행렬식과 직교 곡선좌표계

역함수가 존재하고 연속인 편도함수들을 갖는 함수 f, g, $h : \mathbb{R}^3 \to \mathbb{R}$에 의한 변환방정식

$$x = f(u_1, u_2, u_3), \quad y = g(u_1, u_2, u_3), \quad z = h(u_1, u_2, u_3) \tag{7.15}$$

은 xyz-좌표계와 $u_1u_2u_3$-좌표계에 놓인 점들 사이에 일대일대응 관계를 갖는다. 벡터의 개념으로 보면, 변환 (7.15)는

$$\mathbf{r} = x\mathbf{i} + y\mathbf{j} + z\mathbf{k} = f(u_1, u_2, u_3)\mathbf{i} + g(u_1, u_2, u_3)\mathbf{j} + h(u_1, u_2, u_3)\mathbf{k} \qquad (7.16)$$

으로 표현될 수 있다. 그림 7.10에서 점 P는 (x, y, z)-좌표 성분뿐만아니라 (u_1, u_2, u_3)-좌표 성분으로도 표현될 수 있다. 우리는 (x, y, z)를 가리켜서 점 P의 **곡선좌표 성분**(curvilinear coordinate)이라 부른다.

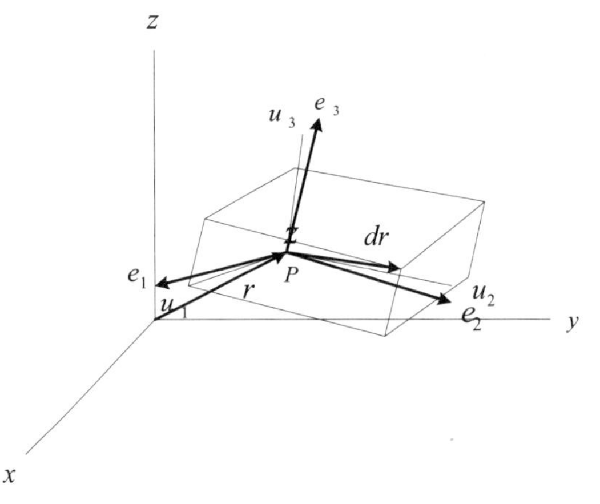

그림 7.10: 곡선 좌표계

만약 u_2와 u_3가 상수이고 u_1이 변하게 되면, $\mathbf{r}$은 u_1-성분곡선을 그리게 된다. 마찬가지로 점 P를 지나는 성분곡선 u_2와 u_3을 정의할 수 있다.

식 (7.16)으로부터

$$d\mathbf{r} = \frac{\partial \mathbf{r}}{\partial u_1}du_1 + \frac{\partial \mathbf{r}}{\partial u_2}du_2 + \frac{\partial \mathbf{r}}{\partial u_3}du_3 \qquad (7.17)$$

을 얻는다. 벡터 $\frac{\partial \mathbf{r}}{\partial u_1}, \frac{\partial \mathbf{r}}{\partial u_2}, \frac{\partial \mathbf{r}}{\partial u_3}$은 곡선좌표계와 관련된 벡터공간의 기저를 형성한다. 만약 곡선좌표계가 직교좌표계이면 $\frac{\partial \mathbf{r}}{\partial u_1}, \frac{\partial \mathbf{r}}{\partial u_2}, \frac{\partial \mathbf{r}}{\partial u_3}$도 서로 직교가 된다. 그러나 이 벡터들은 단위벡터가 아니므로 호의 길이에 대한 미분 형식은

$$ds^2 = g_{11}(du_1)^2 + g_{22}(du_2)^2 + g_{33}(du_3)^2$$

으로 표현될 수 있는 데, 여기서

$$g_{11} = \frac{\partial \mathbf{r}}{\partial u_1} \cdot \frac{\partial \mathbf{r}}{\partial u_1}, \quad g_{22} = \frac{\partial \mathbf{r}}{\partial u_2} \cdot \frac{\partial \mathbf{r}}{\partial u_2}, \quad g_{33} = \frac{\partial \mathbf{r}}{\partial u_3} \cdot \frac{\partial \mathbf{r}}{\partial u_3}$$

이다.

벡터 $\partial \mathbf{r}/\partial u_1$은 점 P에서 u_1-성분 곡선에 접한다. 만약 $\mathbf{e}_1$이 점 P에서 이 방향의 단위벡터이면 $h_1 = |\partial \mathbf{r}/\partial u_1|$일 때, $\partial \mathbf{r}/\partial u_1 = h_1 \mathbf{e}_1$이다. 마찬가지로, $h_2 = |\partial \mathbf{r}/\partial u_2|$이고 $h_2 = |\partial \mathbf{r}/\partial u_2|$이면, $\partial \mathbf{r}/\partial u_2 = h_2 \mathbf{e}_2$와 $\partial \mathbf{r}/\partial u_3 = h_3 \mathbf{e}_3$이다. 이 때 h_1, h_2, h_3를 가리켜서 **척도 인자**(scale factor)라 부른다. 그리고 식 (7.17)은

$$d\mathbf{r} = h_1\, du_1\, \mathbf{e}_1 + h_2\, du_2\, \mathbf{e}_2 + h_3\, du_3\, \mathbf{e}_3$$

로 쓸 수 있다.

만약 $\mathbf{e}_1$, $\mathbf{e}_2$, $\mathbf{e}_3$가 점 P에서 서로 수직이면, 이 곡선좌표계는 서로 **직교한다**(orthogonal)고 말한다. 이 벡터들은 단위벡터이고 서로 직교이므로 $\{\mathbf{e}_1, \mathbf{e}_2, \mathbf{e}_3\}$을 가리켜서 **정규 직교 기저**(orthonormal basis)라 한다. 이 경우에 호의 길이에 대한 미분의 형식은

$$ds^2 = d\mathbf{r} \cdot d\mathbf{r} = h_1^2 du_1^2 + h_2^2 du_2^2 + h_3^2 du_3^2 \tag{7.18}$$

이 된다.

또한 평행육면체의 부피는

$$\begin{aligned} dV &= |g_{jk}| du_1 du_2 du_3 = |(h_1 du_1 \mathbf{e}_1) \cdot (h_2 du_2 \mathbf{e}_2) \times (h_3 du_3 \mathbf{e}_3)| \\ &= h_1 h_2 h_3\, du_1 du_2 du_3 \end{aligned} \tag{7.19}$$

으로 주어지고, $\partial(x, y, z)/\partial(u_1, u_2, u_3)$가 주어진 변환의 야코비행렬일 때

$$dV = \left| \frac{\partial \mathbf{r}}{\partial u_1} \cdot \frac{\partial \mathbf{r}}{\partial u_2} \times \frac{\partial \mathbf{r}}{\partial u_3} \right| du_1 du_2 du_3 = \left| \frac{\partial \mathbf{r}(x, y, z)}{\partial \mathbf{r}(u_1, u_2, u_3)} \right| du_1 du_2 du_3 \tag{7.20}$$

이다. 따라서 야코비 행렬식이 0이 되는 평행육면체는 있을 수 없다.

기울기 발산, 회전, 직교 곡선좌표의 라플라시안

직교 곡선좌표 u_1, u_2, u_3에 관한 스칼라함수 Φ와 벡터함수

$$\mathbf{A} = A_1\mathbf{e}_1 + A_2\mathbf{e}_2 + A_3\mathbf{e}_3$$

에 대해서, 다음 성질들이 성립한다.

1. $\nabla\Phi = \text{grad}\Phi = \frac{1}{h_1}\frac{\partial\Phi}{\partial u_1}\mathbf{e}_1 + \frac{1}{h_2}\frac{\partial\Phi}{\partial u_2}\mathbf{e}_2 + \frac{1}{h_3}\frac{\partial\Phi}{\partial u_3}\mathbf{e}_3$
2. $\nabla\cdot\mathbf{A} = \text{div}\mathbf{A} = \frac{1}{h_1h_2h_3}\left[\frac{\partial}{\partial u_1}(h_2h_3A_1) + \frac{\partial}{\partial u_2}(h_3h_1A_2) + \frac{\partial}{\partial u_3}(h_1h_2A_3)\right]$
3. $\nabla\times\mathbf{A} = \text{curl}\mathbf{A} = \frac{1}{h_1h_2h_3}\begin{vmatrix} h_1\mathbf{e}_1 & h_2\mathbf{e}_2 & h_3\mathbf{e}_3 \\ \frac{\partial}{\partial u_1} & \frac{\partial}{\partial u_2} & \frac{\partial}{\partial u_3} \\ h_1A_1 & h_2A_2 & h_3A_3 \end{vmatrix}$
4. $\nabla^2\Phi = \frac{1}{h_1h_2h_3}\left[\frac{\partial}{\partial u_1}\left(\frac{h_2h_3}{h_1}\frac{\partial\Phi}{\partial u_1}\right) + \frac{\partial}{\partial u_2}\left(\frac{h_3h_1}{h_2}\frac{\partial\Phi}{\partial u_2}\right) + \frac{\partial}{\partial u_3}\left(\frac{h_1h_2}{h_3}\frac{\partial\Phi}{\partial u_3}\right)\right]$

만약 위에서 좌표 (u_1, u_2, u_3)대신에 좌표 (x, y, z)를 사용하게 되면 $\mathbf{e}_1$, $\mathbf{e}_2$, $\mathbf{e}_3$는 단위벡터 $\mathbf{i}$, $\mathbf{j}$, $\mathbf{k}$,로 대체되며 $h_1 = h_2 = h_3 = 1$이 된다.

특수한 곡선좌표

1. 원기둥 좌표계(cylindrical coordinate)(그림 7.11 (a) 참조):
   원통형좌표 $(\rho,\ \phi,\ z)$와 직교좌표 (x, y, z)와의 관계는 다음과 같다.

$$x = \rho\cos\phi, \quad y = \rho\sin\phi,\ z = z$$
$$(\text{단},\ \rho \geq 0,\ 0 \leq \phi < 2\pi,\ -\infty < z < \infty)$$

척도인자: $h_1 = 1$, $h_2 = \rho$, $h_3 = 1$
호길이 단위: $ds^2 = d\rho^2 + \rho^2\rho^2 d\phi^2 + dz^2$
야코비안: $\frac{\partial(x,y,z)}{\partial(\rho,\phi,z)} = \rho$
부피단위: $dV = \rho\, d\rho\, d\phi\, dz$
라플라시안:

$$\begin{aligned}\nabla^2 U &= \frac{1}{\rho}\frac{\partial}{\partial\rho}\left(\rho\frac{\partial U}{\partial\rho}\right) + \frac{1}{\rho^2} + \partial^2 U\partial\phi^2 + \frac{\partial^2 U}{\partial z^2} \\ &- \frac{\partial^U}{\partial\rho^2} + \frac{1}{\rho}\frac{\partial U}{\partial\rho} + \frac{1}{\rho^2} + +\partial^2 U\partial\phi^2 + \frac{\partial^2 U}{\partial z^2}\end{aligned}$$

2. **구면좌표** (spherical coordinate) (그림 7.11 (b)참조):

구면좌표 $(r,\ \theta,\ \phi)$와 직교좌표 (x, y, z)와의 관계는 다음과 같다.

$$x = r\sin\theta\cos\phi, \quad y = r\sin\theta\sin\phi,\ z = r\cos\theta$$
$$(\text{단},\ r \geq 0,\ 0 \leq \theta < \pi,\ 0 \leq \phi \leq 2\pi)$$

척도인자: $h_1 = 1,\ h_2 = r,\ h_3 = r\sin\theta$

호길이 단위: $ds^2 = dr^2 + r^2 d\theta^2 + r^2\sin^2\theta d\phi^2$

야코비안: $\frac{\partial(x,y,z)}{\partial(r,\theta,\phi)} = r^2\sin\theta$

부피단위: $dV = r^2\sin\theta\, dr\, d\theta\, d\phi$

라플라시안: $\nabla^2 U = \frac{1}{r}\frac{\partial}{\partial r}\left(r^2\frac{\partial U}{\partial r}\right) + \frac{1}{r^2\sin^2\theta}\frac{\partial}{\partial\theta}\left(\sin\theta\frac{\partial U}{\partial\theta}\right) + \frac{1}{r^2\sin^2\theta}\frac{\partial^2 U}{\partial\phi^2}$

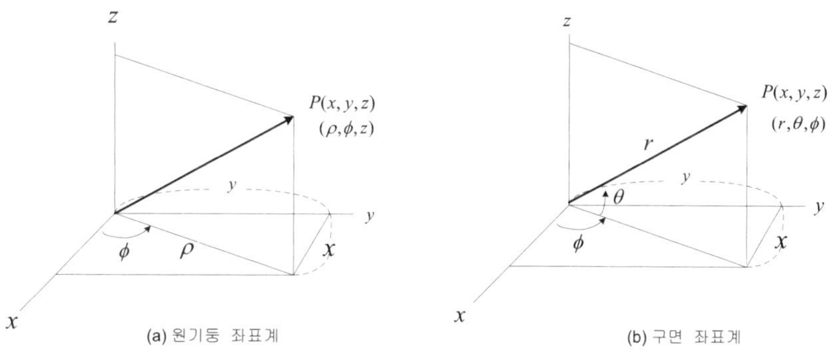

그림 7.11: 원기둥 좌표계와 구면 좌표계

≪7장 연습문제≫

벡터연산

1. 평면에서 주어진 두 벡터 $\mathbf{A}$와 $\mathbf{B}$에 대해서, 등식 $4\mathbf{A}+3(\mathbf{B}-\mathbf{A})=\mathbf{A}+3\mathbf{B}$가 성립함을 가하학적으로 설명하라.

2. 평면에서 $\mathbf{A}$와 $\mathbf{B}$가 서로 같은 방행이거나 반대방양이 아니고 $\mathbf{O}$아닌 벡터들이면, $m\mathbf{A}+n\mathbf{B}$는 두 벡터 $\mathbf{A}$와 $\mathbf{B}$에 의해서 결정되는 평면위에 놓인 벡터임을 증명하라.

3. 3차원 실공간 $\mathbf{R}^3$에서 $\mathbf{A}$, $\mathbf{B}$, $\mathbf{C}$가 같은 평면위에 있지 않은 벡터들이고 $x_1\mathbf{A}+y_1\mathbf{B}+z_1\mathbf{C}=x_2\mathbf{A}+y_2\mathbf{B}+z_2\mathbf{C}$이면, $x_1=x_2$, $y_1=y_2$, $z_1=z_2$임을 증명하라.

4. $ABCD$가 직사각형이고 P, Q, R, S가 연속적으로 대응하는 변의 중점들일 때, 다음을 증명하라.

   (a) $PQRS$는 평평사변형이다.

   (b) $PQRS$의 변들의 길이의 합은 $ABCD$의 두 대각선들의 길이의 합과 같다.

5. 평면에서 삼각형의 이등분선들은 각 2등분선의 3분의 1에 해당하는 점에서 교차한다는 것을 증명하라.

6. $\mathbf{R}^3$에서 세 벡터 $\mathbf{A}=2\mathbf{i}-\mathbf{j}+\mathbf{k}$, $\mathbf{B}=\mathbf{i}+\mathbf{j}+2\mathbf{k}$, $\mathbf{C}=3\mathbf{i}-2\mathbf{j}+4\mathbf{k}$의 합 $\mathbf{A}+\mathbf{B}+\mathbf{C}$와 같은 방향의 단위벡터를 구하라.

7. 평면 $\mathbb{R}^2$에서 $\mathbf{a}$와 $\mathbf{b}$가 평행하지 않은 방향선분들일 때, $x\mathbf{a}+y\mathbf{b}=\mathbf{0}$이면 $x=y=0$임을 증명하라.

8. 평면 $\mathbb{R}^2$에서 $\mathbf{a}$와 $\mathbf{b}$가 평행하지 않은 방향선분들일 때, $x_1\mathbf{a}+y_1\mathbf{b}=x_2\mathbf{a}+y_2\mathbf{b}$이면 $x_1=x_2$이고 $y_1=y_2$임을 증명하라.

스칼라 곱 또는 점적

9. $\mathbf{A}=2\mathbf{i}-3\mathbf{j}+5\mathbf{k}$이고 $\mathbf{B}=3\mathbf{i}+\mathbf{j}-2\mathbf{k}$일 때, $|(\mathbf{A}+\mathbf{B})\cdot(\mathbf{A}-\mathbf{B})|$을 계산하라.

10. 두 벡터 $2\mathbf{i}-3\mathbf{j}+5\mathbf{k}$와 $3\mathbf{i}+a\mathbf{j}-2\mathbf{k}$가 서로 수직이 되도록 상수 a의 값을 구하라.

11. 세 벡터 $\mathbf{A}=2\mathbf{i}+\mathbf{j}+\mathbf{k}$, $\mathbf{B}=\mathbf{i}-2\mathbf{j}+2\mathbf{k}$, $\mathbf{C}=3\mathbf{i}-4\mathbf{j}+2\mathbf{k}$에 대해서, 벡터 $\mathbf{B}$ 방향으로의 $\mathbf{A}+\mathbf{C}$의 사영을 구하라.

12. 세점 $A(2,3,1)$, $B(-1,1,2)$, $C(1,-2,3)$을 꼭지점으로 갖는 삼각형 ABC에 대해서 다음을 구하라.

    (a) 점 B와 변 AC의 중점을 잇는 선분의 길이

    (b) 점 B와 변 AC의 중점을 잇는 선분이 변 BC와 이루는 예각

13. 마름모꼴 사각형의 두 대각선은 서로 직각임을 증명하라.

14. $(a\mathbf{A}+b\mathbf{B})/(a+b)$는 $\mathbf{A}$와 $\mathbf{B}$의 사잇각을 이등분한다는 것을 증명하라.

벡터곱(외적)에 관한 문제

15. $\mathbf{A}=2\mathbf{i}-\mathbf{j}+\mathbf{k}$이고 $\mathbf{B}=\mathbf{i}+2\mathbf{j}-3\mathbf{k}$일 때, $|(2\mathbf{A}+\mathbf{B})\times(\mathbf{A}-2\mathbf{B})|$을 구하라.

16. $\mathbf{A}=3\mathbf{i}-2\mathbf{j}+4\mathbf{k}$와 $\mathbf{B}=\mathbf{i}+\mathbf{j}-2\mathbf{k}$에 의해서 형성된 평면에 수직인 단위벡터를 구하라.

17. $\mathbf{A}\times\mathbf{B}=\mathbf{A}\times\mathbf{C}$이면, 반드시 $\mathbf{B}=\mathbf{C}$인가?

18. $\mathbb{R}^3$에서 세 점 $A(2,\ -3,\ 1)$, $B(1,\ -1,\ 2)$, $(-1,\ 2,\ 3)$을 꼭지점으로 하는 삼각형의 면적을 구하라.

19. 점 $P(3,\ 2,\ 1)$로에서 세 점 $A=(1,1,0)$, $B=(3,\ -1,\ 1)$, $C=(-1,\ 0,\ 2)$에 의해서 형성된 평면에 이르는 가장 짧은 거리를 구하라.

3중곱에 관한 문제

20. $\mathbf{A}=2\mathbf{i}+\mathbf{i}-3\mathbf{k}$, $\mathbf{B}=\mathbf{i}-2\mathbf{i}+\mathbf{k}$, $\mathbf{C}=-\mathbf{i}+\mathbf{i}-4\mathbf{k}$일 때, 다음을 구하라.

    (a) $\mathbf{A}\cdot(\mathbf{B}\times\mathbf{C})$

    (b) $\mathbf{C}\cdot(\mathbf{A}\times\mathbf{B})$

    (c) $\mathbf{A}\times(\mathbf{B}\times\mathbf{C})$

    (d) $(\mathbf{A}\times\mathbf{B})\times\mathbf{C}$

21. 세 점 $A(2,\ -1,\ -2)$, $B(-1,\ 2,\ -3)$, $C(4,\ 1,\ 0)$을 지나는 평면의 방정식을 구하라.

22. 네 점 $A(2,\ 1,1)$, $B(1,\ -1,2)$, $C(0,\ 1,\ -1)$, $D(1,\ -2,\ 1)$을 지나는 사면체의 체적을 구하라.

23. 다음 등식이 성립함을 증명하라.

$$(\mathbf{A}\times\mathbf{B})\cdot(\mathbf{C}\times\mathbf{D})+(\mathbf{B}\times\mathbf{C})\cdot(\mathbf{A}\times\mathbf{D})+(\mathbf{C}\times\mathbf{A})\cdot(\mathbf{B}\times\mathbf{D})=0$$

미분에 관한 문제

24. 공간에서 한 물체가 곡선 $\mathbf{r}(t)=e^{-t}(\cos t\mathbf{i}+\sin t\mathbf{j}+\mathbf{k})$를 따라서 움직이고 있을 때, 다음을 구하라.

(a) 물제가 움직이는 속도을 구하라.

(b) 물체의 가속도를 구하라.

25. $\mathbb{R}^3$에서, $t=1$일 때의 점에서 곡선 $x=t$, $y=t^2$, $z=t^3$의 단위 접선벡터를 구하라.

26. $\mathbf{A}$와 $\mathbf{B}$가 미분가능한 u의 함수들일 때, 다음 등식을 증명하라.

$$\frac{d}{du}(\mathbf{A}\times\mathbf{B})=\mathbf{A}\times\frac{d\mathbf{B}}{du}+\frac{d\mathbf{A}}{du}\times\mathbf{B}$$

27. $\mathbf{A}=x^2\mathbf{i}-y\mathbf{j}+xz\mathbf{k}$, $\mathbf{B}=y\mathbf{i}+x\mathbf{j}-xyz\mathbf{k}$, $\mathbf{C}=\mathbf{i}-y\mathbf{j}+x^3z\mathbf{k}$일 때, 다음을 구하라.

(a) $\frac{\partial^2}{\partial x\partial y}(\mathbf{A}+\mathbf{B})$

(b) 점 $(1,\ -1,\ 2)$에서 $d[\mathbf{A}\cdot(\mathbf{B}\times\mathbf{C})]$

28. $\mathbf{A}=x^2y\mathbf{i}-2y^2z\mathbf{j}+xy^2z^2\mathbf{k}$일 때, 점 $(2,1,-2)$에서 $\left|\frac{\partial^2\mathbf{A}}{\partial x^2}\times\frac{\partial^2\mathbf{A}}{\partial y^2}\right|$을 구하라.

기울기, 발산, 회전 에 관한 문제

29. 벡터함수 $\mathbf{U}$, $\mathbf{V}$, $\mathbf{A}$, $\mathbf{B}$가 모두 연속인 도함수를 가질 때, 다음 등식을 증명하라.

(a) $\nabla(U+V)=\nabla U+\nabla V$

(b) $\nabla\cdot(\mathbf{A}+\mathbf{B})=\nabla\cdot\mathbf{A}+\nabla\cdot\mathbf{B}$

(c) $\nabla\times(\mathbf{A}+\mathbf{B})=\nabla\times\mathbf{A}+\nabla\times\mathbf{B}$

30. $\mathbf{r}=x\mathbf{i}+y\mathbf{j}+z\mathbf{k}$이고 $r=|\mathbf{r}|$일 때, $\nabla\times(r^2\mathbf{r})=0$임을 증명하라.

31. $\phi=xy+yz+zx$일 때, 다음을 구하라

(a) $\mathbf{A}\cdot\nabla\phi$ (b) $\phi\nabla\cdot\mathbf{A}$ (c) 점 $(3,-1,2)$에서 $(\nabla\phi)\times\mathbf{A}$

32. 점 $(2, 1, -1)$에서 곡면 $x^2y - 2xz + 2y^2z^4 = 10$의 단위 법선벡터를 구하라.

33. $\mathbf{A} = 3xz^2\mathbf{i} - yz\mathbf{j} + (x + 2z)\mathbf{A}$에 대해서, 회전 curl$\mathbf{A}$를 구하라.

야코비행렬식과 곡선좌표계에 관한 문제

34. 다음을 구면좌표(spherical coordinates)로 표현하라.

(a) grad Φ (b) div $\mathbf{A}$ (c) $\nabla^2\Phi$

35. 다음을 포물 원통형좌표(parabolic cylindrical coordinates)로 표현하라.

(a) gradΦ (b) div$\mathbf{A}$ (c) $\nabla^2\Phi$

36. 직교 곡선좌표계에서 $\nabla\Phi = \frac{\mathbf{e}_1}{h_1}\frac{\partial\Phi}{\partial u_1} + \frac{\mathbf{e}_2}{h_2}\frac{\partial\Phi}{\partial u_2} + \frac{\mathbf{e}_3}{h_3}\frac{\partial\Phi}{\partial u_3}$임을 증명하라.

37. $\left|\frac{\partial(x,y,z)}{\partial(u_1,u_2,u_3)}\right| = \left|\frac{\partial r}{\partial u_1} \cdot \frac{\partial r}{\partial u_2} \times \frac{\partial r}{\partial u_3}\right|$임을 증명하라.

38. 구면좌표를 써서 gradΦ, div$\mathbf{A}$, $\nabla^2\Phi$를 표현하라.

39. 직교좌표에서 포물 원통형좌표(parabolic cylinderical coordinate)로의 변환이 방정식 $x = 1/2(u^2 - v^2)$, $y = uv$, $z = z$로 주어져 있을 때, 다음에 답하여라.

(a) 주어진 계(system)이 직교임을 증명하라.

(b) ds^2과 척도인자들을 구하라.

(c) 주어진 변환의 야코비 행렬과 체적(부피)인자를 구하라.

40. $\nabla^2\Phi$와 div$\mathbf{A}$를 포물 원통형좌표로 표현하라.

41. 직교 곡선좌표계에서

$$\nabla\Phi = \frac{\mathrm{e}_1}{h_1}\frac{\partial\Phi}{\partial u_1} + \frac{\mathrm{e}_2}{h_2}\frac{\partial\Phi}{\partial u_2} + \frac{\mathrm{e}_3}{h_3}\frac{\partial\Phi}{\partial u_3}$$

임을 증명하라.

기타 문제

42. $\mathbf{r} = x\mathbf{i} + y\mathbf{j} + z\mathbf{k}$, $r = \sqrt{x^2 + y^2 + z^2}$이고 $f'(r) = df/dr$가 존재하면, $f(r) = \frac{f'(r)}{r}\mathbf{r}$임을 증명하라.

43. $\mathbf{A}$가 벡터 u에 관해서 미분가능한 함수이고 $|\mathbf{A}(u)| = 1$이면, $d\mathbf{A}/du$와 $\mathbf{A}$가 서로 수직임을 보여라.

44. (ρ, ϕ)가 극좌표이고 A, B, n이 상수들일 때, $U = \rho^n(A\cos n\phi + B\sin n\phi)$가 라플라스 방정식을 만족함을 증명하라.

45. $V = \frac{2\cos\theta + 3\sin^3\theta\cos\phi}{r^2}$일 때, $\nabla^2 V$를 구하라.

46. 미분이 가능한 공간곡선 $\mathbf{r} = \mathbf{r}(u)$에 대한 단위 접선벡터와 단위 주법선벡터를 $\mathbf{T}$와 $\mathbf{N}$으로 놓고, $\mathbf{B} = \mathbf{T} \times \mathbf{N}$을 곡선 $\mathbf{r} = \mathbf{r}(u)$의 단위 이중법선벡터(binormal vector)로 정의하자. 이 때, 다음이 성립함을 보여라.

$$\frac{d\mathbf{T}}{ds} = k\mathbf{N}, \quad \frac{d\mathbf{B}}{ds} = -\tau\mathbf{N}, \quad \frac{d\mathbf{N}}{ds} - k\mathbf{T}$$

위 식은 미분기하학에서 쓰이는 공식으로서 **프레네-세레(Frenet-Serret) 공식**이라 한다. 여기서 k를 **곡률(curvature)** τ를 **비틀림(torsion)**이라 한다.

47. 다음을 증명하라.

(a) $\mathbb{R}^3$에서 네 벡터 $\mathbf{A}_1$, $\mathbf{A}_2$, $\mathbf{A}_3$, $\mathbf{A}_4$는 항상 선형종속이다.

(b) 세 벡터 $\mathbf{A}_1 = 2\mathbf{i} - 3\mathbf{j} + 5\mathbf{k}$, $\mathbf{A}_2 = \mathbf{i} + \mathbf{j} - 2\mathbf{k}$, $\mathbf{A}_3 = 3\mathbf{i} - 7\mathbf{j} + 12\mathbf{k}$가 선형종속이다.

48. (x, y, z)가 직교좌표이고 (u, v, w)가 직교 곡선좌표일 때, 다음 등식이 성립함을 증명하라.

(a) $\frac{\partial(u, v, w)}{\partial(x, y, z)} = \nabla u \cdot \nabla v \times \nabla w$ (b) $\left(\frac{\partial\mathbf{r}}{\partial u} \cdot \frac{\partial\mathbf{r}}{\partial v} \times \frac{\partial\mathbf{r}}{\partial w}\right)(\nabla u \cdot \nabla v \times \nabla w) = 1$

제 8 장

편미분의 응용

곡선과 곡면에 대한 이론적인 연구는 그리스 수학자들이 원뿔 곡선(conic section)이나 나선(helix), 와선(spiral) 그리고 곡면들에 대한 성질들을 연구하기 시작했던 2천여 년 전부터 시작되었다. 당시의 수학자들은 기하학의 응용에 대해서는 별로 신경을 쓰지 않았지만 실질적으로 우리 생활에 많이 활용되는 이론들이 만들어 졌다. 이러한 응용들 중에는 태양계 행성들의 타원궤적에 관한 성질들이나 포물면의 초점에 관한 성질들을 포함하고 있을 뿐만 아니라 나선에 관한 특수한 성질들을 활용해서 DNA의 이중나선형 모형의 구조를 그려내는 것도 포함된다.

8.1 기하학과 편미분

2변수 이상의 함수를 연구하는 대에 필요한 해석학적인 도구가 편미분이다. 곡면들은 2변수 이상의 함수들로 표현되므로 편미분을 기하학에 응용하는 출발점이 된다. 기하학적인 많은 개념들에 대한 벡터 형식의 표현들은 ??장에서 이미 소개되었다. 이 장에서는 대응하는 성분방정식들이 소개된다.

곡면의 접평면(tangent plane)

$F(x, y, z) = 0$이 그림 8.1에 나타난 바와 같은 곡면 S의 방정식이라 하고, 앞으로 특별한 언급이 없는 한, 이 장에서 소개되는 함수들은 모두 다 연속적으로 미분이 가능하다고 하자. 이제부터 우리는 점 $P(x_0, y_0, z_0)$에서 곡면

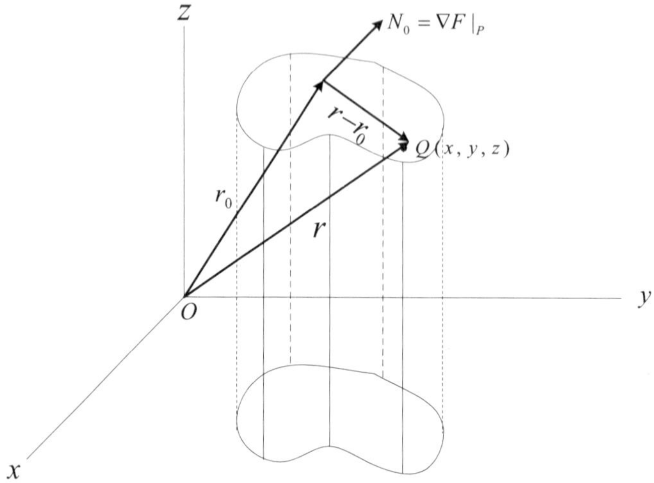

그림 8.1: 곡면의 접평면

S에 대한 접평면의 방정식을 구하려고 한다. 점 $P(x_0,\, y_0,\, z_0)$에서 곡면 S의 접평면에 수직인 벡터를 $\mathbf{N}_0 = \nabla F|_P$로 표현하는 데, 여기서 첨수 P는 기울기(gradient)가 점 $P(x_0,\, y_0,\, z_0)$에서 계산된다는 것을 가리킨다.

원점 $O = (0, 0, 0)$를 시점으로 하고 접평면안에 있는 점 $P(x_0,\, y_0,\, z_0)$와 점 $Q(x, y, z)$를 종점으로 하는 방향벡터를 각각 $\mathbf{r}_0$와 $\mathbf{r}$이라고 했을 때, 접평면의 방정식은 $\mathbf{r} - \mathbf{r}_0$가 $\mathbf{N}_0$에 수직이 되어야 하므로

$$(\mathbf{r} - \mathbf{r}_0) \cdot \mathbf{N}_0 = (\mathbf{r} - \mathbf{r}_0) \cdot \nabla F|_P = 0 \tag{8.1}$$

이다. 이 식을 직각좌표계에서 다시 표현하면

$$\left.\frac{\partial F}{\partial x}\right|_P (x - x_0) + \left.\frac{\partial F}{\partial y}\right|_P (y - y_0) + \left.\frac{\partial F}{\partial z}\right|_P (z - z_0) = 0 \tag{8.2}$$

이 된다.

곡면 방정식이 직교 곡선좌표계에서 $F(u_1, u_2, u_3) = 0$의 형식으로 주어진다면, 접평면의 방정식은 앞장의 끝부부에 소개된 기울기(gradiont)에 대한 결과들을 이용해서 표현할 수 있다.

곡면의 법선(normal line)

여기서는 $P(x_0, y_0, z_0)$에서 곡면 S에 대한 법선(normal line)의 방정식, 즉 곡면 S의 접평면에 수직인 직선의 방정식을 구하려고 한다. 만약 원점 O를 시점으로 하고 그림 8.1에서 법선벡터 $\mathbf{N}_0$위의 임의의 점 (x, y, z)를 종점으로 하는 방향벡터를 $\mathbf{r}$로 놓게 되면, 방향선분 $\mathbf{r} - \mathbf{r}_0$가 $\mathbf{N}_0$와 동일한 직선상에 놓이게 되므로

$$(\mathbf{r} - \mathbf{r}_0) \times \mathbf{N}_0 = (\mathbf{r} - \mathbf{r}_0) \times \nabla F|_P = 0 \tag{8.3}$$

이다. 이것을 행렬식 형태로 표현하면

$$\begin{vmatrix} \mathbf{i} & \mathbf{j} & \mathbf{k} \\ x - x_0 & y - y_0 & z - z_0 \\ F_x|_P & F_y|_P & F_z|_P \end{vmatrix} = 0$$

이므로

$$\frac{x - x_0}{\left|\frac{\partial F}{\partial x}\right|_P} = \frac{y - y_0}{\left|\frac{\partial F}{\partial y}\right|_P} = \frac{z - z_0}{\left|\frac{\partial F}{\partial z}\right|_P} \tag{8.4}$$

이다. 이 식의 비율을 (t 또는 u와 같은) 매개변수로 놓고 x, y, z에 대해서 풀면 법선에 대해 매개변수방정식을 얻는다. 곡면의 방정식이 직교인 곡선좌표계로 표현되어 있다면 법선의 방정식도 곡선좌표를 써서 표현할 수 있다.

곡선의 접선

그림 8.2에 나타난 곡선 C의 매개변수방정식이 $x = f(u)$, $y = g(u)$, $z = h(u)$라 하고, 앞으로 특별한 언급이 없는 한, 세 함수 f, g, h가 모두 연속적으로 미분이 가능하다고 하자. 이제 우리는 $u = u_0$일 때 점 $P(x_0, y_0, z_0)$에서 곡선 C의 접선을 구하려고 한다.

만약 $\mathbf{R} = f(u)\mathbf{j} + h(u)\mathbf{k}$이면, 점 P에서 곡선 C에 접하는 한 벡터가 $\mathbf{T}_0 = \frac{d\mathbb{R}}{du}\big|_P$로 주어진다. 여기서 원점 O로부터 구하려는 접선위의 점 $P(x_0, y_0, z_0)$와 점 $Q(x, y, z)$에 이르는 벡터들을 각각 $\mathbf{r}_0$와 $\mathbf{r}$로 놓으면, 방향선분 $\mathbf{r} - \mathbf{r}_0$은

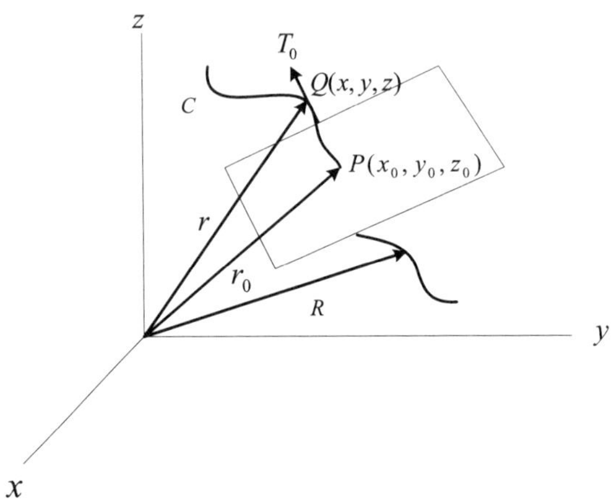

그림 8.2: 곡선의 접선

$\mathbf{T}_0$와 동일한 선상에 놓이게 된다. 따라서

$$(\mathbf{r} - \mathbf{r}_0) \times \mathbf{T}_0 = (\mathbf{r} - \mathbf{r}_0) \times \left. \frac{d\mathbf{R}}{du} \right|_P = 0 \tag{8.5}$$

이고, 이것을 직각좌표를 써서 표현하면

$$\frac{x - x_0}{f'(x_0)} = \frac{y - x_0}{g'(y_0)} = \frac{z - z_0}{h'(z_0)} \tag{8.6}$$

이다. 이 비율을 매개변수 u로 놓게 되면 접선의 방정식이 매개변수 방정식으로 표현된다.

만약 곡선 C가 방정식 $F(x, y, z) = 0$과 $G(x, y, z) = 0$으로 표현되는 두 곡면의 교선으로 되어 있다면, $\nabla F \times \nabla G$가 두 곡면에 대한 접평면들의 교선의 방향이 된다. 따라서 대응하는 접선의 방정식은

$$\frac{x - x_0}{\left. \begin{vmatrix} F_y & F_z \\ G_y & G_z \end{vmatrix} \right|_P} = \frac{y - y_0}{\left. \begin{vmatrix} F_z & F_x \\ G_z & G_x \end{vmatrix} \right|_P} = \frac{z - z_0}{\left. \begin{vmatrix} F_x & F_y \\ G_x & G_y \end{vmatrix} \right|_P} \tag{8.7}$$

이다. 식 (8.7)에 나타난 행렬식은 야코비 행렬식(Jacibian matrix)이다.

곡면들이 직교인 곡선좌표계에 의해서 표현되어 있는 경우에도 비슷한 결과를 얻는다.

곡면의 법평면(normal plane)

여기서는 그림8.2에 묘사된 바와 같은 점 $P(x_0, y_0, z_0)$에서 곡선 C의 **법평면** (normal plane)(점 P에서 C의 접선에 수직인 평면)에 대한 방정식을 구하려고 한다. 원점 O에서 법평면 위에 있는 임의의 점 (x, y, z)에 이르는 벡터를 $\mathbf{r}$이라 하고 점 O에서 점 P에 이르는 벡터를 $\mathbf{r}_0$라 하면 $\mathbf{r} - \mathbf{r}_0$가 벡터 $\mathbf{T}_0$에 수직이 되어야 한다. 따라서 방정식

$$(\mathbf{r} - \mathbf{r}_0) \cdot \mathbf{T}_0 = (\mathbf{r} - \mathbf{r}_0) \cdot \left.\frac{d\mathbf{R}}{du}\right|_P = 0 \tag{8.8}$$

을 얻는다. 주어진 곡선 C의 매개변수 방정식이 $x = f(u)$, $y = g(u)$, $z = h(u)$이면, 식 (8.8)은

$$f'(u_0)(x - x_0) + g'(u_0)(y - y_0) + h'(u_0)(z - z_0) = 0 \tag{8.9}$$

이 된다. 더 나아가 곡선 C가 두 방정식 $F(x, y, z) = 0$과 $G(x, y, z) = 0$으로 표현되는 곡면들이 교차해서 만들어진 것이라면, 식 (8.8)은

$$\begin{vmatrix} F_y & F_z \\ G_y & G_z \end{vmatrix}(x - x_0) + \begin{vmatrix} F_z & F_z \\ G_z & G_x \end{vmatrix}(y - y_0) + \begin{vmatrix} F_x & F_y \\ G_x & G_y \end{vmatrix}(z - z_0) = 0 \tag{8.10}$$

이 된다.

포락선(envelope)

2변수의 미분방정식의 해는 기하학적으로 보면 매개변수에 따라서 정의된 곡선들의 집합체다. 그러한 곡선들을 가리켜서 **포락선**[1]이라 일컫는다.

[1]포락선(envelope, 包絡線)은 어떤 단일 매개변수에 따라 정의된 무한개의 곡선이 있을 때 그 곡선군의 모든 곡선에 접하는 곡선을 이르는 말이다. 즉, 각각의 t에 대하여 곡선 가 있을 때, 이의 포락선 σ는 각각의 C_t 모두 접하는 곡선이다. 일반적으로 모든 곡선은 그 접선군의 포락선이라고 말할 수 있다.

예를 들면, xy-평면에서 원점으로부터 단위원에 이르는 모든 직선들의 집합체는 α를 매개변수로 하는 직선군 $x\sin\alpha + y\cos\alpha - 1 = 0$ 으로 표현된다. 이 집합체에 대한 포락선(envelope)은 $x^2 + y^2 = 1$이다.

만약 $\phi(x,y,z) = 0$이 xy-평면에서 주어진 곡선들의 1매개변수 족(family)이라고 한다면, 이 곡선들 중에서 어느 한 점에서 일부의 곡선들과 접하는 곡선 E가 존재할 수가 있다. 만약 그러한 곡선 E가 존재한다면 그 곡선의 방정식은 두 개의 방정식

$$\phi(x,y,\alpha) = 0, \quad \phi_\alpha(x,y,\alpha) = 0 \tag{8.11}$$

을 동시에 풀어서 얻을 수 있는데, 이 때 E를 가리켜서 그 곡선족의 포락선이라 한다.

이러한 결과는 3차원 공간상에서 곡면들의 1매개변수족의 포락선을 찾는 문제로 확장될 수 있다. 이러한 경우의 포락선은 두 방정식

$$\phi(x,y,z,\alpha) = 0, \qquad \phi_\alpha(x,y,z,\alpha) = 0 \tag{8.12}$$

의 해에 의해서 결정된다. 물론 이러한 원리는 2변수 이상의 매개변수족들까지도 확장될 수 있다.

8.2 다변수 함수의 극값과 라그랑 승수법

함수의 극값(local extremum)은 특정 지점의 함수값이 그 지점 주변의 다른 모든 함수값과 비교했을 때 가장 크거나 가장 작은 경우의 값을 가리킨다. 그 함수값이 가장 큰 경우를 극대값(local maximum), 가장 작은 경우를 극소값(local minimum)으로 부른다.

라그랑 승수법(Lagrange multiplier method)[2]은 제약이 있는 최적화 문제

[2]라그랑 승수법(Lagrange multiplier method)은 제약이 있는 최적화 문제를 푸는 방법이다. 최적화하려 하는 값에 형식적인 라그랑주 승수(Lagrange multiplier)항을 더하여, 제약된 문제를 제약이 없는 문제로 바꾼다. 소제프루이 라그랑주가 처음 도입하였으며 수학, 라그랑주 역학, 경제학, 운용 과학 등에 쓰인다.

를 푸는 방법이다. 최적화하려 하는 값에 형식적인 라그랑 승수(multiplier) 항을 더하여 제약된 문제를 제약이 없는 문제로 바꾸어 푸는 방식이다.

방향 도함수(directional derivatives)

함수 $F(x, y, z)$가 주어진 곡선 C위의 점 $P(x, y, z)$에서 정의되어 있다고 하자. 그리고 $F(x, +\Delta x\, y+\Delta y, z+\Delta z)$를 C위에 있는 P-근방의 다른 점 $Q(x+\Delta x, y+\Delta y, z+\Delta z)$에서 함수값이라 하고, Δs를 이들 두 점 P와 Q사이에 이루는 호의 길이라 하자. 이 때, 극한(존재하는 경우)

$$\lim_{\Delta s\to 0}\frac{\Delta F}{\Delta s}=\frac{F(x+\Delta x, y+\Delta y, z+\Delta z)-F(x, y, z)}{\Delta s} \tag{8.13}$$

을 가리켜서 점 (x, y, z)에서 F의 **방향 도함수(directional derivatives)** 라 부르고, 이 식은

$$\frac{dF}{ds}=\frac{\partial F}{\partial x}\cdot\frac{dx}{ds}+\frac{\partial F}{\partial y}\cdot\frac{dy}{ds}+\frac{\partial F}{\partial z}\cdot\frac{dz}{ds} \tag{8.14}$$

로 주어진다. 이식을 벡터형식으로 표현하면

$$\frac{dF}{ds}=\left(\frac{\partial F}{\partial x}\mathbf{i}+\frac{\partial F}{\partial y}\mathbf{j}+\frac{\partial F}{\mathbf{k}}\right)\cdot\left(\frac{dx}{ds}\mathbf{i}+\frac{dy}{ds}\mathbf{j}+\frac{dz}{ds}\mathbf{k}\right)=\nabla F\cdot\frac{dr}{ds}=\nabla F\cdot\mathbf{T} \tag{8.15}$$

이고, 이 식은 방향 도함수가 곡선 C의 접평면 방향에 놓인 ∇F의 성분에 의해서 얻어진다는 것을 말해 주고 있다.

따라서 방향도함수의 극대값은 $|\nabla F|$이고 극대점은 **등위면(equipotential surfaces, level surface)**이라 불리는 곡면 $F(x,y,z)=c$(임의의 상수)에 수직인 방향에서 나타난다.

적분부호에 관한 미분

u_1과 u_2가 매개변수 α에 관한 함수라 하고

$$\phi(\alpha)=\int_{u_1}^{u_2} f(x,\alpha)\,dx \qquad (a\le\alpha\le b) \tag{8.16}$$

로 놓자. 그러면 $\{(x,\alpha) : u_1 \le x \le u_2, \quad a \le \alpha \le b\}$를 포함하는 $x\alpha$-평면의 영역에서 함수 $f(x,\alpha)$와 $\partial f/\partial\alpha$가 x와 α에 관해서 연속이고 u_1과 u_2가 구간 $a \le \alpha \le b$에서 연속인 도함수를 가지면

$$\frac{d\phi}{d\alpha} = \int_{u_1}^{u_2} \frac{\partial f}{\partial\alpha} dx + f(u_2,\alpha)\frac{du_2}{d\alpha} - f_1(u_1,\alpha)\frac{du_1}{d\alpha} \tag{8.17}$$

이다. 만약 u_1과 u_2가 모두 상수이면 식 (8.17)에 있는 우측의 두 항들은 모두 0이 된다. 식 (8.17)을 가리켜서 **라이프니츠 공식**(Leibniz's rule)이라 부르는데, 이 공식은 정적분을 계산할 때 유용하게 쓰인다.

적분부호에 관한 적분

만약 $\phi(\alpha)$가 식 (8.16)으로 정의되어 있고 $f(x,\alpha)$가 $\{(x,\alpha) : u_1 \le x \le u_2, \quad a \le \alpha \le b\}$를 포함하는 $x\alpha$-평면의 영역에서 연속이고 u_1과 u_2가 모두 상수이면

$$\int_a^b \phi(\alpha)d\alpha = \int_a^b \left\{\int_{u_1}^{u_2} f(x,\alpha)dx\right\} d\alpha = \int_{u_1}^{u_2} \left\{\int_a^b f(x,\alpha)d\alpha\right\} dx \tag{8.18}$$

이다. 이러한 결과는 **적분순서의 교환** 또는 **적분부호에 관한 적분**으로 알려져 있다.

극대와 극소

우리는 이 책의 4장에서 1변수 함수에 대한 상대적인 극값의 문제를 다루었다. 기본적인 아이디어는 $y = g(x)$의 그래프 위에 있는 점들이 국소적으로 최대값이냐 아니면 최소값이냐 하는 문제로서, 점 $x = x_0$가 극값이 되기 위한 필요조건이 $g'(x_0) = 0$인 것이었다. 어러한 점 $P_0(x_0, y_0)$를 가리켜서 **임계점**(critical point)이라고 한다. (그림 8.3의 (a)와 (b)를 참조하라.) 여기서 조건 $g'(x) = 0$은 임계점을 찾는 데에 아주 유용하지만 결정적인 것은 아니다. (그림 8.3의 (c)를 참조 바람.)

임계점 P_0에서 함수 $g(x)$의 정확한 성질을 파악하려면, 2계 미분 $g''(x_0)$의 값에 따라서 다음과 같이 정확하게 판별해야 한다:

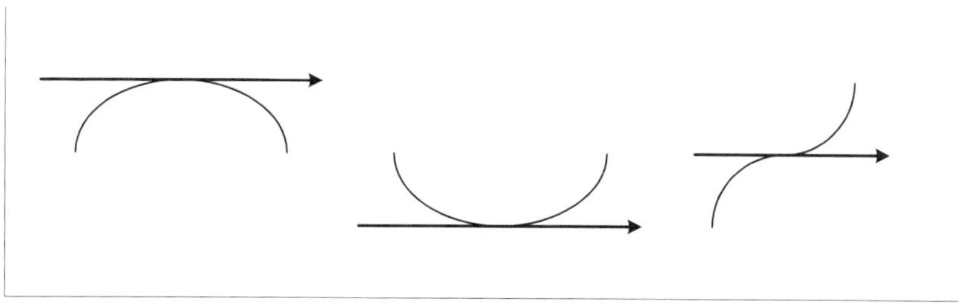

(a) (b) (c)

그림 8.3: 극대와 극소

1. $g''(x_0) > 0$이면, $y = g(x)$는 $x = x_0$근방에서 시계반대방향으로 회전하며 극소값(minimum)을 갖는다.
2. $g''(x_0) < 0$이면, $y = g(x)$는 $x = x_0$근방에서 시계방향으로 회전하며 극대값 (maximum)을 갖는다.
3. $g''(x_0) = 0$인 경우에는 이 단계에서 판별이 되지 않고 좀더 나은 단계에서 조사해야 한다.

이 절에서는 2변수 함수에 대한 극대값과 극소값을 갖기 위한 (필요충분)조건들을 설명하려고 한다. 먼저 기하학적으로 $z = f(x, y)$로 표현되는 곡면 S를 생각하자. 만약 $f_x(x_0, y_0) = 0$이면 "점 $P_0(x_0, y_0)$에서 평면 $y = y_0$와 곡면 $z = f(x, y)$가 교차해서 생긴 곡선이 x-축에 평행한 접선으로 갖는다"는 것을 의미한다. 마찬가지로 $f_y(x_0, y_0) = 0$이면 "점 $P_0(x_0, y_0)$에서 평면 $y = y_0$와 곡면 $z = f(x, y)$가 교차해서 생긴 곡선이 y-축에 평행한 접선으로 갖는다"는 것을 뜻한다. (그림 8.4 참조 바람.)

따라서

$$f_x(x_0, y_0) = 0 \quad \& \quad f_y(x_0, y_0) = 0$$

는 함수 $z = f(x, y)$가 점 $P_0(x_0, y_0)$에서 극값을 갖기 위한 필요조건이다. 그러나 이러한 조건이 충분조건은 되지 못한다. 왜냐하면 여기서는 명확하게 설명할 수 없는 360°-회전과 관련된 문제들이 있기 때문이다. 물론 이 조건만 가지고는 극대인지 극소인지를 구별할 수도 없다. 평면 회전에 관해서 불변

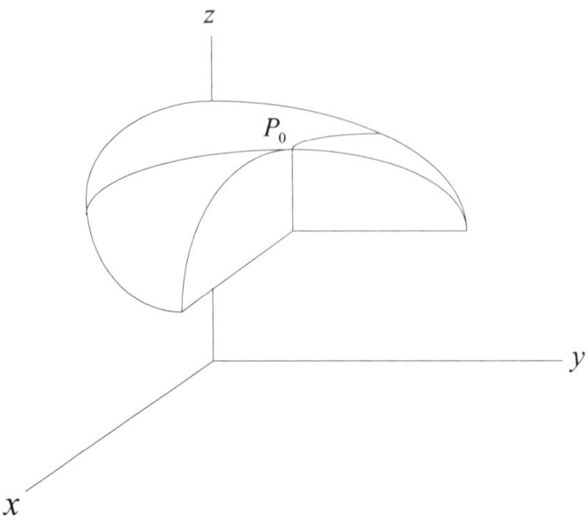

그림 8.4: 곡면에서 극점

(invariant)이고 2차 방정식 $Ax^2 + 2Bx + C = 0$의 근들을 가지고 판단할 수 있는 특수한 형식 $f_{xy} - f_x f_y$를 가지고 극값을 갖기 위한 충분한 조건들을 만들 수 있다.

정리 8.1 (2변수 함수가 극값을 갖기 위한 조건) *미분가능한 함수 $f(x, y)$가 점 $P_0(x_0, y_0)$에서 극대값이나 극소값을 갖기 위한 필요조건은*

$$\frac{\partial f(x_0, y_0)}{\partial x} = 0 \quad \& \quad \frac{\partial f(x_0, y_0)}{\partial y} = 0 \tag{8.19}$$

이다.

만약 $P_0(x_0, y_0)$가 $z = f(x, y)$의 임계점이고 식 (8.19)를 만족하면

$$\Delta = \left\{ \left(\frac{\partial^2 f}{\partial x^2} \right) \left(\frac{\partial^2 f}{\partial y^2} \right) - \left(\frac{\partial^2 f}{\partial x \partial y} \right)^2 \right\} \Bigg|_{(x_0, y_0)} \tag{8.20}$$

로 놓았을 때, 다음과 같이 판정할 수 있다.

1. *만약 $\Delta > 0$이고 $\left.\frac{\partial^2 f}{\partial x^2}\right|_{(x_0,y_0)} < 0$ $\left(또는 \left.\frac{\partial^2 f}{\partial y^2}\right|_{(x_0,y_0)} < 0 \right)$이면, $P_0(x_0, y_0)$는 $z = f(x, y)$의 극대점(maximum point)이다.*

2. 만약 $\Delta > 0$이고 $\left.\frac{\partial^2 f}{\partial x^2}\right|_{(x_0,y_0)} > 0$ $\left(\text{또는 } \left.\frac{\partial^2 f}{\partial y^2}\right|_{(x_0,y_0)} > 0\right)$이면, $P_0(x_0, y_0)$는 $z = f(x, y)$의 극소점(minimum point)이다.

3. 만약 $\Delta < 0$이면, $P_0(x_0, y_0)$는 $z = f(x, y)$의 극대점이나 극소점이 될 수 없다. $\Delta < 0$연 경우에 우리는 $P_0(x_0, y_0)$를 가리켜서 $z = f(x, y)$의 **안장점(saddle point)**이라 한다.

4. $\Delta = 0$인 경우에는 이 단계에서 판정할 수 없다. (판정을 위해서는 추가적인 분석이 더 필요하다.)

라그랑 승수법(Lagrange multiplier method)

제약조건(constraint condition) $\phi(x, y, z) = 0$이 주어진 함수 $F(x, y, z)$에 대한 극값들을 얻기 위한 방법이 보조함수

$$G(x, y, z) = F(x, y, z) = \lambda\phi(x, y, z) \tag{8.21}$$

를 이용하는 것인데, $F(x, y, z)$가 극대값이나 극소값을 갖기 위한 필요조건은

$$\frac{\partial G}{\partial x} = \frac{\partial G}{\partial y} = \frac{\partial G}{\partial z} = 0 \tag{8.22}$$

을 만족하는 것이다. 여기서 매개변수 λ는 $(x,\ y,\ z)$와는 독립적인 변수인데, 이 변수를 가리켜서 **라그랑[3] 승수(Lagrange multiplier)**라 한다.

식 (8.22)는 $\Delta G = 0$과 동치이고, 따라서 $\Delta F + \lambda\Delta\phi = 0$이다. 이는 기하학적으로 ΔF와 $\Delta\phi$가 서로 평행하다는 것을 의미한다.이러한 사실로부터, 다음과 같은 방법에 의해서, **라그랑 승수법(method of Laglange multiplier)**이 만들어 졌다.

먼저 곡면 $\phi(x, y, z) = 0$에서 F가 점 $P_0(x_0, y_0, z_0)$에서 극대값 A를 갖는다고 하자. (F가 극소값을 갖는 경우에 대해서도 같은 논리다.) 그리고 곡면들의 집합족 $F(x, y, z) = c$를 생각하자.

---

[3]라그랑(Joseph-Louis Lagrange,1736년 1월 1813년 4월)은 토리노, 피에몬테에서 태어난 이탈리아 태생이며, 프랑스와 프로이센에서 활동한 프랑스 수학자이자 천문학자이다. 그는 해석학, 정수론, 고전역학과 천체역학 전반에 걸쳐 중대한 기여를 했다. 특히 물리학분야에서 기존의 고전역학을 일반화된 새로운 수학적 방식으로 표현한 해석역학은 이론 물리학의 새로운 지평을 열었다.

한 곡면 $F(x,y,z) = A$는 점 P_0을 지나는 반면에, $B < A$일 때 곡면 $F(x,y,z) = B$는 점 P_0을 지나지 않는다. (이러한 곡면 $F(x,y,z) = A$의 선택은 기하학적으로 F에서 조건 $\phi(x,y,z) = 0$이 충족된다는 것을 내포하고 있다.) 그런데 점 P_0에 주어진 조건 $\Delta F + \lambda\Delta\phi = 0$은 $F(x,y,z) = A$의 기울기와 $\phi(x,y,z)$의 기울기가 서로 평행하다는 것을 의미하기 때문에, 우리는 그 곡면들이 F에 대해서 극대가 되는 점에서 공통의 접평면을 갖는다는 것을 알 수 있다. 따라서 $\Delta G = 0$은 F가 P_0에서 극대값을 갖기 위한 필요조건이다. 물론 이 조건이 충분조건은 아니다. 또한 이렇게 결정된 임계점이 유일하지 않을 수도 있고 극점이 아닐 수도 있다.

이러한 방법은 n-변수 함수들로 일반화될 수 있다. 만약 제약조건

$$\phi_1(x_1,\ldots,x_n) = 0,\ \phi_2(x_1,\ldots,x_n) = 0,\ldots,\phi_k(x_1,\ldots,x_n) = 0$$

을 만족하는 함수 $F(x_1,x_2,\ldots,x_n)$의 극대값이나 극소값을 구하려고 한다면, 우리는 먼저 조건

$$\frac{\partial G}{\partial x_1} = 0,\ \frac{\partial G}{\partial x_2} = 0,\cdots,\frac{\partial G}{\partial x_n} = 0 \tag{8.23}$$

을 만족하는 보조방정식

$$G(x_1,x_2,\ldots,x_n) \equiv F + \lambda_1\phi_1 + \lambda_2\phi_2 + \cdots + \lambda_k\phi_k \tag{8.24}$$

를 만들어야 한다. 여기서 매개변수 $\lambda_1,\lambda_2,\ldots,\lambda_n$은 $x_1,x_2,\ldots,x_n$과는 독립적이며 **라그랑 승수**라 불리운다.

≪8장 연습문제≫

곡면에 대한 접평면과 법선에 관한 문제

1. 평면 $x^2+y^2=4z$에 대해서 점 $(2,-4,5)$에서 다음을 구하라.

   (a) 접평면(tangent plane)

   (b) 법선(normal line)

2. 점 $P(x_0,y_0,z_0)$에서 곡면 $z=f(x,y)$의 접평면과 법선이 각각 다음과 같음을 증명하라.

   (a) $z-z_0=f_x|_P\,(x-x_0)+f_y|_P\,(y-y_0)$

   (b) $\frac{x-x_0}{f_x|_P}=\frac{y-y_0}{f_y|_P}=\frac{z-z_0}{-1}$

3. 곡면 $x^2-2yz+y^3=4$가 점 $(1,\ -1,\ 2)$에서 곡면족 $x^2+1=(2-4a)y^3+az^2$, $(a\in\mathbb{R})$에 속한 어느 한 곡면에 수직임을 보여라.

4. 임의의 점 $P(x,y,z)$에서 곡면 $F(x,y,z)=0$에 대한 법선과 z-축 사이의 예각이 $\gamma=\sqrt{F_x^2+f_y^2}/|F_z^2|$임을 증명하라.

5. 원통형 좌표계에서 곡면의 방정식이 연속적으로 미분이 가능한 함수 F에 의한 $F(\rho,\phi,z)=0$로 주어져 있고

$$A=F_p|_{p\cos\phi_0}-\frac{1}{\rho_0}F_\phi|_{p\sin\phi_0},\quad B=F_p|_{p\sin\phi_0}+\frac{1}{\rho_0}F_\phi|_{p\cos\phi_0},\quad C=F_z|_P$$

   라고 할 때, 다음을 증명하라.

   (a) 점 $P(\rho_0,\phi_0,z_0)$에서 접평면의 방정식이

$$A(x-x_0)+B(y-y_0)+C(z-z_0)=0 \text{ 이다.}$$

   (b) 점 $P(\rho_0,\phi_0,z_0)$에서 법선의 방정식이

$$\frac{x-x_0}{A}=\frac{y-y_0}{B}=\frac{z-z_0}{C}=t \text{ 이다.}$$

6. 위 문제를 이용해서 점 $(\rho,\ \phi,\ z)=(2,\ \pi/2,\ 1)$에서 곡면 $z=\rho\phi/\pi$에 대한 접평면의 방정식을 구하라. 또한, 이 문제를 직각좌표계를 이용해서 풀어라.

곡선에 대한 접선과 법평면에 관한 문제

7. 공간 곡선 $(x, y, z) = (6\sin t, 4\cos 3t, 2)$에 대해서, $t = \pi/4$일 때, (a) 접선을 구하고; (b) 법평면을 구하라.

8. 두 평면 $x+y+z=3$과 $x^2-y^2+2z^2=2$의 교차 곡선이 C라고고 할 때 다음을 구하라.

   (a) 점 (1, 1, 1)에서 C의 접선

   (b) 점 (1, 1, 1)에서 C의 법평면

9. 두 곡면 $3x^2y+y^2z=-2$와 $2xz-x^2y=3$이 교차하는 곡선 C에 대해서 다음을 구하라.

   (a) 점 (1, −1, 1)에서 C의 접선

   (b) 점 (1, −1, 1)에서 C의 법평면

10. $x=t-\cos t$, $y=3+\sin 2t$, $z=1+\cos 3t$로 정의되는 곡선 C에 대해서 다음을 구하라.

    (a) $t=\frac{\pi}{2}$에서 C의 접선

    (b) $t=\frac{\pi}{2}$에서 C의 법평면

포락선에 관한 문제

11. xy-평면에서 다음 각 곡선족에 대한 포락선을 구하고 그 포락선의 그래프를 그려라.

    (a) $y = ax - \alpha^2$

    (b) $\frac{x^2}{\alpha} + \frac{y^2}{a-\alpha} = 1$

12. x-축과 y-축에서 교차하는 점들사이의 길이가 상수 $a \geq 0$인 성질을 갖는 직선군에 대한 포락선을 구하라.

13. 포물선 $t = x^2$위에서 중심을 갖고 원점 $O = (0,0)$을 지나는 원들의 집합족에 대한 포락선을 구하라. (힌트: 포물선위의 점을 (α, α^2)으로 놓아라.)

14. 포물선 $2y = x^2$의 법평면군에 대한 포락선(축 폐선(evolute)[4] 이라 일컬음)을 구하고 그 포락선의 그래프를 그려라.

15. 다음 각 곡면군에 대한 포락선을 구하라.

    (a) $\alpha(x-y) - \alpha^2 z = 1$

    (b) $(x\alpha)^2 + y^2 = 2\alpha z$

16. 두 개의 매개변수 곡면족 $F(x, y, z, \alpha, \beta) = 0$에 대한 포락선이 세 방정식 $F = 0$, $F_\alpha = 0$, $F_\beta = 0$에서 α와 β를 제거함으로써 얻어질 수 있다는 것을 증명하라.

17. 다음 2-매개변수족에 대한 포락선을 구하라.

    (a) $z = \alpha x + \beta y - \alpha^2 - \beta^2$

    (b) $x\cos\alpha + y\cos\beta + z\cos\gamma = a.$

    (단, $\cos^2\alpha + \cos^2\beta + \cos^2\gamma = 1$이고 a는 상수이다.)

방향 도함수에 관한 문제

18. 함수 $f(x, y, z) = 2xy - z^2$에 대해서 다음에 답하여라.

    (a) 점 (2, −1, 1)에서 방향 (3, 1, −1)에 대한 방향도함수를 구하라.

    (b) 어떤 방향에서 이 도함수가 극대값을 갖는가?

    (c) 이 극대값은 얼마인가?

19. 평면상의 점 (x, y)에서 기온이 $T = 100xy/(x^2 + y^2)$일 때, 다음에 답하여라.

    (a) 점 (2, 1)에서 양의 x-축과 $60°$의 각도를 이루는 방향으로의 방향도함수를 구하라.

    (b) 점 (2, 1)에서 구한 방향도함수가 어떤 방향에서 극대값을 갖는가?

    (c) 그리고 그 극대값은 얼마인가?

20. $F(\rho, \phi, z)$가 연속적으로 미분가능했을 때, 모든 점에서 F의 방향도함수의 극대값이 $\sqrt{\left(\frac{\partial F}{\partial \rho}\right)^2 + \frac{1}{\rho^2}\left(\frac{\partial F}{\partial \phi}\right)^2 + \left(\frac{\partial F}{\partial z}\right)^2}$임을 증명하라.

---

[4]축폐선(evolute, 縮閉線)은 어떤 곡선의 각 점에 대한 곡률 중심의 궤적이 이루는 또 하나의 곡선이다. 모든 점에 대한 곡률 중심을 찾을 수 있다면 곡선의 종류는 관계없이 한 곡선에서 다른 곡선을 유도해내는 것이므로 곡선의 미분변환의 일종이다.

적분부호에 관한 미분의 문제

21. $\phi(\alpha) = \int_{\sqrt{a}}^{1/\alpha} \cos \alpha x^2 \, dx$일 때, $\frac{d\phi}{d\alpha}$를 구하라.

22. (a) $F(\alpha) = \tan^{-1} \frac{x}{\alpha} dx$일 때, Leibniz의 공식을 써서, $\frac{dF}{d\alpha}$를 구하라.

    (b) 직접계산해서 위 결과를 확인하라.

23. $\phi(\alpha) = \int_{\sqrt{a}}^{1/\alpha} \cos \alpha x^2 \, dx$일 때, $\frac{d\phi}{d\alpha}$를 구하라.

24. (a) $F(\alpha) = \tan^{-1} \frac{x}{\alpha} dx$일 때, Leibniz의 공식을 써서, $\frac{dF}{d\alpha}$를 구하라.

    (b) 직접계산해서 위 결과를 확인하라.

25. $\int_0^1 x^p \, dx = \frac{1}{p+1}$, $(p > -1)$를 이용해서, $\int_0^1 x^p (\ln x)^m \, dx = \frac{(-1)^m m!}{(p+1)^{m+1}}$임을 증명하라.

26. 다음 등식을 증명하라:

$$\int_0^\pi \ln(1 + \alpha \cos x) dx = \pi \ln \left(\frac{1 + \sqrt{1 - \alpha^2}}{2} \right), \quad (|\alpha| < 1).$$

27. 등식

$$\int_0^\pi \ln(1 - 2\alpha \cos x + \alpha^2) dx = \begin{cases} \pi \ \ln \alpha^2 & \text{if} \quad |\alpha| < 1, \\ 0 & \text{if} \quad |\alpha| > 1 \end{cases}$$

이 성립함을 보이고, $|\alpha| = 1$인 경우에 어떻게 되는지를 설명하라.

28. $\phi(\alpha) = \int_\alpha^{\alpha^2} \frac{\sin \alpha x}{x} dx, \quad (\alpha \neq =)$일 때, 미분 $\phi'(\alpha$을 구하라.

29. $\int_0^\pi \frac{1}{\alpha - \cos x} dx = \frac{\pi}{\sqrt{\alpha^2 - 1}}, \quad (\alpha > 1)$일 때, $\int_0^\pi \frac{1}{(2 - \cos x)^2} dx$를 구하라.

30. $\int_0^\pi \frac{1}{(5 - 3\cos x)^3} dx = \frac{59\pi}{2048}$임을 증명하라.

적분부호에 관한 적분의 문제

31. 다음 등식이 성립함을 보여라.

$$\int_0^1 \left\{ \int_1^2 (\alpha^2 - x^2) dx \right\} d\alpha = \int_1^2 \left\{ \int_0^1 (\alpha^2 - x^2) d\alpha \right\} dx.$$

32. 상수 $a, b > 1$에 대해서, $\int_0^\pi \ln\left(\frac{b-\cos x}{a-\cos x}\right) dx = \pi \ln\left(\frac{b+\sqrt{b^2-1}}{a+\sqrt{a^2-1}}\right)$임을 증명하라.

33. $\int_0^{2\pi}(\alpha - \sin x)\, dx = 2\pi\alpha$를 이용해서 모든 상수 a와 b에 대하여 다음 등식이 성립함을 보여라:

$$\int_0^{2\pi} \left[(b-\sin x)^2 - (a-\sin x)^2\right] dx = 2\pi(b^2 - a^2).$$

34. 모든 $\alpha > 1$에 대해서, $\int_0^{2\pi} \frac{dx}{\alpha+\sin x} = \frac{2\pi}{\sqrt{\alpha^2-1}}$임을 이용해서, 다음 등식이 성립함을 보여라.

$$\int_0^{2\pi} \ln\left(\frac{5+3\sin x}{5+4\sin x}\right) dx = 2\pi \ln\left(\frac{9}{8}\right).$$

35. (a) 모든 $0 \le \alpha < 1$에 대해서 $\int_0^{\pi/2} \frac{dx}{1+\alpha\cos x} = \frac{\cos^{-1}\alpha}{\sqrt{1-\alpha^2}}$임을 이용해서 다음 등식을 증명하라:

$$\int_0^{\pi/2} \sec x \ln\left(\frac{1+b\cos x}{1+a\cos x}\right) dx = \frac{(\cos^{-1} a)^2 - (\cos^{-1} b)^2}{2}, \quad (0 \le b < 1).$$

(b) $\int_0^{\pi/2} \sec x \ln(1+\frac{1}{2}\cos x)dx = \frac{5\pi^2}{72}$임을 증명하라.

극값과 라그랑 승수에 관한 문제

36. 조건 $x+y+z=6,\ x>0,\ y>0$하에서 주어진 함수 $F(x,y,z) = xy^2z^3$의 극대값과 극소값을 구하라.

37. 타원면[5] $\frac{x^2}{9} + \frac{y^2}{16} + \frac{z^2}{36} = 1$에 내접한 가장 큰 직육면체의 체적을 구하라.

38. (a) 조건 $3x^2 + 4xy + 6y^2 = 140$하에서 주어진 함수 $f(x,y) = x^2 + y^2$의 최대값과 최소값을 구하라.

(b) (a)의 결과를 기하학적으로 해석하라.

39. 임의의 삼각형 ABC안에 $\bar{PA}^2 + \bar{PB}^2 + \bar{PC}^2$의 값이 최소가 되는 점 P가 존재한다는 것과 P가 중선들의 교차점임을 증명하라.

[5]기하학에서, 타원면(ellipsoid)은 양의 정부호 이차 형식에 의하여 정의된 구를 으깬 모양의 곡면으로서 이차 곡면의 일종이다.

40. (a) 단위 정사각형 $\{(x,y): 0 \le x \le 1, \quad 0 \le y \le 1\}$에서 $f(x,y) = x^2 + xy + y^2$의 최대값과 최소값이 각각 3과 0임을 증명하라.

(b) (a)의 결과가 x와 y에 관한 $f(x,y)$의 편도함수가 모두 0이 되는 점에서 얻어질 수 있는가? 그 이유를 설명하라.

41. 곡면 $2x^2 + 3y^2 + z^2 - 12xy + 4xz = 35$에서 z의 극값들을 구하라.

42. 두 제약조건 $G(a,y,z) = 0$과 $H(x,y,z) = 0$하에 주어진 함수 $F(x,y,z)$의 극값들을 구하기 위한 라그랑 승수법을 만들어라.

43. 제약조건 $G(x,y,z) = 0$하에서 함수 $F(x,y,z)$가 극값을 갖기 위한 필요조건이 $F_xG_y - F_yG_x = 0$임을 증명하라.

44. 원점으로부터 쌍곡선 $x^2 + 8xy + 7y^2 = 225$, $z = 0$까지의 최단거리를 구하라.

45. 제약조건 $\frac{x^2}{4} + \frac{y^2}{9} + \frac{z^2}{25} = 1$하에서 함수 $f(x,y,z) = x^2 + y^2 + z^2$의 최대값과 최소값을 구하라.

46. 원점 $O = (0,0,0)$으로부터 두 곡면 $xyz = a$, $(a > 0)$와 $y = bx$, $(b > 0)$의 교차곡선에 이르는 가장 짧은 거리가 $3\sqrt{a(b^2+1)/2b}$임을 증명하라.

47. 타원면 $11x^2 + 9y^2 + 15z^2 - 4xy + 10yz - 20xz = 80$의 겉면적을 구하라.

기타 문제

48. 적분 $\int_0^1 \frac{x-1}{\ln x} dx$를 계산하라.

49. 함수 $F(a,b) = \int_0^\pi [\sin x - (ax^2 + bx)]^2 dx$가 최소값을 갖는 상수 a와 b를 구하라.

50. 양의 실수 m과 n에 대해서, $\int_0^1 \frac{x^m - x^n}{\ln x} dx = \ln\left(\frac{m+1}{n+1}\right)$임을 증명하라.

51. 다음에 답하여라.

(a) $I_M = \int_0^M \frac{dx}{(x^2+\alpha^2)^2} = \frac{1}{2\alpha^3} \tan^{-1} \frac{M}{\alpha} + \frac{M}{2\alpha^3(\alpha^2+M^2)}$ 임을 증명하라.

(b) 극한 $\lim_{M\to\infty} I_M$을 계산하고, $\lim_{M\to\infty} I_M = \int_0^\pi \frac{dx}{(x^2+\alpha^2)^2}$ 임을 증명하라.

(c) $\frac{d}{d\alpha} \lim_{M\to\infty} \int_0^M \frac{dx}{(x^2+\alpha^2)^2} = \lim_{M\to\infty} \frac{d}{d\alpha} \int_0^M \frac{dx}{(x^2+\alpha^2)^2}$ 인가?

제 9 장

다중적분

다중적분은 정적분이 확장된 개념으로서 $F(x, y)$ 또는 $F(x, y, z)$와 같이 두 개 이상의 변수에 대해 정의된 함수의 정적분이다.

표면의 용적으로 나타내어진 중적분은 직사각형꼴인 밑바닥은 적분의 변역이며, 표면은 2개의 변수가 있는 함수의 그래프를 나타낸다. 가장 간단한 예인 이중적분에 대해 살펴보면, 양의 함수값 만을 갖는 단일 변수 함수의 정적분이 곡선과 x축 사이의 넓이를 나타내는 것과 같이, 두 개의 변수를 가지는 함수의 변역에 대한 정적분은 변역과 함수가 3차원 직교좌표계에서 표현하는 곡면 사이의 부피라 할 수 있다. 삼중적분의 경우는 함수에 대해 정의되는 표면과 변역 사이의 4차원에서의 부피와 같은 개념이라고 생각할 수 있다. 수학적으로 엄밀하게 정의하면 함수의 변수 개수와 같은 수의 차원에 대한 함수값의 리이만 합으로 생각할 수 있다.

이중적분의 경우, 함수가 정의된 변역 $R \subset \mathbb{R}^2$ 을 임의의 가로와 세로 길이를 가진 직사각형들로 쪼개면 변역과 함수가 나타내는 표면 사이의 부피의 합은

$$S_n = \sum_{k=1}^{n} F(x_k, y_k) \Delta A_k$$

로 근사할 수 있다.

이 때 변역을 쪼갠 직사각형 중 가로 또는 세로의 길이가 가장 큰 것 (즉, 변역의 노름인 $\|\mathbf{x}\|$)가 n이 무한히 커짐에 따라 0에 가까워질 때, ΔA_k 또한 0에 가까워지며 이 때 함수값들의 합이 특정한 값 S에 가까워지면 "함수 $F(x, y)$는 적분가능하다"고 하며 그 합 S를 다음과 같이 나타낸다.

$$S = \iint_D F(x, y)dA = \iint_D F(x, y)dx\,dy.$$

삼중적분의 경우에도 변역 R이 3차원에서 정의된 것(즉, $R \subset \mathbb{R}^3$)을 제외하면 그 원리는 이중적분의 경우와 같다. 삼중적분은합 $\sum_{k=1}^{n} F(x_k, y_k, z_k)\Delta V_k$의 $\|\Delta V\| = \max_{0 \le k \le n} \|\Delta V_k\| \to 0$일 때의 극한값으로 정의할 수 있으며, 그 극한값이 존재할 때 극한값은 다음과 같이 나타낸다.

$$\iiint_R F(x, y, z)dV = \iiint_R F(x, y, z)dxdydz$$

9.1 이중적분

정의 9.1 (이중적분) *함수 $F(x, y)$가 xy-평면상의 유계한 닫힌영역 R에서 정의되어 있다고 하자. 여기서 R를 면적이 ΔA_k인 n개의 소영역 R_k, $(k = 1, 2, \ldots, n)$으로 나누자. 그리고, 각 $k = 1, 2, \ldots, n$에 대해서, R_k에 속한 임의의 한 점 (ξ_k, η_k)를 택하고(그림 9.1 참조) 합*

$$S_n = \sum_{k=1}^{n} F(\xi_k, \eta_k)\Delta A_k \tag{9.1}$$

를 구한다. 그리고 $n \to \infty$이면 $\|\Delta A\| = \max_{1 \le k \le n} \|\Delta A_k\| \to 0$이라고 했을 때

$$\lim_{n\to\infty} \sum_{k=1}^{n} F(\xi_k, \eta_k)\Delta A_k = \iint_R F(x, y)dA \tag{9.2}$$

으로 정의하고, 이것을 영역 R에서 $F(x, y)$의 **이중적분** *(double integral)이라 부른다.*

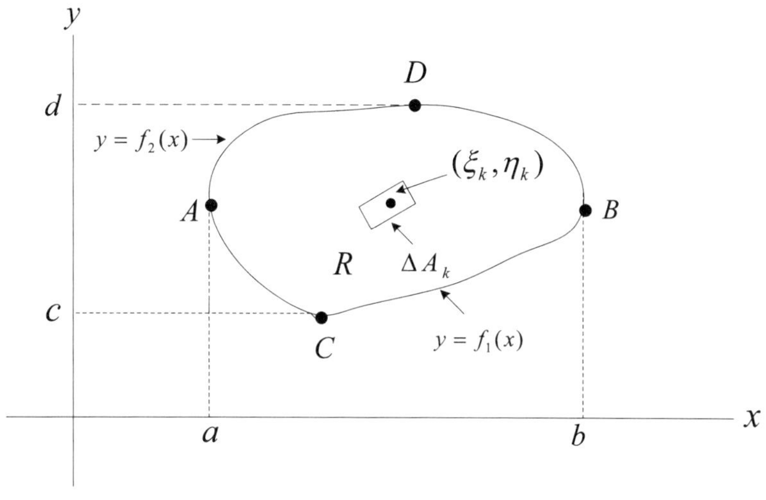

그림 9.1: 영역 R의 분할

만약 $F(x,y)$가 유계한 닫힌영역 R에서 연속이면 이중적분 $\iint_R F(x,y)dA$의 값은 반드시 존재한다.

2중 적분은 피적분 함수의 형태에 따라서 다양한 해석을 할 수 있다. 예를 들어, $F(x,y) = \rho(x,y)$가 평평한 철판의 가변밀도(variable density)를 나타내는 함수라 할 때, 영역 A에서 이 함수에 대한 이중적분 $\iint_A \rho\, dA$는 그 평면의 질량을 나타낸다. 그림 9.2 (b)에서 $F(x,y)$가 실린더 모양의 물체에 대한 ($z = F(x,y)$에 의해서 표현되는) 높이를 나타내는 함수라 하면, 이중적분 $\iint_A F(x,y)dA$는 물체의 부피가 된다.

반복적분

그림 9.2 (a)에 나타난 바와 같이 y-축에 평행한 각 직선이 최대로 2개의 R의 경계점들에서 만난다고 하자 그러면 R의 경계선을 함수 $f_1,\ f_2\ :\ [a,\ b] \rightarrow \mathbb{R}$로 표현되는 두 곡선 ACB와 ADB로 나누어서 표현할 수 있다(그림 9.1). 여기서 함수 f_1과 f_2가 연속이라 하자. 이러한 경우에, 그림 9.2 (a)에서 처럼 x-축과 y-축에 평행한 직선들에 의해서 생성된 격자무늬 모양의 소영역 R_k

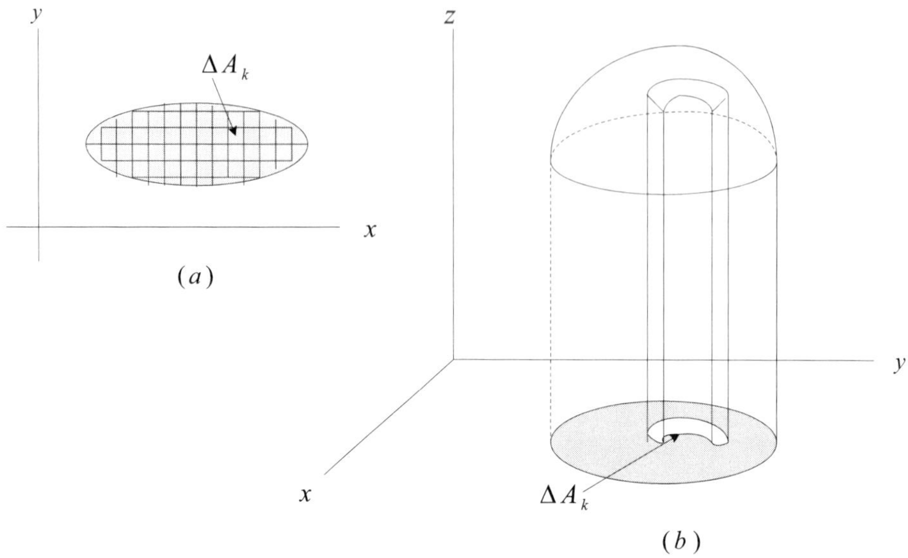

그림 9.2: 중적분

들을 만들어서 중적분을 구할 수 있다. 그러면 방정식 (9.2)는

$$\begin{aligned}\iint_R F(x,y)dxdy &= \int_{x=a}^{b}\int_{y=f_1(x)}^{f_2(x)} F(x,y)dydx \\ &= \int_{x=a}^{b}\left\{\int_{y=f_1(x)}^{f_2(x)} F(x,y)dy\right\}dx\end{aligned} \tag{9.3}$$

로 쓸 수 있다. 위의 식에서 먼저 괄호안의 적분을 x를 상수로 간주하여 y에 관한 정적분으로 구한 다음 닫힌 구간 $[a,b]$에서 x에 관한 정적분을 구한다는 것을 의미한다. 식 (9.3)는 **반복적분**(iteratd integral)이라 일컫는 두 개의 적분에 의해서 중적분이 계산될 수 있다는 것을 나타낸다.

중첩적분이 이루어 지는 과정이 그림 9.2의 (a)와 (b)에 표현되어 있다.

3차원 공간상의 입체의 체적을 구하는 문제는 하나의 변수에 의해서 결정되는 평면에 의한 단면적을 계산한 다음 그 단면적을 적분하는 것이다. 예를 들면, 변수 x의 값 $x = x'$을 선택한 후에 평면 $x = x'$과 입체가 교차하는 단면 $R_{x'}$를 만든다. 만약 점 (x', y)에서 주어진 입체에 대한 높이 함수가

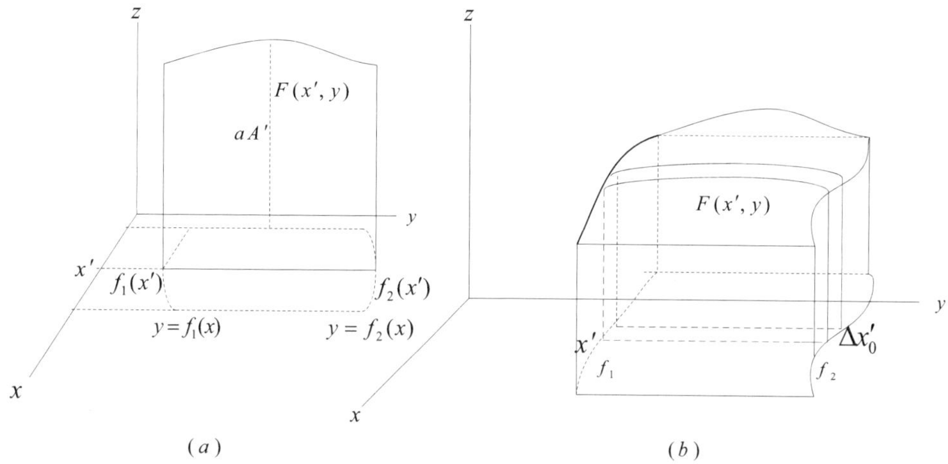

그림 9.3: 반복적분

$z = F(x', y)$로 표현되고 $y_1 = f_1(x)$와 $y_2 = f_2(x)$가 주어진 입체의 y-축에 관한 경계를 나타내는 함수들이면, 단면 $R_{x'}$의 면적은 $A(x') = \int_{y_1}^{y_2} F(x', y)dy$ 이다. 이제 각 소구간 $[x_{j-1}, x_j]$에서 임의의 한 점 x'_j을 택하여 입체조각(slab)의 체적 $A_j \Delta x_j = A(x'_j)(x_j - x_{j-1})$들을 구한다. 이러한 입체조각들의 체적들의 합에 대한 극한값

$$V = \lim_{n\to\infty} \sum_{j=1}^{n} A_j \Delta x_j = \int_a^b \left(\int_{f_1(x)}^{f_2(x)} F(x, y)dy \right) dx$$

가 주어진 입체의 체적이 된다.

경우에 따라서는 적분의 순서가 바뀔 수도 있다. 예를 들어, 그림 9.1에 나타난 바와 같이, x축에 평행한 각 직선이 영역 R의 경계선과 만나는 점들의 개수가 최대로 2개라 하자. 그러면 R의 경계선은 함수 $x = g_1(y)$와 $x = g_2(y)$로 표현되는 두 곡선 CAD와 CBD로 나눌 수 있다. 이러한 경우에 대해서

중적분 (9.2)는

$$\begin{aligned}\iint_R F(x,y)dA &= \int_{y=c}^{d}\int_{g_1(y)}^{g_2(y)} F(x,y)dxdy \\ &= \int_{y=c}^{d}\left(\int_{g_1(y)}^{g_2(y)} F(x,y)dx\right)dy\end{aligned} \tag{9.4}$$

이다. 이중적분을 계산하려면 식 (9.3) 또는 (9.4)를 이용하면 된다.

영역 R이 그림 9.3의 형태와 다른 경우에는 R을 이 형태와 같은 소영역 $R_1, R_2, \ldots$로 분할할 수 있을 것이다. 그러면 R에서 이중적분은 소영역 $R_1, R_2, \ldots$에서 이중적분의 합이 된다.

9.2 삼중적분

앞에서 다룬 이중적분의 원리는 3차원 공간의 닫힌영역에서 정의된 함수의 적분으로 일반화 될 수 있다. 예를 들어, $F(x,y,z)$가 $\mathbb{R}^3$에서 닫힌영역 R에서 정의된 실수값을 갖는 함수라고 할 때, 영역 R을 체적이, 각 $k = 1, 2, \ldots, n$에 대해서, ΔV_k인 n개의 소영역 $R_1, R_2, \ldots, R_n$으로 분할하자. 여기서 $n \to \infty$일 때 $\|\Delta V\| = \max_{1\le k\le n} \|\Delta V_k\| \to 0$이 되도록 R을 분할 했다고 하고 가정한다. 다음에는, 각 $k = 1, 2, \ldots, n$에 대하여, 소영역 R_k에 속한 임의의 한 점 (ξ_k, η_k, ζ_k)를 택하여 합

$$S_n = \sum_{k=1}^{n} F(\xi_k, \eta_k, \zeta_k)\Delta V_k \tag{9.5}$$

을 구하여 $n \to \infty$일 때의 극한값을 $\iiint_R F(x,y,z)dV$로 정의한다. 즉,

$$\iiint_R F(x,y,z)dV = \lim_{n\to\infty} \sum_{k=1}^{n} F(\xi_k, \eta_k, \zeta_k)\Delta V_k \tag{9.6}$$

으로 정의한다. 식 (9.6)을 가리켜서 영역 R위에서 함수 $F(x,y,z)$의 **삼중적분**(triple integral)이라 부른다. 만약 $F(x,y,z)$가 유계한 닫힌영역 R에서 연속이면 삼중적분 (9.6)은 실수값으로 존재한다.

영역 R을 xy-평면, yz-평면, xz-평면에 평행한 평면들로 이루어진 격자를

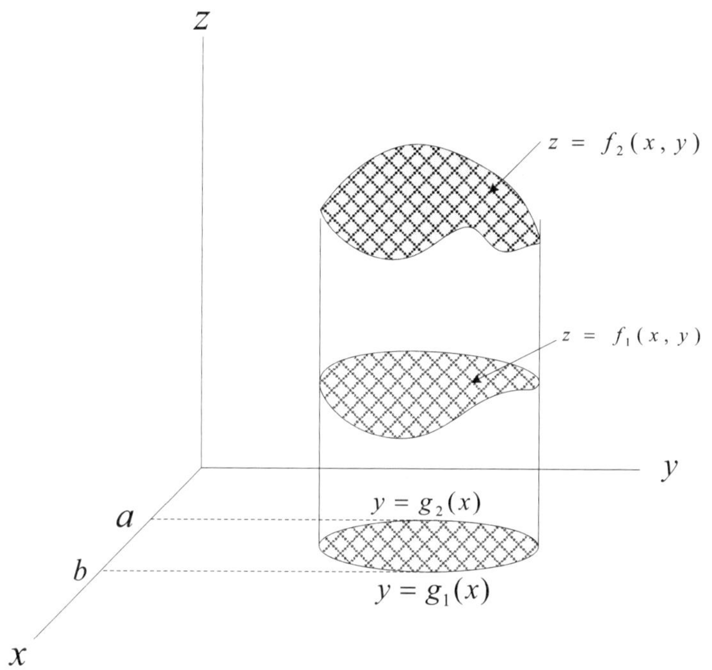

그림 9.4: 삼중적분

만들어서 직육면체의 소영역들로 분할시킬 수 있다. 이렇게 하여 식 (9.6)으로 정의된 삼중적분을

$$\int_a^b \int_{g_1(x)}^{g_2(x)} \int_{f_1(x,y)}^{F_2(x,y)} F(x,y,z)dz\,dy\,dx = \int_a^b \left[\int_{g_1(x)}^{g_2(x)} \left(\int_{f_1(x,y)}^{F_2(x,y)} F(x,y,z)dz \right) dy \right] dx \tag{9.7}$$

의 형태로 표현할 수 있다. 또한 이 적분은 다른 형태로 변환하여 적분의 순서를 바꾸어 계산할 수 있다.

삼중의 반복적분은 적분구간이 곡면에서 곡면, 선분에서 선분 그리고 점에서 점으로 이루어진 세 가지 정적분을 연속해서 시행하는 것이다(그림 9.3). 이와같은 적분의 원리는 4차원 이상의 공간에서 정의된 실함수의 적분으로 확대시킬 수 있다.

9.3 다중적분의 변환

다중적분을 계산하기 위해서 6장과 7장에서 소개했던 곡면좌표계와 같은 직교좌표계가 아닌 다른 좌표계를 활용했을 때 더 편리할 수가 있다.

만약 (u, v)가 평면 $\mathbb{R}^2$의 점들에 대한 곡면좌표라 할 때, 직교좌표 (x, y)와 곡면좌표 (u, v)사이의 관계를 나타내는 변환방정식 $x = f(u, v)$, $y = g(u, v)$를 얻을 수 있다. 이러한 변환에 의해서 xy-평면상의 영역 R은 uv-평면상의 영역 R'으로 변환되었을 때, $G(u, v) = F[f(u, v), g(u, v)]$이고

$$\frac{\partial(x, y)}{\partial(u, v)} = \begin{bmatrix} \frac{\partial x}{\partial u} & \frac{\partial x}{\partial v} \\ \frac{\partial y}{\partial u} & \frac{\partial y}{\partial v} \end{bmatrix} \tag{9.8}$$

이면

$$\iint F(x, y) dx\, dy = \iint G(u, v) \left| \frac{\partial(x, y)}{\partial(u, v)} \right| du\, dv \tag{9.9}$$

이다.

마찬가지로 (u, v, w)가 3차원 공간에서 곡면좌표이고 직교좌표 (x, y, z)와의 관계를 나타내는 세 변환 $x = f(u, v, w)$, $y = g(u, v, w)$, $z = h(u, v, w)$가 존재하면, $G(u, v, w) = F[f(u, v, w), g(u, v, w), h(u, v, w)]$이고

$$\frac{\partial(x, y, z)}{\partial(u, v, w)} = \begin{bmatrix} \frac{\partial x}{\partial u} & \frac{\partial x}{\partial v} & \frac{\partial x}{\partial w} \\ \frac{\partial y}{\partial u} & \frac{\partial y}{\partial v} & \frac{\partial y}{\partial w} \\ \frac{\partial z}{\partial u} & \frac{\partial z}{\partial v} & \frac{\partial z}{\partial w} \end{bmatrix} \tag{9.10}$$

일 때

$$\iiint F(x, y) dx\, dy\, dz = \iiint G(u, v, w) \left| \frac{\partial(x, y, z)}{\partial(u, v, w)} \right| du\, dv \tag{9.11}$$

이다. 식 (9.8)과 (9.8)에 나타난 $\frac{\partial(x,y)}{\partial(u,v)}$와 $\frac{\partial(x,y,z)}{\partial(u,v,w)}$는 모두 6장에서 소개하였던 야코비 행렬이다. 위와 같은 원리는 4차원 이상의 공간으로 확장이 가능하다.

9.4 극좌표, 원기둥좌표, 구면좌표에 의한 면적의 계산

평면에서 면적에 대한 미분 dA를 극좌표 형식으로 표현하는 것과 와 3차원 공간에서 체적에 대한 미분 dV를 원기둥좌표나 구면좌표형식으로 표현하는 것이 특별히 중요하다.

7장에서 이미 직교 좌표계와 원기둥좌표계의 관계를 나타내는 변환방정식을 소개한 바 있다. 이미 아는 바와 같이, $\mathbb{R}^3$에서 직교 좌표와 원기둥좌표를 각각 (x, y, z)와 (ρ, θ, z)라 하면

$$x = \rho\cos\phi,\ y = \rho\sin\phi,\ z = z$$

이다. 원기둥좌표 $\mathbf{r} = \rho\cos\phi\mathbf{i} + \rho\sin\phi\mathbf{j} + z\mathbf{k}$에 대해서

$$\frac{\partial\mathbf{r}}{\partial\rho} = \cos\phi\,\mathbf{i} + \sin\phi\,\mathbf{i},\quad \frac{\partial\mathbf{r}}{\partial\phi} = -\mathbf{r}\sin\phi\,\mathbf{i} + \mathbf{r}\cos\phi\,\mathbf{i},\quad \frac{\partial\mathbf{r}}{\partial z} = \mathbf{k}$$

일 때, 집합 $\left\{\frac{\partial\mathbf{r}}{\partial\rho},\ \frac{\partial\mathbf{r}}{\partial\phi},\ \frac{\partial\mathbf{r}}{\partial z}\right\}$는 직교기저를 형성한다. 원기둥좌표계의 경우에는 $\mathbf{r} = \rho\cos\phi\mathbf{i} + \rho\cos\phi\mathbf{j} + z\mathbf{k}$이고

$$\frac{\partial\mathbf{r}}{\partial\rho} = \cos\phi\mathbf{i} + \cos\phi\mathbf{j},\ \frac{\partial\mathbf{r}}{\partial\phi} = -\rho\sin\phi\mathbf{i} + \rho\cos\phi\mathbf{j},\ \frac{\partial\mathbf{r}}{\partial z} = \mathbf{k}$$

이므로 $\frac{\partial\mathbf{r}}{\partial\rho}\cdot\frac{\partial\mathbf{r}}{\partial\phi}\times\frac{\partial\mathbf{r}}{\partial z} = \rho$이다.

식 $\frac{\partial\mathbf{r}}{\partial\rho}\cdot\frac{\partial\mathbf{r}}{\partial\phi}\times\frac{\partial\mathbf{r}}{\partial z}d\rho\,d\phi\,dz$가 무한소 직육면체(infinitesimal rectangular parallelepiped)라는 기하학적인 해석이 원기둥좌표계에서 부피(체적)의 미분소(differential element)가

$$dV = \rho\,d\rho\,dz$$

라는 것을 제시해 준다.

따라서 원기둥좌표계에서 적분가능한 임의의 함수 $F(\rho, \phi, z)$에 대해서, 삼중적분은

$$\int_{z_1}^{z_2}\int_{g_1(z)}^{g_2(z)}\int_{f_1(\phi,z)}^{f_2(\phi,z)} F(\rho, \phi, z)\rho\,d\rho\,d\phi\,dz$$

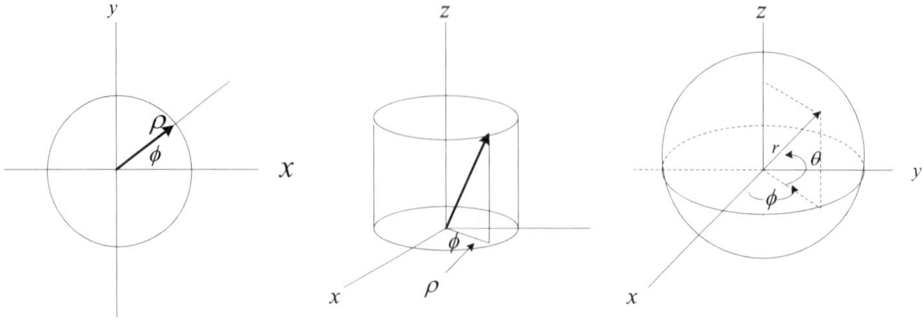

그림 9.5: 극좌표, 원기둥좌표, 구면좌표

의 형식을 취한다.

평면에서 극좌표에 의한 면적의 미분소는 z-좌표를 생략하면 된다. 그러므로

$$d\mathbf{A} = \left| \frac{\partial \mathbf{r}}{\partial \rho} \times \frac{\partial \mathbf{r}}{\partial \phi} \right| d\rho d\phi$$

이고, 이중적분의 반복식은

$$\int_{\rho_1}^{\rho_2} \int_{\phi_1(\rho)}^{\phi_2(\rho)} F(\rho, \phi) \rho \, d\rho \, d\phi$$

이다.

원기둥좌표계와 직교 좌표계 사이의 변환은

$$x = r\cos\theta\cos\phi,\ y = r\sin\theta\sin\phi,\ z = r\cos\theta$$

이다. 이러한 경우에 곡면들은 구면, 원뿔표면, 평면 등이다(그림 9.5 참조). 원기둥좌표계에서와 같은 과정에 의해서

$$dV = r^2 \sin\theta \, dr \, d\theta \, d\phi$$

이고, $F(r,\theta,\phi)$에 대한 삼중적분은 구면좌표로

$$\int_{r_1}^{r_2}\int_{\theta_1(\phi)}^{\theta_2(\phi)}\int_{\phi_1(r,\theta)}^{\theta_2(r,\theta)} F(r,\theta,\phi)r^2\sin\theta\,dr\,d\theta\,d\phi$$

이다. 물론 이러한 적분들의 순서는 기하학에 적절한 것이다.

구면좌표계에서 우리가 활용하는 주요 곡면에는 구면, 원뿔표면, 평면 등이 있다. 만약 반경 r이 상수, 즉 $r=a$라고 한다면 표면적의 미분소는

$$dA = a^2\sin\theta\,d\theta\,d\phi$$

이다. 따라서 반경이 a인 구의 제 8분원 표면적은

$$\int_0^{\pi/2}\int_0^{\pi/2} a^2\,\sin\theta\,d\theta\,d\phi = \int_0^{\pi/2} a^2\left[-\cos\theta\right]_0^{\pi/2}d\phi = \int_0^{\pi/2} a^2 d\phi = \frac{a^2\pi}{2}$$

이다. 그러므로 반경이 a인 구의 표면적은 $4\pi a^2$이다.

≪9장 연습문제≫

이중적분에 관한 문제

1. xy-평면에서 $y^2 = 2x$와 $y = x$를 경계로 하는 영역 $\mathcal{R}$에 대해서, 다음에 답하여라.

   (a) 영역 $\mathcal{R}$을 스케치 하라.

   (b) 영역 $\mathcal{R}$의 면적을 구하라.

   (c) 상수 밀도 σ가 주어진 영역 R의 극 관성 모멘트(polar moment of inertia)를 구하라.

   (d) 영역 $\mathcal{R}$의 중심을 구하라.

2. 주어진 적분 $\int_{y=0}^{3}\int_{x=1}^{\sqrt{4-y}}(x+y)dx\,dy$에 대해서 다음에 답하여라.

   (a) 적분영역을 스케치하고 이 적분에 대한 가능한 물리적인 해석을 하라.

   (b) 적분의 순서를 바꾸어서 적분을 계산해서 비교하라.

3. 다음 등식을 증명하라.

$$\int_{x=1}^{2}\int_{y=\sqrt{x}}^{x}\sin\frac{\pi x}{2y}dy\,dx+\int_{x=2}^{4}\int_{y=\sqrt{x}}^{2}\sin\frac{\pi x}{2y}dy\,dx=\frac{4(\pi+2)}{\pi^3}$$

4. 식 $\frac{x}{a}+\frac{y}{b}+\frac{z}{c}=1$로 둘러 싸인 사면체의 체적(부피)을 구하라.

5. $\mathbb{R}^3$에서 $z = x^3 + y^2$, $z = 0$, $x = -a$, $y = -a$, $y = a$로 둘러 싸인 입체의 체적을 구하라.

6. $\mathcal{R} = \{(x, y) \in \mathbb{R}^2 : x^2 + y^2 \leq a^2\}$일 때, 다음 이중적분을 구하라.

   (a) $\iint_{\mathcal{R}}\sqrt{x^2+y^2}dx\,dy$

   (b) $\iint_{\mathcal{R}}e^{-(x^2+y^2)}dx\,dy$

7. 변환 $x + y = u$, $y = uv$를 이용하여, 다음 등식이 성립함을 보여라.

$$\int_{x=0}^{1}\int_{0=0}^{1-x}e^{y/(x+y)}dy\,dx=\frac{e-1}{2}$$

8. 곡선 $xy = 4$, $xy = 8$, $xy^3 = 5$, $xy^3 = 15$로 둘러 싸인 영역의 면적을 구하라.

9. $\mathcal{R}$이 세 직선 $x+y = 1$, $x = 0$, $y = 0$로 둘러 싸인 영역일 때, $\iint_{\mathcal{R}} \cos\left(\frac{x-y}{x+y}\right) dx\, dy = \frac{1}{2}\sin 1$임을 증명하라.

10. 네 포물선 $y^2 = x$, $y^2 = 8x$, $x^2 = y$, $x^2 = 8y$와 xy평면의 제 1사분면으로 둘러 싸인 영역을 x-축에 관해서 회전시켜서 생긴 입체의 체적을 구하라.t

11. xy-평면에서 네 곡선 $y = x^3$, $y = 4x^3$, $x = y^3$, $x = 4y^3$으로 둘러 싸인 영역의 면적을 구하라.

삼중적분

12. 적분 $\int_{x=0}^{1} \int_{y=0}^{1} \int_{z=\sqrt{x^2+y^2}}^{2} xyz\, dx\, dy\, dz$를 계산하라.

13. 3차원 공간에서 $\frac{x}{a} + \frac{y}{b} + \frac{z}{c} = 1$로 둘러 싸인 영역 $\mathcal{R}$에 대해서 다음에 답하라.

    (a) $\mathcal{R}$의 체적을 구하라.

    (b) $\mathcal{R}$의 중심을 구하라.

    (c) $\mathcal{R}$의 관성 모멘트를 구하라.

14. 밀도가 xyz인 입체 $\mathcal{R} = \{(x, y, z) : x^2 + y^2 + z^2 \le 4\}$의 질량을 구하라.

15. $\mathbb{R}^3$에서 $z = x^2 + y^2$과 $z = 2x$로 둘러 싸인 입체의 부피를 구하라.

삼중적분의 변환

16. $\mathbb{R}^3$에서 $z = 4 - x^2 - y^2$과 xy-평면으로 둘러 싸인 입체 $\mathcal{R}$에 대해서 다음에 답하라.

17. 문제 16에서 상수 밀도 σ-를 갖는 영역 $\mathcal{R}$의 중심을 구하라.

    (a) $\mathcal{R}$의 체적을 구하라.

    (b) 밀도가 상수 σ인 $\mathcal{R}$의 중심을 구하라.

18. 두 포물면 $z = \sqrt{x^2 + y^2}$과 $z = \sqrt{x^2 + y^2}$으로 둘러 싸인 입체의 체적을 구하라.

19. $\mathcal{R}$이 평면 $z = 3$과 포물면 $z = \sqrt{x^2 + y^2}$으로 둘러 싸인 입체일 때, 적분 $\iiint_{\mathcal{R}} \sqrt{x^2 + y^2 + z^2}\, dx\, dy\, dz$를 구하라.

20. $\mathcal{R}$이 두 구 $x^2+y^2+z^2=a^2$, $x^2+y^2+z^2=b^2$, $(0<a<b)$에 의해서 둘러 싸인 영역일 때, $\iiint\limits_{\mathcal{R}} \frac{dx\,dy\,dz}{x^2+y^2+z^2}^{3/2}$를 구하라.

21. 구 $r=2a\cos\theta$위와 원뿔 $\phi=\alpha$, $(0<\alpha<\pi/2)$아래로 경계가 주어진 영역 의 체적을 구하고, $\alpha=\pi/2$인 경우에는 무엇을 의미하는지 설명하라.

22. $\mathcal{R}$이 평면 $z=3$과 포물면 $z=\sqrt{x^2+y^2}$으로 둘러 싸인 입체일 때, 적분 $\iiint\limits_{\mathcal{R}} \sqrt{x^2+y^2+z^2}\,dx\,dy\,dz$를 구하라.

기타 문제들

23. $0<a<b$일 때, 구 $x^2+y^2+z^2=b^2$과 평면 $z=a$로 둘러 싸인 영역의 체적과 중심을 구하라.

24. 원 $x^2+(y-b)^2=a^2$, $b>a>0$을 x-축에 관해서 회전시켰을 때 생성된 입체의 체적을 구하라.

25. 6개의 쌍곡 실린더 $xy=1$, $xy=9$, $xz=4$, $yz=25$, $yz=49$에 의해서 둘러 싸인 영역의 체적을 구하라.

26. $\mathcal{R}$이 타원체 $\frac{x^2}{a^2}+\frac{y^2}{b^2}+\frac{z^2}{c^2}\le 1$일 때, 다음 적분을 구하라.

$$\iiint\limits_{\mathcal{R}} \sqrt{1-\left(\frac{x^2}{a^2}+\frac{y^2}{b^2}+\frac{z^2}{c^2}\right)}dx\,dy\,dz$$

27. $\mathcal{R}=\{(x,y,z)\in\mathbb{R}^3 : x^2+xy+y^2\le 1\}$일 때, 다음 등식이 성립함을 증명하라.

$$\iint\limits_{\mathcal{R}} e^{-(x^2+xy+y^2)}dx\,dy=\frac{2\pi}{e\sqrt{3}}(e-1)$$

28. $R=\big\{(x,y)\in\mathbb{R}^2 : x^2+xy+y^2\le 1\big\}$일 때, 다음 등식이 성립함을 보여라.

$$\iint\limits_{R} e^{-(x^2+xy+y^2)}dx\,dy=\frac{2\pi}{e\sqrt{3}}(e-1)$$

29. $n=1,2,\ldots$에 대해서 다음 등식이 성립함을 보여라.

$$\int_0^x\int_0^x\cdots\int_0^x F(x)dx^n=\frac{1}{(n-1)!}\int_0^x (x-u)^{n-1}F(u)\,du$$

제 10 장

선적분과 곡면적분

물리적인 현상들을 설명하기 위한 수학적인 모델링은 앞에서 소개한 직선 구간이나 평면영역들 보다 좀더 복잡한 영역을 정의역으로 하는 함수들을 필요로 한다. 이러한 필요에 의하여 이 장에서는 곡선 구간이나 곡면을 정의역으로 하는 함수들에 대한 적분법들을 다루려고 한다. 따라서 **선적분**(line integral)이라 일컫는 곡선 구간을 정의역으로 하는 함수들에 대한 적분은 앞에서 배운 적분들과는 다른 새로운 의미를 갖게 된다. **스톡의 이론**(Stokes's theorem)은 폐곡선을 정의역으로 하는 함수에 대한 선적분과 어떤 곡선에 의하여 둘러 싸인 폐곡면 위애서 정의된 함수에 대한 놀라운 관계를 설명해 준다.

발산정리 또는 **가우스의 발산정리**(Gauss's divergence theorem)는 벡터 미적분학의 중요한 정리로서 면적분과 부피적분 사이의 관계를 나타낸 정리이다. 직관적으로 이해하면, 닫힌공간(폐곡면으로 둘러 싸인 공간) 밖으로 나가는 어떤 양에서 공간 안으로 들어오는 양을 빼면 밖으로 나가는 실제적인 양을 알 수 있다는 의미이다.

10.1 선적분

이 절에서는 어떤 곡선 구간을 정의역으로 갖는 벡터 함수나 스칼라 함수를 기하학적으로 설명하려고 한다. 곡선은 실수 구간에서 정의된 연속함수이므로,

곡선 구간에서 정의된 함수를 실수 구간에서 정의된 함수로 환원해서 다룰 수도 있지만, 그렇게 하면 주어진 함수에 대한 여러 가지 기하학적인 의미들을 잘 파악할 수 없게 된다.

3차원 공간에서 곡선 C는 매개변수 방정식

$$x = f_1(t),\ y = f_2(t),\ z = f_3(t),\ a \le t \le b \tag{10.1}$$

로 표현하거나

$$\mathbf{x} = \mathbf{r}(t) = x\mathbf{i} + y\mathbf{j} + z\mathbf{k} \tag{10.2}$$

와 같은 벡터방정식으로 표현할 수 있다(그림 10.1를 참조하기 바람).

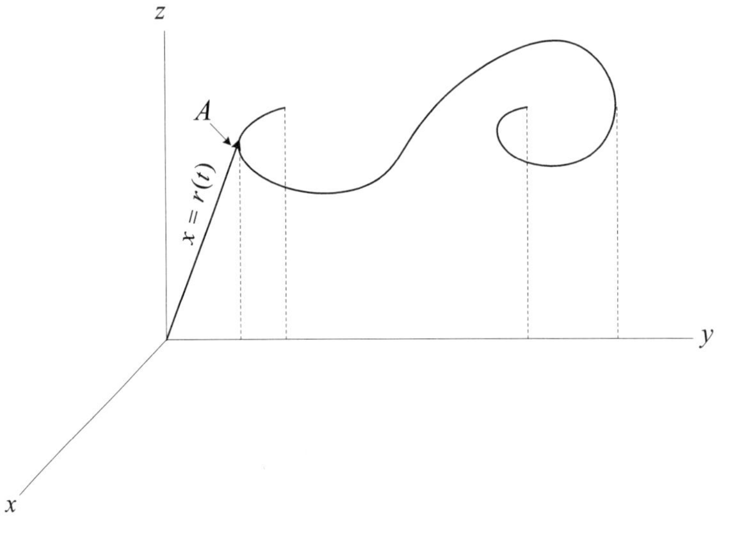

그림 10.1: 곡선의 매개변수 표현

여기서는 $\mathbf{r}$이 연속적으로 미분가능한 함수라고 하자. 편의상 3차원 공간 $\mathbb{R}^3$를 유클리드 공간이라고 부를 경우에는 직교좌표계를 활용하는 것으로 간주하도록 하자. (경우에 따라서는 원기둥좌표계나 곡면좌표계를 활용하는 것이 더 편리할 때가 많이 있다.)

선적분은 적분이 곡선에 대해 이루어지는 경우를 말한다. 곡선

$$C = \{\mathbf{r}(t) = (x(t), y(t), z(t)) \mid a \le t \le b\}$$

에서 정의된 벡터 함수 $\mathbf{A}(x(t), y(t), z(t))$나 스칼라 함수 $\Theta(x(t), y(t), z(t))$ 에 대해서, $ds = \sqrt{dx^2 + dy^2}$일 때, 적분 $\int_C \mathbf{A} \cdot d\mathbf{r}$와 $\int_C \Theta\, ds$를 가리켜서 $\mathbf{A}$와 Θ의 **선적분**이라 한다.

적분

$$\int_C \mathbf{A} \cdot d\mathbf{r} \tag{10.3}$$

에서 적분인자 $\mathbf{A} \cdot d\mathbf{r}$는

$$\mathbf{A} \cdot d\mathbf{r} = A_1 dx + A_2 dy + A_3 dz$$

로 표현되며

$$\int_C \mathbf{A}(t) \cdot d\mathbf{r} = \lim_{n \to \infty} \sum_{k=1}^{\infty} \mathbf{A}(\xi_k, \eta_k, \zeta_k) \Delta t_k \tag{10.4}$$

와

$$\int_C \Theta(t) ds = \lim_{n \to \infty} \sum_{k=1}^{\infty} \Theta(\xi_k, \eta_k, \zeta_k) \Delta t_k \tag{10.5}$$

로 정의된다.

선적분 (10.3)을 계산하는 방법에는 다음과 같은 3 가지 기본적인 방식들이 있다.

(방법1) 곡선 C가 매개변수 방정식 (10.1)로 표현되어 있으면, 변수 t를 이용하여

$$\int_C \mathbf{A} \cdot d\mathbf{r} = \int_a^b \mathbf{A} \cdot \frac{d\mathbf{r}}{dt} dt$$

로 계산할 수 있다.

(방법2) 만약 곡선 C가 (xy-평면상의)평면 곡선으로서 매개변수 방정식 $y = f(x)$ 또는 $x = g(y)$로 표현되어 있으면, 변수 x나 y에 관한 적분으로 바꾸어서 계산하는 것이 편리하다.

(방법3) 만약 적분인자가 완전 적분식이면, 적분구간의 양 끝점들만을 활용하는 그린의 정리나 스톡의 정리를 써서 계산할 수 있다.

평면곡선에 대한 선적분

평면 $z = 0$에서 곡선 C의 방정식이 $y = f(x)$로 주어져 있다면, 선적분 (10.3)은 피적분인자에 $y = f(x)$와 $dy = f'(x)dx$를 대입하여

$$\int_{a_1}^{a_2} \left[P(x, f(x))dx + Q(x, f(x))f'(x)\right] dx \tag{10.6}$$

를 얻을 수 있다.

마찬가지로 곡선 C가 방정식 $x = g(y)$로 주어져 있으면 $dx = g'(y)dy$이므로 선적분 (10.3)은

$$\int_{b_1}^{b_2} \left[P(g(y), y)g'(y) + Q(g(y), y)\right] dy \tag{10.7}$$

가 된다.

만약 곡선 C가 배개변수방정식 $x = \phi(t)$와 $y = \psi(t)$로 주어져 있으면 선적분 (10.3)은, t_1과 t_2가 C의 양 끝점 A와 B에 대응하는 t의 값들일 때,

$$\int_{t_1}^{t_2} \left[P(\phi(t), \psi(t))\phi'(t) + Q(\phi(t), \psi(t))\psi'(t)\right] dt \tag{10.8}$$

이다.

만약 $\mathbf{A} \cdot d\mathbf{r}$가 완전미분 $d\Theta$이면

$$\int_C \mathbf{A} \cdot d\mathbf{r} = \int_{(a,b)}^{(c,d)} d\Theta = \Theta(c, d) - \Theta(a, b) \tag{10.9}$$

가 된다.

이와 같은 여러 방법들이 공간상의 곡선위에서 선적분를 계산하는 데에 이용될 수 있다.

정리 10.1 (선적분의 성질들) *일반적인 적분에서와 마찬가지로, 선적분에 대해서도 다음과 같은 성질들이 성립한다.*

1. $\int_C P(x,y)dx + Q(x,y)dy = \int_C P(x,y)dx + \int_C Q(x,y)dy$

2. $\int_{(a_1,b_1)}^{(a_2,b_2)} Pdx + Qdy = -\int_{(a_2,b_2)}^{(a_1,b_1)} Pdx + Qdy$ 이다. 즉, 선적분에서 적분구간을 서로 바꾸면 대응하는 적분값의 부호가 바뀐다.

3. 곡선 C위에 있는 임의의 세 점 (a_1,b_1), (a_2,b_2), (a_3,b_3)에 대해서,

$$\int_{(a_1,b_1)}^{(a_2,b_2)} Pdx + Qdy = \int_{(a_1,b_1)}^{(a_3,b_3)} Pdx + Qdy + \int_{(a_3,b_3)}^{(a_2,b_2)} Pdx + Qdy$$

이다.

정의 10.1 (단순 폐곡선, 단순 연결영역과 다중 연결영역)

1. 공간에서 **단순 폐곡선**(simply closed curve)이란 어느 곳에서도 교차함이 없는 곡선을 말한다. 일반적으로 xy-평면에서 곡선은 어떤 닫힌구간 $[t_1, t_2]$에서 정의되어 있고 연속인 매개변수방정식 $x = \phi(t)$, $y = \psi(t)$로 주어진다. 즉, 2차원 평면에서 곡선 C는

$$C = \{(\phi(t), \psi(t)) \mid t_1 \le t \le t_2\} \tag{10.10}$$

로 주어진다.

2. 특히, $\phi(t_1) = \phi(t_2)$이고 $\psi(t_1) = \psi(t_2)$인 곡선 (10.10)을 가리켜서 **폐곡선**(closed curve)이라 한다.

3. 구간 (t_1, t_2)에 속한 서로 다른 점 u와 v에 대해서 $(\phi(u), \psi(u)) \neq (\phi(v), \psi(v))$인 성질을 만족하는 닫힌곡선 (10.10)를 가리켜서 **단순 폐곡선**(simply closed curve)이라 한다. 일반적으로, $\phi(t)$와 $\psi(t)$는 (t_1, t_2)에서 미분가능한 함수로 주어진다.

정의 10.2 *R이 2차원 평면 $\mathbb{R}^2$에서 주어진 영역이라 하자.*

1. *R에 포함된 임의의 폐곡선이 영역 R에 포함된 연속적인 곡선들에 의해서 수축되어 어느 한 점 P로 수렴될 수 있으면, R을 가리켜서* **단순 연결영역***(simply connected region)이라 한다(그림 10.2).*
2. *단순 영역이 아닌 영역을 가리켜서* **다중 연결영역***(multiply connected region)이라 한다. 즉, R에 포함된 어느 한 폐곡선이 영역 R에 포함된 연속적인 곡선들에 의해서 수축되어 어느 한 점으로 수렴될 수 없으면, R을 다중 연결영역이라 한다(그림 10.2).*

우리는 매개변수 방정식으로 표현된 곡선 C의 방향을 정할 수 있다. 즉, xy-평면에서

$$C = \{(\phi(t), \psi(t)) \mid t_1 \le t \le t_2\}$$

로 주어진 곡선 C에서 t가 t_1에서 t_2로 변할 때 따라서 움직이는 C의 방향을 양의 방향(positive direction)이라 하고 반대 방향을 음의 방향(negative direction)이라 부를 수 있다.

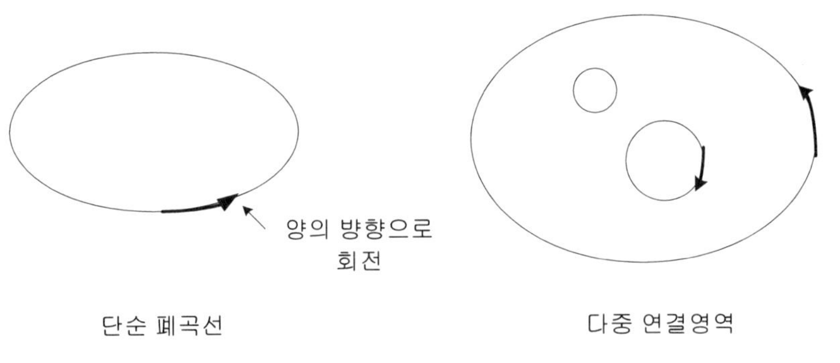

그림 10.2: 단순 연결영역과 다중 연결영역

다음 정리는 이 장의 뒤에서 소개하는 스톡의 정리(Stokes's thoerem)의 특수한 경우에 해당하는 정리로서 스톡의 정리를 증명하는 데에 직접 쓰인다.

정리 10.2 (Green의 정리) *R이 xy-평면에서 단순 폐곡선 C에 의해서 둘러 싸인 단순 연결영역이고 P, Q, $\partial P/\partial y$, $\partial Q/\partial x$가 모두 R에서 실수값을 갖*

는 연속함수라 하자. 그러면, $\oint_C$가 C가 양의 방향으로 회전할 때의 적분을 나타낼 때,

$$\oint_C P\,dx + Q\,dy = \iint_R \left(\frac{\partial Q}{\partial x} - \frac{\partial P}{\partial y}\right) dx\,dy \tag{10.11}$$

이다.

위의 정리는 2개 이상의 폐곡선들에 의해서 둘러 싸인 영역, 즉 다중연결 곡선으로 연결된 영역에 대해서도 성립한다.

적분의 경로 C에 상관없이 적분의 시점과 종점에만 관계되는 벡터장 $\mathbf{A}$의 적분 $\int_C \mathbf{A}\cdot d\mathbf{r}$을 가리켜서 **경로에 독립적**(independent of path)인 적분이라고 말한다. 따라서 경로에 독립적인 선적분의 계산은 적분경로 C의 양 끝점들의 위치만 알면 된다.

예를 들면

$$\int_C \mathbf{A}\cdot d\mathbf{r} = \int_C y\,dx + x\,dy = \int_{(x_1,y_1)}^{(x_2,y_2)} d(xy) = x_2y_2 - x_1y_1$$

이므로, 벡터장 $\mathbf{A} = y\mathbf{i} + x\mathbf{j}$의 적분은 경로에 독립적이어서 C의 양끝점 P_1과 P_2에만 관계된다.

벡터장에 대한 선적분이 경로에 독립적이라는 개념은 이론과 응용면에서 매우 중요하며 다음과 같은 세 개의 정리로 요약될 수 있다.

정리 10.3 *적분 $\int_C \mathbf{A}\cdot d\mathbf{r}$가 경로에 독립적일 필요충분조건은 $\mathbf{A} = \nabla\Theta$인 스칼라 함수 Θ가 존재하는 것이다.*

정리 10.4 *적분 $\int_C \mathbf{A}\cdot d\mathbf{r}$가 경로에 독립적일 필요충분조건은 $\nabla\times\mathbf{A} = \mathbf{0}$이다.*

정리 10.5 *만약 $\nabla\times\mathbf{A}$이면, $\int_C \mathbf{A}\cdot d\mathbf{r} = 0$이다.*

만약 C가 평면곡선이면, 평면에서 $\nabla\times\mathbf{A} = \mathbf{0}$은

$$\frac{\partial A_1}{\partial y} = \frac{\partial A_2}{\partial x}$$

임을 뜻하므로, 정리 10.5는 그린(Green)의 정리로부터 직접 얻어진다.

예제 10.1 *힘에 관한 뉴턴의 법칙은 물체의 중량이* m*이고 물체의 속도가* $\mathbf{v}$ *일 때*

$$\mathbf{F} = \frac{d}{dt}(m\mathbf{v})$$

이다.

만약 $\mathbf{F} = -\nabla\Theta$이면, $\mathbf{F}$가 보존적이라고 말한다. 위의 세 정리들은 보존적인 힘의 장들에 대한 적분은 경로에 독립적임을 뜻한다. $\mathbf{F}$가 보존적임을 보이기 위해서는 $\nabla \times \mathbf{F} = \mathbf{0}$임을 보이기만 하면 된다.

10.2 곡면적분(surface integral)

이중적분은 평면이라고 하는 특수한 곡면과 관련이 있다. 이제 우리는 평면과 매우 유사한 곡면에서 적분을 생각할 것인데 그 접근방법은 평면과 유사하다. 곡면은 본질적으로 비유클리드 공간(non-Euclidean space)으로 볼 수 있지만, 반드시 그렇지만은 않다. 오히려 곡면은 2개의 매개변수 표현에 의한 위상동형사상

$$\mathbf{x} = \mathbf{r}(v_1, v_2)$$

에 의해서 2차원 평면상의 영역이 3차원 유클리드 공간으로 몰입(매장)된(embedded)것으로 간주될 수 있다.

벡터를 이용해서 표현하는 목적은 보다 일반적인 방법으로 이해하려는 것(즉, 3차원 좌표계를 통해서 이해하려는 것)이지만, 처음에는 먼저 직교좌표계를 써서 표현하는 것이 편리하다. 따라서

$$\mathbf{r} = x\mathbf{i} + y\mathbf{j} + z\mathbf{k}$$

이라 하고 매개변수 표현

$$x = r_1(v_1, v_2), \quad y = r_2(v_1, v_2), \quad z = r_3(v_1, v_2) \tag{10.12}$$

를 사용하도록 하며 이 함수들은 모두 미분가능한 것으로 간주한다.

매개곡선 'v_2 = 상수'이고 'v_1 = 상수'라는 표현은 (평면에서 'y = 상수' 이고 'x = 상수'라는 표현처럼) 곡면에서 좌표를 설정해 준다. 어떤 함수의 곡면적분(surface integral)을 확립하는 열쇠는 곡면 영역의 미분소(differential element)(예를 들어, 평면에서 $dA = dx\,dy$)이다.

곡면상의 어떤 점 $P(x_0, y_0, z_0)$에서

$$d\mathbf{x} = \frac{\partial \mathbf{r}}{\partial v_1} dv_1 + \frac{\partial \mathbf{r}}{\partial v_2} dv_2$$

는 주어진 곡면에서 접평면(tnagent plane)을 생성한다. 특히, 'v_2 = 상수' 또는 'v_1 = 상수'인 좌표곡선의 방향은 각각 $d\mathbf{x}_1 = \frac{\partial \mathbf{r}}{\partial v_1} dv_1$ 또는 $d\mathbf{x}_2 = \frac{\partial \mathbf{r}}{\partial v_2} dv_2$ 으로 설명된다(그림10-3).

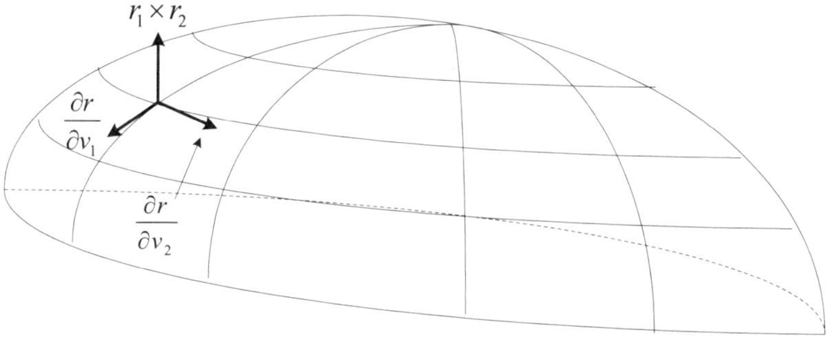

그림 10.3: 곡면의 접평면과 법선

벡터곱(cross product)

$$d\mathbf{x}_1 \times d\mathbf{x}_2 = \frac{\partial \mathbf{r}}{\partial v_1} \times \frac{\partial \mathbf{r}}{\partial v_2} dv_1 dv_2$$

는 점 P에서 접평면에 수직(normal)이고, 그 크기 $\left|\frac{\partial \mathbf{r}}{\partial v_1} \times \frac{\partial \mathbf{r}}{\partial v_2}\right|$는 미분 좌표계에서 평행사변형의 면적에 해당한다. (이 개념은 미분의 수준으로 벡터곱을 기하학적인 개면으로 추상화한 내용이다.) 이것으로 부터 다음과 같은 정의를 하게 된다.

정의 10.3 곡면의 표면적에 대한 미분소(*differential element*)는

$$ds = \left|\frac{\partial \mathbf{r}}{\partial v_1} \times \frac{\partial \mathbf{r}}{\partial v_2}\right| dv_1 dv_2 \tag{10.13}$$

이다. 곡면 S에서 적분가능한 함수 $\Theta(v_1, v_2)$에 대해서

$$\iint_s \Theta\, dS = \iint_s \Theta(v_1, v_2) \left|\frac{\partial \mathbf{r}}{\partial v_1} \times \frac{\partial \mathbf{r}}{\partial v_2}\right| dv_1 dv_2 \tag{10.14}$$

는 함수 Θ의 곡면적분이다.

일반적으로 곡면적분은 3차원-공간 좌표계에 의해서 계산되어야 한다. 만약 곡면이 $z = f(x, y)$와

$$v_1 = x, \quad v_2 = y, \quad z = f(v_1, v_2)$$

와 같은 직교좌표계 표현식으로 주어져 있다면

$$\frac{\partial \mathbf{r}}{\partial v_1} = \mathbf{i} + \frac{\partial z}{\partial x}\mathbf{k}, \qquad \frac{\partial \mathbf{r}}{\partial v_2} = \mathbf{j} + \frac{\partial z}{\partial y}\mathbf{k}$$

이고

$$\frac{\partial \mathbf{r}}{\partial v_1} \times \frac{\partial \mathbf{r}}{\partial v_2} = \mathbf{k} - \frac{\partial z}{\partial x}\mathbf{j} - \frac{\partial z}{\partial x}\mathbf{i}$$

이다. 따라서

$$\left|\frac{\partial \mathbf{r}}{\partial v_1} \times \frac{\partial \mathbf{r}}{\partial v_2}\right| = \left[1 + \left(\frac{\partial z}{\partial x}\right)^2 + \left(\frac{\partial z}{\partial y}\right)^2\right]^{1/2}$$

이다. 그러므로 Θ의 곡면적분은

$$A = \iint_S \Theta(x, y, z) \left[1 + \left(\frac{\partial z}{\partial x}\right)^2 + \left(\frac{\partial z}{\partial y}\right)^2\right]^{1/2} dx\, dy \tag{10.15}$$

와 같은 특수한 표현식을 갖는다.

만약 곡면이 $F(x,y,z) = 0$과 같은 음함수 형식으로 주어져 있다면, 이 곡면에 대한 또 다른 표현을 하기 위해서 기울기(gradient)의 개념을 도입할 수 있다. 이 개념을 간단히 설명하자면, 주어진 곡면 S위의 한 점 P에서 기울기(gradient) ∇F는 점 P에서 접평면(tangent plane)에 수직(perpendicular, normal)이 된다.

그러므로 점 P에서 곡면 $F(x,y,z)=0$의 단위 기울기(unit gradient)는

$$\frac{\nabla F}{|\nabla F|} = \pm \left(\frac{\partial \mathbf{r}}{\partial x} \times \frac{\partial \mathbf{r}}{\partial y}\right) \Big/ \left|\frac{\partial \mathbf{r}}{\partial x} \times \frac{\partial \mathbf{r}}{\partial y}\right| \tag{10.16}$$

이다. [음함수 이론은 곡면에 대한 표현식 $F(x,y,z) = 0$으로부터 (적절한 조건하에서) 그 곡면의 일정한 부분이 양함수 $z = f(x,y)$형식으로 표현될 수 있다는 결론으로부터 얻어진다. 그러나 이러한 양함수적인 표현이 언제나 가능한 것만은 아니다.] 이러한 사실을 염두에 두고 $v_1 = x,\ v_2 = y,\ z = f(v_1, v_2)$로 놓자. 그러면

$$\nabla F = F_x\mathbf{i} + F_y\mathbf{j} + F_y\mathbf{j} + F_z\mathbf{k}$$

이다. 식 (10.16)의 양변에 벡터 $\mathbf{k}$와 내적을 취하면

$$\frac{\nabla F_z}{|\nabla F|} = \pm\frac{1}{\left|\frac{\partial \mathbf{r}}{\partial x} \times \frac{\partial \mathbf{r}}{\partial y}\right|} \text{ 이다.}$$

이 식의 양변에 절개값을 취하면 애매모호한 ±부호가 제거될 수 있어서

$$\left|\frac{\partial \mathbf{r}}{\partial x} \times \frac{\partial \mathbf{r}}{\partial y}\right| = \frac{|\nabla F|}{|F_z|} = \frac{\left[(F_x)^2 + (F_y)^2 + (F_z)^2\right]^{1/2}}{|F_z|}$$

이고, Θ의 곡면적분은

$$\iint_S \frac{\left[(F_x)^2 + (F_y)^2 + (F_z)^2\right]^{1/2}}{|F_z|} dx\,dy \tag{10.17}$$

로 표현된다.

공식 (10.15)와 (10.17)은 다음과 같이 벡터가 아닌 일반적인 함수의 형태로 표현될 수 있다.

S가 그림 10.4에 나타난 바와 같이 xy-평면으로의 사영 R을 갖는 양면의 곡면이라 하자. S에 대한 식이 실수값을 갖는 연속함수 $z = f(x, y)$라 하자. 여기서 영역 R을 n-개의 부분영역 Δ_p, $(p = 1, 2, \ldots, n)$로 분할한 다음, 각 부분영역 ΔA_p에 수직인 부분이 영역 ΔS_p까지 닿도록 한다.

이제 $\phi(x, y, z)$가 S의 모든 점에서 연속인 실수값을 갖는 함수라 하자. 여기서, 각 $p = 1, 2, \ldots, n$에 대해서, 임의의 점 $(\xi_p, \eta_p, \zeta_p) \in \Delta S_p$를 택한 다음 합

$$S_n = \sum_{p=1}^{n} \phi(\xi_p, \eta_p, \zeta_p) \Delta S_p \tag{10.18}$$

을 구한다.

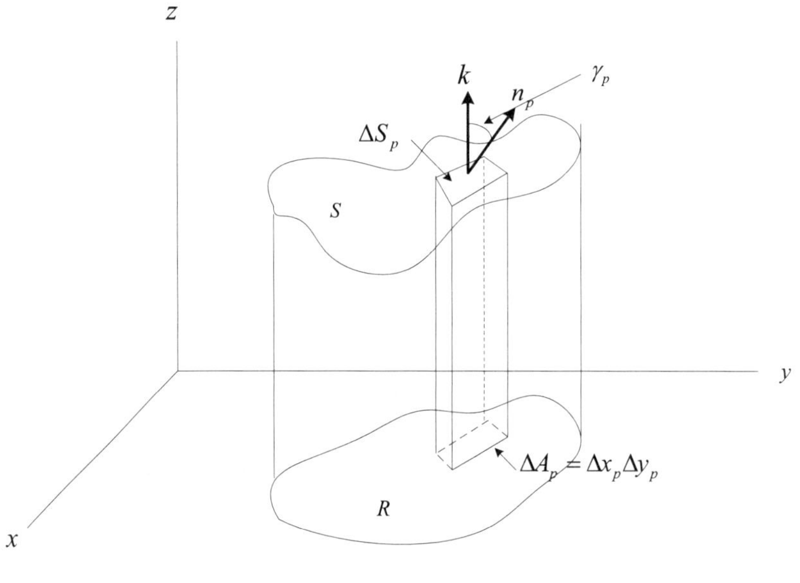

그림 10.4: 곡면적분을 위한 영역의 분할

여기서, 모든 $p = 1, 2, \ldots, n$에 대해서, $\Delta S_p \to 0$이 되도록 S를 분할 했다는 가정하에 $n \to \infty$일 때 S_n의 극한을 구하면, 곡면 S위에서 함수 $\phi(x, y, z)$의 **곡면적분**(surface integral)

$$A = \iint_S \phi(x, y, z) dS \tag{10.19}$$

를 얻는다. 여기서 γ_p가 S의 법선과 양의 z-축이 이루는 사잇각이라 하면 $\Delta S_p \approx |\sec\gamma_p|$이므로, 식 (10.18)의 극한은

$$A = \iint_R \phi(x, y, z)|\sec\gamma|\, dA \tag{10.20}$$

이다. 이 때 $|\sec\gamma|$는

$$|\sec\gamma| = \frac{1}{|\mathbf{n}_p \cdot \mathbf{k}|} = \sqrt{1 + \left(\frac{\partial z}{\partial x}\right)^2 + \left(\frac{\partial z}{\partial y}\right)^2} \tag{10.21}$$

으로 주어진다. 여기서 $z = f(x, y)$가 영역 R에서 연속(또는 부분구간별로 연속)인 도함수(미분)을 갖는다고 하면, 식 (10.20)은 직사각 형식인

$$A = \iint_R \phi(x, y, z)\sqrt{1 + \left(\frac{\partial z}{\partial x}\right)^2 + \left(\frac{\partial z}{\partial y}\right)^2}\, dx\, dy \tag{10.22}$$

료 표현된다.

만약 S에 대한 식이 $F(x, y, z) = 0$의 형태로 주어진다면, 식 (10.22)은

$$A = \iint_R \phi(x, y, z)\frac{\sqrt{(F_x)^2 + (F_y)^2 + (F_z)^2}}{|F_z|}\, dx\, dy \tag{10.23}$$

로 표현될 수 있다. 공식 (10.22)과 (10.23)는 식 (10.19)을 계산하는 데에 활용될 수 있다.

앞에서 우리는 이미 S가 z-축에 평행한 모든 직선이 S와 한 점에서만 만날 수 있는 곡면이라고 가정하였었다. 만약 S가 z-측에 평행한 직선들 중에서 두 점 이상에서 만날 수 있는 곡면이라고 한다면, S를 z-축에 평행한 모든 직선이 한 점에서만 만날 수 있는 부분곡면 S_1, $S_2, \ldots$로 분할하면 된다. 이러한 경우에 S에서 곡면적분은 S_1, $S_2, \ldots$위에서 곡면적분들의 합으로 정의된다.

이러한 결과들은 S를 xy-평면상의 영역 R로 투영(projext)시켰을 때에도 성립한다. 경우에 따라서는 3차원 공간상의 곡면 S를 xy-평면이나 yz-평면 또는 xz-평면으로 사영시켜서 적분을 계산하는 것이 더 편리할 때가 많이 있

다. 그러한 경우에는 식 (10.22)과 (10.23)를 적절하게 수정해서 적분 (10.19)을 계산하면 된다.

발산정리(divergence theorem)

발산정리[1] 또는 **가우스(Gauss)의 발산정리**는 벡터 미적분학의 중요한 정리로, 면적분과 부피적분 사이의 관계를 나타낸 정리이다.

직관적으로 이해하면, 닫힌공간(폐곡면으로 둘러쌓인 공간) 밖으로 나가는 어떤 양에서 공간 안으로 들어오는 양을 빼면 밖으로 나가는 실제적인 양을 알 수 있다는 의미이다.

3차원 공간상의 폐곡면에서 수행되는 면적분은 발산정리에 의해 주어진 폐곡면이 둘러싼 공간 S에서의 삼중적분으로 변환될 수 있으며, 그 역도 가능하다.

정의 10.4 (발산정리) *V를 공간 $\mathbb{R}^3$에서 매끄러운*[2] *곡면(smooth surface) S에 의하여 둘러싸인 닫힌영역(closed region)이라 하고, $\mathbf{A}$를 V에서 연속적으로 미분이 가능한 벡터장*[3]*(vector field)이라 하자. 그러면, $\mathbf{n}$이 외부로 향하는 S의 법선벡터일 때*

$$\iiint_V \nabla \cdot A \, dv = \iint_S \mathbf{A} \cdot \mathbf{n} \, dS \tag{10.24}$$

이다. 만약 법선벡터 $\mathbf{n}$이 방향코사인들에 의해서

$$\mathbf{n} = (\cos\alpha)\mathbf{i} + (\cos\beta)\mathbf{j} + (\cos\gamma)\mathbf{k}$$

---

[1] 발산정리의 증명을 가장 먼저 발표한 수학자는 미하일 오스트로그랏스키(러시아어: **Михаил Васильевич Остроградский**)이다. 오스트로그랏스키는 부피적분을 표면적분으로 바꾸는 도구로서 발산정리를 이용했다. 카를 프리드리히 가우스 또한 중력이론에 대해 연구할 당시 이미 이 정리를 증명했다. 그의 결과는 수년간 출판되지 않았고, 이 정리는 종종 가우스의 이름이 붙기도 한다.

[2] 해석학에서, 매끄러운 함수(smooth function)는 무한 번 미분이 가능한 함수이다. C^∞ 함수로 표기하기도 한다.

[3] 수학의 벡터 미적분학 등에서 벡터장(vector field)은 (국소) 유클리드 공간의 각 점에 벡터를 대응시킨 것이다. 이는 물리학에서 유체의 흐름이나 중력장 등의 각 점에서의 크기와 방향의 나타내기 위해 사용된다.

보다 수학적으로 엄밀하게 말하면, (접)벡터장은 다양체 위의 접다발의 단면으로 정의된다. 이는 텐서장의 특수한

로 표현되어 있다면, 식 *(10.24)*은

$$\iiint \left(\frac{\partial A_1}{\partial x} + \frac{\partial A_2}{\partial y} + \frac{\partial A_3}{\partial z} \right) dV = \iint_S (A_1 \cos\alpha + A_2 \cos\beta + A_3 \cos\gamma)\, dS \tag{10.25}$$

로 표현된다. 그리고 식 *(10.24)*에 대한 직사각 좌표성분의 형식은

$$\iiint \left(\frac{\partial A_1}{\partial x} + \frac{\partial A_2}{\partial y} + \frac{\partial A_3}{\partial z} \right) dV = \iint_S (A_1\, dy\, dz + A_2\, dx\, dz + A_3\, dx\, dy) \tag{10.26}$$

이다.

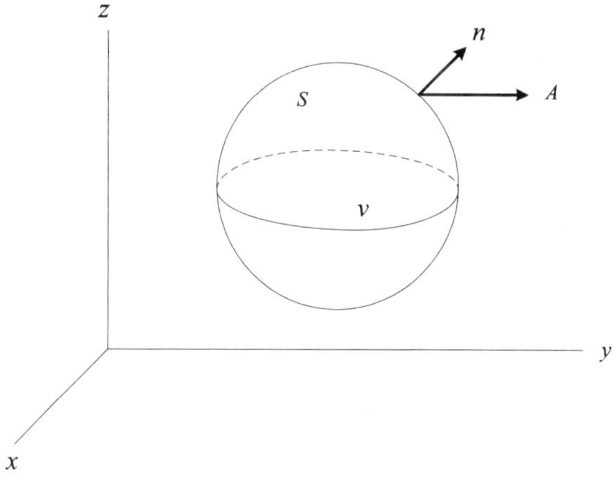

그림 10.5: 벡터장과 법선

예제 10.2 *만약 $\mathbb{B}$가 자기장벡터라고 한다면, 전자기장학의 맥스웰[4](Maxwell) 방정식들 중의 하나가 $\nabla \cdot B = 0$인 식이다. 이 식을 (10.24)의 좌변에 치환시키면, 우변의 식은 자기장을 포함한 닫힌곡면을 통과하는 자기 선속(磁氣線束,*

[4]맥스웰 방정식(Maxwell's equations)은 전기와 자기의 발생, 전기장과 자기장, 전하 밀도와 전류 밀도의 형성을 나타내는 4개의 편미분 방정식이다. 맥스웰 방정식은 빛 역시 전자기파의 하나임을 보여준다. 각각의 방정식은 가우스 법칙, 가우스 자기 법칙, 패러데이 전자기 유도 법칙, 앙페르 회로 법칙으로 불린다.

magnetic flux)이 0이라는 것을 말해준다. 이러한 결과에 대한 간단한 해석은 공으로 둘러싸인 자석을 생각하면 된다. 그러면 그 공으로부터 흘러 나오는 힘의 모든 자력선들은 원래의 상태로 되돌아 가므로 전체적인 자기선속들의 합은 0이 되는 것이다. 따라서 자석의 자력선들은 한 극에서 흘러 나와서 다른 극으로 들어가며 분산(dispersion)은 생기지 않는다.

스톡의 정리(Stokes's theorem)

스톡의 정리[5]는 곡면 S의 한 부분위에서 주어진 벡터장의 이중적분과 주어진 부분을 둘러싼 단순 폐곡선(simple closed curve)위에서 그 벡터장의 선적분이 같다는 이론이다(그림 10.6 참조).

정의 10.5 (스톡의 정리(Stokes's theorem)) *폐곡선 C가 매끄러운 곡면 S를 둘러싸고 있다고 하자. 함수 $\mathbf{x} = \mathbf{r}(v_1, v_2)$가 연속적으로 혼합된 편도함수들을 갖는다고 했을 때, S에서 연속적인 편도함수를 갖는 벡터장 $\mathbf{A}$에 대해서, $\mathbf{n} = \cos\alpha\mathbf{i} + \cos\beta\mathbf{i} + \cos\gamma\mathbf{k}$ (여기서 α, β, γ는 각각 S의 외부로 향하는 법선벡터 $\mathbf{n}$과 벡터 $\mathbf{i}, \mathbf{j}, \mathbf{k}$사이에 이루는 사잇각임)일 때*

$$\oint_C \mathbf{A} \cdot d\mathbf{r} = \iint_S \mathbf{n} \cdot \nabla \times \mathbf{A} dS \tag{10.27}$$

이다. 식 (10.17)의 성분형식은

$$\begin{aligned}&\oint_C (A_1 dx + A_2 dy + A_3 dz)\\ &= \iint_S \left[\left(\frac{\partial A_3}{\partial y} - \frac{\partial A_2}{\partial z}\right)\cos\alpha + \left(\frac{\partial A_1}{\partial z} - \frac{\partial A_3}{\partial x}\right)\cos\beta + \left(\frac{\partial A_2}{\partial x} - \frac{\partial A_1}{\partial y}\right)\cos\gamma\right] ds\end{aligned} \tag{10.28}$$

이다.

만약 $\nabla \times \mathbf{A} = 0$이면, 스톡의 정리에 의해서, $\oint_C \mathbf{A} \cdot d\mathbf{r} = 0$이다.

[5] 미분기하학에서 스토크스의 정리(Stokes' theorem)는 매끄러운 다양체 위의 미분 형식의 적분에 관한 정리다. 이에 따라, 미분 형식의 외미분을 다양체에 적분한 값은, 그 미분 형식을 다양체의 경계에 대하여 적분한 값과 같다. 벡터 미적분학의 몇몇 정리를 일반화한 것이다.

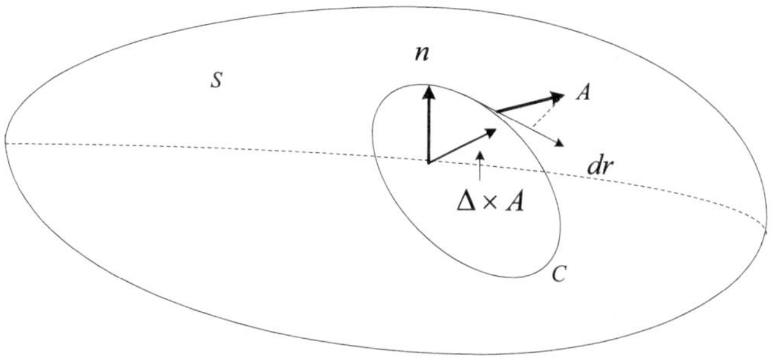

그림 10.6: 스톡의 정리

≪10장 연습문제≫

선적분에 관한 문제

1. 적분 $\int_{(1,1)}^{(4,2)} (x+y)dx + (y-x)dy$를 다음과 같은 경로에 따라서 구하라.
   (a) 표물선 $x = y^2$
   (b) 두 점 $(1,1)$과 $(4,2)$를 잇는 직선
   (c) 점 $(1,1)$에서 $(1,2)$로 간 다음 $(1,2)$에서 $(4,2)$로 가는 직각인 직선
   (d) 매개변수 방정식 $x = 2t^2 + t + 1$, $y = t^2 + 1$로 표현되는 곡선
2. xy-평면에서 세 점 $(0,0)$, $(3,0)$, $(3,2)$를 꼭지점으로 갖는 삼각형을 시계의 반대 방향으로 회전하는 경로에 따른 선적분 $\oint(2x - y + 4)dx + (5y + 3x - 6)dy$를 구하라.
3. xy-평면에서 원점 $(0,0)$을 중심으로 반경이 4인 원주를 경로로 하는 선적분 $\oint(2x - y + 4)dx + (5y + 3x - 6)dy$를 구하라.
4. $\mathbf{F} = (x^2 - y^2)\mathbf{i} + 2xy\mathbf{j}$일 때, xy-평면에서 $y = x^2 - x$, $(1 \le x \le 2)$로 표현되는 곡선 C에서 선적분 $\int_C \mathbf{F} \cdot d\mathbf{r}$을 구하라.
5. xy-평면에서 C가 $x^2 + y^2 = 25$인 원이고 s를 C위의 두 점 $(3,4)$와 $(4,3)$을 잇는 가장 짧은 호의 길이라 할 때, 적분 $\int_C (2x + y)ds$를 구하라.
6. $\mathbf{F} = (3x - 2y)\mathbf{i} + (y + 2z)\mathbf{j} - x^2\mathbf{k}$일 때, 두 점 $(0,\ 0,\ 0)$과 $(1,\ 1,\ 1)$을 잇는 다음 경로 C에 대해서, 적분 $\int_C \mathbf{F} \cdot d\mathbf{r}$을 구하라.

(a) C가 매개변수 방정식 $x = t,\ y = t^2,\ z = t^3$으로 표현되는 곡선

(b) C가 두 점 (0, 0, 0)과 (1, 1, 1)을 잇는 직선

(c) C가 점 (0, 0, 0)에서 (0, 1, 0)으로, (0, 1, 0)에서 (0, 1, 1)로 그리고(0, 1, 1)에서 (1, 1, 1)로 가는 직각곡선

(d) C가 $x = z^2,\ z = y^2$으로 표현되는 곡선

7. $\mathbf{T}$가 어떤 곡선(평면이나 공간상의 곡선)이고 $\mathbf{F}$가 주어진 어떤 힘의 장(force field)이라 하고 s를 호의 길이를 나타내는 매개변수라 했을 때, 어떤 적절한 조건하에서 $\int_C \mathbf{F}\cdot d\mathbf{r} = \int_C \mathbf{F}\cdot\mathbf{T}\,ds$임을 증명하라. 그리고 이 결과를 기하학적으로 그리고 물리학적으로 해석하라.

평면에서 Green의 정리와 경로의 독립성에 관한 문제

8. 평면에서 C가 네 점 (0, 0), (2, 0), (2, 2), (0, 2)을 잇는 정사각형을 시계 반대방향으로 이동하는 경로일 때, 적분 $\oint (x^2 - xy^3)dx + (y^2 - 2xy)dy$에 대한 그린(Green)의 정리를 적용하라.

9. Green의 정리를 써서 문제 2와 문제 3을 풀어라.

10. 다음에 답하여라.

(a) C가 A를 면적으로 갖는 어떤 영영을 둘러싼 단순 폐곡선일 때, $a_1,\ a_2,\ a_3,\ b_1,\ b_2,\ b_3$가 상수들이면

$$\oint_C (a_1x + a_2y + a_3)dx + (b_1x + b_2y + b_3)dy = (b_1 - a_2)A$$

임을 증명하라.

(b) 어떤 조건하에서 임의의 경로 C에서 선적분이 0이 되는가?

11. 하이포사이클로이드 [6] 곡선 $x^{2/3} + y^{2/3} = a^{2/3}$에 의해서 둘러싸인 영역의 면적을 구하라. (힌트: 매개변수 방정식 $x = a\cos^3 t,\ y = a\sin^3 t,\ 0 \le t \le 2\pi$)를 이용하라.)

12. 만약 $x = \rho\cos\phi$이고 $y = \rho\sin\phi$이면 $\frac{1}{2}\oint x\,dy - y\,dx = \frac{1}{2}\int \rho^2 d\phi$임을 증명하고, 이를 해석하라.

---

[6] 기하학에서, 하이포사이클로이드(hypocycloid)는 큰 원 안에서 작은 원을 굴렸을 때 작은 원 위의 정점이 그리는 궤적을 말한다. 직선 위에서 원을 굴렸을 때 얻어지는 사이클로이드와 비교된다.

13. 평면에서 C가 두 원 $x^2+y^2=4$와 $x^2+y^2=16$으로 둘러싸인 영역의 경계라고 할 때, 적분 $\oint(x^3-x^2y)dx+xy^2dy$에 대한 Green의 정리를 적용해서 값을 구하라.

14. 적분 $\int_{(1,0)}^{(2,1)}(2xy-y^4+3)+(x^2-4xy^3)dy$가 두 점 (1, 0)과 (2, 1)을 잇는 경로와 무관함(독립적임)을 증명하고 그 적분값을 구하라.

15. C가 xy-평면에서 두 점 (0, 0)과 ($\pi/2$, 1)을 잇는 표물선 $2x=\pi y^2$일 때, 적분

$$\int_C (2xy^3-y^2\cos x)dx+(1-2y\sin x+3x^2y^2)dy$$

을 계산하라.

16. C가 xy-평면에서 네 점 (0, 0), (3, 0), (5, 2), (2, 2)를 꺽지점으로 갖는 평행사변형을 시계 반대방향으로 맴돈다고 할 때, 선적분

$$\int_C (2xy^3-y^2\cos x)dx+(1-2y\sin x+3x^2y^2)dy$$

을 계산하라.

17. 다음에 답하여라.

(a) $G=(2x^2+xy-2y^2)dx+(3x^2+2xy)dy$가 완전미분이 아님을 증명하라.

(b) $e^{y/x}G/x$가 어떤 함수 $\phi(x,y)$의 전미분임을 증명하고, 함수 $\phi(x,y)$를 구하라.

(c) 미분방정식 $(2x^2+xy-2y^2)dx+(3x^2+2xy)dy=0$의 해를 구하라.

곡면적분 관한 문제

18. S가 $z=0$과 $z=3$에 의해서 둘러싸인 원뿔 $z^2=3(x^2+y^2)$의 표면일 때, 적분 $\iint_S (x^2+y^2)dS$를 계산하라.

19. 평면 $2x+y+2z=16$ 다음과 방식으로 잘랐을 때 생기는 영역의 면적을 구하라.

(a) $x=0,\ y=0,\ x=2,\ y=3$

(b) $x=0,\ y=0$ 그리고 $x^2+y^2=64$

20. 원추 $z = \sqrt{x^2 + y^2}$의 외부에 놓인 포물면(paraboloid) $2z = x^2 + y^2$의 표면적을 구하라.

21. 포물면 $z = x^2 + y^2$에 의해서 잘린 원추 $z^2 = 3(x^2 + y^2)$의 표면적을 구하라.

22. 두 실린더 $x^2 + y^2 = a^2$과 $x^2 + z^2 = a^2$가 교차하는 공통영역의 면적을 구하라.

23. 다음에 답하여라.

    (a) 원뿔 $z \tan\alpha = \sqrt{x^2 + y^2}$, $(0 < \alpha < \pi/2)$ 안에 포함된 구 $x^2 + y^2 + z^2 = a^2$의 표면적을 구하라.

    (b) (a)의 결과를 이용해서 반구의 표면적을 계산하라.

    (c) (a)에서 $\alpha = \pi$로 놓았을 때 주어진 구의 전체 표면적을 구할 수 있는지를 설명하라.

24. 곡면에서 주어진 어떤 한 점을 중심으로 반경이 a인 구의 표면에 대한 관성모멘트(moment of inertia)를 계산하라. 여기서 밀도상수를 ρ로 놓아라.

25. 다음에 답하여라.

    (a) 원뿔 $z \tan\alpha = \sqrt{x^2 + y^2}$, $(0 < \alpha < \pi/2)$안에 포함된 구 $x^2 + y^2 + z^2 = a^2$의 무게중심(centroid)을 구하라.

    (b) (a)의 결과를 이용해서 반구의 표면에 대한 무게중심을 구하라.

발산정리에 관한 문제

26. 경계가 $2x + 2y + z = 6$, $x = 0$, $y = 0$, $z = 0$으로 된 영역위에서 $\mathbf{A} = (2xy + z)\mathbf{i} + y^2\mathbf{j} - (x + 3y)\mathbf{k}$에 대한 발산정리를 증명하라.

27. $\mathbf{F} = (z^2 - x)\mathbf{i} - xy\mathbf{j} + 3z\mathbf{k}$이고 S가 $z = 4 - y^2$와 $x = 0$, $x = 3$ 그리고 xy-평면에 의해서 둘러싸인 영역의 표면일 때, 적분 $\iint_S \mathbf{F} \cdot \mathbf{n} dS$을 계산하라.

28. $\mathbf{A} = (2x + 3z)\mathbf{i} - (xz + y)\mathbf{j} + (y^2 + 2z)\mathbf{k}$이고 S가 $(3, -1, 2)$를 중심으로 반경이 3인 구의 표면일 때,적분 $\iint_S \mathbf{A} \cdot \mathbf{n} dS$를 계산하라.

29. S가 실린더 $x^2 + y^2 = 9$와 두 평면 $z = 0$ 그리고 $z = 3$에 의해서 둘러싸인 영역의 표면일 때, 적분 $\iint_S x\,dy\,dz + y\,dz\,dx + z\,dx\,dy$를 다음과 같은 방법을 써서 구하라.

(a) 발산정리를 이용하라.

(b) 직접 계산하라.

30. S가 $x = 0$, $y = 0$, $z = 0$, $x = 1$, $y = 1$, $z = 1$에 의해서 의해서 둘러싸인 정육면체의 표면일 때, 적분 $\iint_S 4xz\,dy\,dz - y^2\,dz\,dx + yz\,dx\,dy$를 다음과 같은 방법을 써서 구하라.

(a) 공간에서 Green의 정리(발산정리)를 이용하라.

(b) 직접 계산하라.

31. 임의의 닫힌 곡면 S에 대해서 $\iint_S (\nabla \times \mathbf{A}) \cdot \mathbf{n}\,dS = 0$임을 증명하라.

32. 만약 $\mathbf{n}$이 임의의 닫힌 곡면 S에 대해서 밖으로 향하는 법선 벡터장일 때, $\iint_S \mathbf{n}\,dS = 0$임을 증명하라. (힌트: $\mathbf{c}$가 임의의 상수벡터일 때, $\mathbf{A} = \Theta\mathbf{c}$로 놓고, 발산정리를 적용한 다음 $\mathbf{c}$가 임의의 상수라는 사실을 이용하라.)

33. $\mathbf{n}$이 영역 V를 둘러싼 폐곡면 S에 대해서 밖으로 향하는 단위(unit) 법선 벡터장일 때

$$\iiint_V \operatorname{div} \mathbf{n}\,dV = S$$

임을 증명하라.

스톡 정리에 관한 문제

34. S가 구면 $x^2 + y^2 + z^2 = 9$의 상반구 표면이고 C가 S의 경계일 때, $\mathbf{A} = 2y\mathbf{i} + 3x\mathbf{j} - z^2\mathbf{k}$에 대해서 스톡의 정리를 적용하라.

35. S가 원뿔 $z = 2 - \sqrt{x^2 + y^2}$에 대한 xy-평면 윗부분의 표면이고 $\mathbf{A} = (x - z)\mathbf{i} + (x^3 + yz)\mathbf{j} - 3xy^2\mathbf{k}$일 때, 적분 $\iint_S (\nabla \times \mathbf{A}) \cdot \mathbf{n}\,dS$를 계산하라.

36. V가 폐곡면 S에 의해서 둘러싸인 영역이고 $\mathbf{B} = \nabla \times \mathbf{A}$일 때, $\iint_S \mathbf{B} \cdot \mathbf{n}dS = 0$ 임을 증명하라.

37. 다음에 답하여라.

(a) $\mathbf{F} = (2xy + 3)\mathbf{i} + (x^2 - 4z)\mathbf{j} - 4y\mathbf{F}$가 보존력장(conservative force field) 임을 증명하라.

(b) $\mathbf{F} = \nabla\phi$인 ϕ를 구하라.

(c) C가 점 $(3,-1,2)$에서 $(2,1,-1)$로 가는 임의의 경로(path)일 때, 적분 $\int_C \mathbf{F} \cdot d\mathbf{r}$을 계산하라.

38. C가 구면 $x^2+y^2+z^2=a^2$위의 임의의 점에서 또 다른 구면 $x^2+y^2+z^2=b^2$ 위에 있는 임의의 점으로 가는 임의의 경로라 하자. 만약 $\mathbf{r}=x\mathbf{i}+y\mathbf{j}+z\mathbf{k}$이고 $\mathbf{F}=5r^3\mathbf{r}$이면, $\int_C \mathbf{F}\cdot d\mathbf{r}=b^5-a^5$임을 증명하라.

39. 위의 문제에서 $f(r)$가 연속함수이고 $\mathbf{F}=f(r)\mathbf{r}$일 때, 적분 $\int_C \mathbf{F}\cdot d\mathbf{r}$을 계산하라.

40. 다음과 같이 주어진 $\mathbf{F}$에 대해서 $\mathbf{F}=\nabla\phi$인 등식을 만족하는 ϕ가 존재하는지의 여부를 판별하고, 그러한 ϕ가 존재하는 경우에는 ϕ를 구하라.

(a) $\mathbf{F}=(xz-y)\mathbf{i}+(x^2y+z^3)\mathbf{j}+(3xz^2-xy)\mathbf{k}$.

(b) $\mathbf{F}=2xe^{-y}\mathbf{i}+(\cos z-x^2e^{-y})\mathbf{j}-y\sin z\mathbf{k}$.

41. 미분방정식 $(z^3-4xy)\,dx+(6y-2x^2)\,dy+(3xz^2+1)\,dz=0$을 풀어라.

제 11 장

무한급수

미적분학의 창시자인 뉴턴이나 라이프니쯔는 물론이고미적분학에 관심을 가진 다른 많은 수학자들은 무한급수의 중요성을 매우 잘 알고 있었다. $\sin x$나 $\cos x$와 같은 삼각함수들은 아주 기하학적으로 특수한 경우의 x에 대해서만 그 값을 알 수 있다. 기타 다른 변수 x에 대한 함수값들은 무한급수를 활용해서 우리가 원하는 만큼의 오차범위 안에서 근사값으로 구할 수 있다.

급수(級數, series)란 수학에서 수열들의 각 항의 합을 의미한다. 즉, 급수란 여러 수들의 합연산으로 표현된다. 급수의 예로는

$$1 + 2 + 3 + 4 + 5 + ... + 99 + 100$$

과 같은 등차수열의 합이 있다.

급수에 더해지는 각 항들이 어떤 공식이나 알고리즘에 의해 표현되는 경우도 있다. 난수들로 이루어진 급수도 생각할 수 있다.

11.1 무한급수의 정의와 수렴성

급수는 유한급수와 무한급수로 나눌 수 있다. 유한급수의 경우 기초적인 대수학의 법칙들만 사용하여도 그 값을 구할 수 있다. 하지만 무한급수는 그 정확한 합을 구하기 위해서는 해석학의 여러 정리들이 필요하다. 예를 들어

등차수열들의 합으로 이루어진 급수의 경우

$$\sum_{n=0}^{k}(an+b)$$

와 같이 나타낼 수 있다. 일반적으로, 등비수열의 합으로 이루어진 급수의 경우

$$\sum_{n=0}^{k}a^n$$

과 같이 나타낼 수 있다.

정의 11.1 *주어진 수열 $\{x_n\}$에 대해서*

$$S=\sum_{n=1}^{\infty}x_n=x_1+x_2+x_3\cdots$$

을 **무한급수** *(infinite series)라 하고*

$$S_n=\sum_{k=1}^{n}x_n=x_1+x_2+\cdots+x_n$$

을 S의 n항들의 **부분합***이라 부른다. 만약 부분합들의 수열 $\{S_n\}$의 극한이 존재하면 무한급수 $S=\sum_{n=1}^{\infty}x_n$는 수렴한다고 말하고*

$$S=\lim_{n\to\infty}S_n$$

으로 정의한다. 만약 $\{S_n\}$의 극한이 존재하지 않으면 무한급수 $S=\sum_{n=1}^{\infty}x_n$은 발산 한다고 말한다.

예제 11.1 무한급수 $\sum_{n=1}^{n}\frac{1}{2^n}$은 수렴하고 세 급수 $\sum_{n=1}^{\infty}n$, $\sum_{n=1}^{\infty}\frac{1}{n}$, $\sum_{n=1}^{\infty}(-1)^n$은 모두 발산한다.

정리 11.1 *무한급수에 대해서 다음이 성립한다.*

1. 급수 $\sum_{n=1}^{\infty}x_n$이 수렴하면, $\lim_{n\to\infty}x_n=0$이다.

2. 급수 $\sum_{n=1}^{\infty} x_n$이 수렴할 필요충분조건은 임의의 상수 $c \neq 0$에 대해서 $\sum_{n=1}^{\infty}(cx_n)$이 수렴하는 것이다.

3. 주어진 급수 $\sum_{n=1}^{\infty} x_n$ 에서 처음 m개의 항을 제거한 급수 $\sum_{n=m+1}^{\infty} x_n$의 수렴성여부는 원래의 급수의 수렴성여부에 따른다. 즉. $\sum_{n=m+1}^{\infty} x_n$이 수렴할 필요충분조건은 $\sum_{n=1}^{\infty} x_n$이 수렴하는 것이다.

정리 11.2 (등비급수와 p-급수의 수렴조건)

1. 등비급수 $\sum_{n=1}^{\infty} ar^{n-1}$, $(a \neq 0)$이 수렴할 필요충분조건은 $|r| < 1$인 것이다.

2. p급수 $\sum_{n=1}^{\infty} \frac{1}{n^p} = 1 + \frac{1}{2^p} + \frac{1}{3^p} + \cdots$가 수렴할 필요충부조건은 $p > 1$인 것이다.

$p = 1$일 때의 급수 p급수 $\sum_{n=1}^{\infty} \frac{1}{n}$을 **조화급수**(harmonic series)라 한다.

11.2 급수에 대한 수렴과 발산의 판정법

대부분 무한급수의 정확한 값을 구할 수 없는 것이 보통이다. 우리에게는 주어진 무한급수의 값을 계산하는 것보다 수렴여부를 파악하는 것이 더 중요할 때가 많다. 따라서 이 절에서는 급수의 수렴여부를 판정하는 여러 가지 방법들을 소개하려고 한다.

정리 11.3 (비교판정법) 모든 $n = 1, 2, \ldots$에 대해서 $0 \leq a_n \leq b_n$이라 하자.

1. ***(수렴판정법)*** 만약 $\sum_{n=1}^{\infty} b_n$이 수렴하면, 급수 $\sum_{n=1}^{\infty} a_n$도 수렴한다.

2. ***(발산판정법)*** 만약 $\sum_{n=1}^{\infty} a_n$이 발산하면, 급수 $\sum_{n=1}^{\infty} b_n$도 발산한다.

예제 11.2 1. 모든 $n = 1, 2, \ldots$에 대해서 $\frac{1}{2^{n+1}} \leq \frac{1}{2^n}$이고 $\sum_{n=1}^{\infty} \frac{1}{2^n}$이 수렴하므로, $\sum_{n=1}^{\infty} \frac{1}{2^{n+1}}$이 수렴한다.

2. 모든 $n = 1, 2, \ldots$에 대해서 $\frac{1}{\ln n} \geq \frac{1}{n}$이고 $\sum_{n=1}^{\infty} \frac{1}{n}$이 발산하므로, $\sum_{n=1}^{\infty} \frac{1}{\ln n}$이 발산한다.

정리 11.4 (분수비교 반정법) 모든 $n = 1, 2, \ldots$에 대해서 $a_n \geq 0$이고 $b_n \geq 0$이라 하자. 만약 $\lim_{n\to\infty} \frac{b_n}{a_n} = A > 0$이면 $\sum_{n=1}^{\infty} a_n$과 $\sum_{n=1}^{\infty} b_n$이 모두 수렴하거나 모두 발산한다.

1. $\sum_{n=1}^{\infty} a_n$이 수렴하면 $\sum_{n=1}^{\infty} b_n$도 수렴한다.
2. $\sum_{n=1}^{\infty} a_n$이 발산하면 $\sum_{n=1}^{\infty} b_n$도 발산한다.

따름정리 11.5 $A = \lim_{n\to\infty} n^p a_n$이라 하자.

1. A가 유한한 실수값이고 $p > 1$이면, $\sum_{n=1}^{\infty} a_n$은 수렴한다.
2. $p \leq 1$이고 $A \neq 0$이면, $\sum_{n=1}^{\infty} a_n$은 발산한다.

예제 11.3 1. $\lim_{n\to\infty} n^2 \cdot \frac{n}{4n^3-2} = \frac{1}{4}$이므로, $\sum_{n=1}^{\infty} \frac{n}{4n^3-1}$은 수렴한다.

2. $\lim_{n\to\infty} n^{1/2} \cdot \frac{\ln n}{(n+1)^{1/2}} = \infty$이므로, $\sum_{n=1}^{\infty} \frac{\ln n}{\sqrt{n+1}}$은 발산한다.

정리 11.6 (적분판정법) 함수 $f : [N, \infty) \to (0, \infty)$가 연속함수이고, 모든 $n = N, N+1, N+2, \ldots$에 대해서, $f(n) = a_n$이라 하자.

1. 만약 $\int_N^{\infty} f(x)dx < \infty$이면, $\sum_{n=1}^{\infty} a_n$은 수렴한다.
2. 만약 $\int_N^{\infty} f(x)dx = \infty$이면, $\sum_{n=1}^{\infty} a_n$은 발산한다.

예제 11.4 $\int_1^{\infty} \frac{1}{x^2}dx = \lim_{M\to\infty} \int_1^{M} \frac{1}{x^2}dx = \lim_{M\to\infty} \left(1 - \frac{1}{M}\right) = 1$이므로, $\sum_{n=1}^{\infty} \frac{1}{n^2}$은 수렴한다.

정리 11.7 (교대급수가 수렴하기 위한 충분조건)
다음 두 가지 성질을 모두 만족하면, 교대급수 $\sum_{n=1}^{\infty} a_n$은 수렴한다.

1. 모든 $n \geq N$에 대해서, $|a_{n+1}| \leq |a_n|$이다.
2. $\lim_{n\to\infty} a_n = 0$이다.

예제 11.5 급수 $\sum_{n=1}^{\infty} \frac{(-1)^{n+1}}{n} = 1 - \frac{1}{2} + \frac{1}{3} - \frac{1}{4} + \cdots$은 수렴한다.

정의 11.2 $\sum_{n=1}^{\infty} a_n$이 교대급수라 하자.

1. $\sum_{n=1}^{\infty} a_n$이 수렴하면, "$\sum_{n=1}^{\infty} a_n$이 절대수렴한다"고 말한다.

2. $\sum_{n=1}^{\infty} |a_n|$은 발산하고 $\sum_{n=1}^{\infty} a_n$이 수렴하면, "$\sum_{n=1}^{\infty} a_n$이 조건수렴한다"고 말한다.

예제 11.6 $\sum_{n=1}^{\infty} \frac{(-1)^{n+1}}{n}$은 조건수렴하고 $\sum_{n=1}^{\infty} \frac{(-1)^{n+1}}{n^2}$은 절대수렴한다.

정리 11.8 (비율판정법) $\lim_{n\to\infty} \left|\frac{a_n}{a_{n+1}}\right| = L$이라 하자.

1. 만약 $L < 1$이면, $\sum_{n=1}^{\infty} a_n$은 절대수렴한다.

2. 만약 $L > 1$이면, $\sum_{n=1}^{\infty} a_n$은 발산한다.

$L = 1$인 경우에는 $\sum_{n=1}^{\infty} a_n$이 수렴하는지 발산하는지를 직접적으로 판정할 수 없다 .

비판정법(ratio test) 혹은 달랑베르의 기준(D'Alembert's Criterion)은 일정한 비율로 증가하는 급수 $\sum_{n=1}^{\infty} a_n$의 수렴여부를 판정하기 위해 n번째 항 a_n을 $n+1$번째 항 a_{n+1}으로 나눈 값이 n이 무한으로 발산할 때에 갖는 극한값을 구하여 수렴여부를 결정하는 판정법이다. 무한등비급수의 수렴여부 판정에 용이하다.

정리 11.9 (n-승근 판정법) $\lim_{n\to\infty} \left|\frac{a_n}{a_{n+1}}\right| = L$이라 하자.

1. 만약 $L < 1$이면, $\sum_{n=1}^{\infty} a_n$은 절대수렴한다.

2. 만약 $L > 1$이면, $\sum_{n=1}^{\infty} a_n$은 발산한다.

$L = 1$인 경우에는 $\sum_{n=1}^{\infty} a_n$이 수렴하는지 발산하는지를 직접적으로 판정할 수 없다 .

정리 11.10 (Raabe의 판정법) $\lim_{n\to\infty} n\left(1 - \left|\frac{a_{n+1}}{a_n}\right|\right) = L$이라 하자.

1. 만약 $L < 1$이면, $\sum_{n=1}^{\infty} a_n$은 절대수렴한다.

2. 만약 $L > 1$이면, $\sum_{n=1}^{\infty} a_n$은 발산한다.

$L = 1$인 경우에는 $\sum_{n=1}^{\infty} a_n$이 수렴하는지 발산하는지를 직접적으로 판정할 수 없다 .

라아베(Raabe) 판정법은 비율판접병으로 판정이 불가능할 때 자주 쓰인다.

정리 11.11 (가우스 판정법) *수열 $\{c_n\}$이 유계하다고 하자. 즉, 모든 $n = 1, 2, \ldots$에 대해서, $|c_n| \le M$인 수 $M > 0$이 존재한다고 하자. 그리고 수열 $\{u_n\}$이 다음 조건을 만족한다고 하자.*

$$\left|\frac{u_{n+1}}{u_n}\right| = 1 - \frac{L}{n} + \frac{c_n}{n^q}, \quad (L: \text{ 상수}, \quad n = 1, 2, \ldots)$$

그러면 다음이 성립한다.

1. $L > 1$이면, 급수 $\sum_{n=1}^{\infty} u_n$은 절대수렴한다.

2. $L \le 1$이면, 급수 $\sum_{n=1}^{\infty} u_n$은 발산하거나 조건수렴한다.

위 정리는 Raabe의 판정법이 불가능할 때 자주 활용된다.

정리 11.12 (절대수렴하는 급수의 재배열) *$\sum_{n=1}^{\infty} a_n$이 절대수렴하는 급수이고 $\sum_{n=1}^{\infty} b_n$이 $\sum_{n=1}^{\infty} a_n$의 항들의 순서를 바꾸어 재배열한 급수이면, $\sum_{n=1}^{\infty} b_n$도 절대수렴하고 $\sum_{n=1}^{\infty} b_n = \sum_{n=1}^{\infty} a_n$이다.*

$\sum_{n=1}^{\infty} a_n$이 조건부 수렴하는 급수이면 위 정리는 성립하지 않는다.

정리 11.13 *절대수렴하는 두 급수의 합과 차, 곱은 모두 수렴한다. 즉, $\sum_{n=1}^{\infty} a_n$과 $\sum_{n=1}^{\infty} b_n$이 모두 절대수렴하는 급수이면 $\sum_{n=1}^{\infty}(a_n+b_n)$, $\sum_{n=1}^{\infty}(a_n-b_n)$, $\sum_{n=1}^{\infty}(a_n \cdot b_n)$은 모두 절대수렴한다.*

11.3 함수열의 급수

이 절의 주요 목적은 특정한 구간에서 무한 번 미분이 가능한 함수 $f(x)$를 다음과 같이 멱급수 형태로 표현하는 방법을 소개하는 것이다.

$$f(x) = a_0 + a_1 x + a_2 x^2 + a_3 x^3 + \cdots + a_n x^n + \cdots \tag{11.1}$$

예를 들면, 구간 $(-\infty,\ \infty)$에서 $\sin x$와 e^x은 모두 무한 번 미분가능하여

$$\begin{aligned}\sin x &= \sum_{k=1}^{\infty}(-1)^n \tfrac{1}{(2k-1)!}x^{2k-1} \\ &= x - \tfrac{1}{3!}x^3 + \tfrac{1}{5!}x^5 - \cdots + (-1)^n \tfrac{1}{(2n-1)!}x^{2n-1} + \cdots\end{aligned}$$

와

$$\begin{aligned}e^x &= \sum_{k=0}^{\infty} x^k \\ &= 1 + x + \tfrac{1}{2!}x^2 + \tfrac{1}{3!}x^3 + \cdots + \tfrac{1}{n!}x^n + \cdots\end{aligned}$$

으로 표현할 수 있다.

주어진 함수 $f(x)$를 멱급수로 표현하려면 식 (11.1)에 있는 계수 $a_0, a_1, a_2, \ldots$를 결정해야 한다. 그러나 이러한 일은 매우 간단하다. 만약 함수 $f(x)$가 점 $x = 0$에서 무한 번 미분이 가능하다면, $f(x)$를 반복하여 미분해서 각 경우에 대해서 x대신에 0을 대입하면 된다. 또한, 어떤 구간 $(a,\ b)$안에 있는 모든 x에 대하여 이 급수가 수렴한다면 주어진 멱급수는 항별로 미분이 가능하게 된다. 그런데

$$\begin{aligned}f(x) &= a_0 + a_1 x + a_2 x^2 + a_3 x^3 + a_4 x^4 + a_5 x^5 + \cdots \\ f'(x) &= a_1 + 2a_2 x + 3a_3 x^2 + 4a_4 x^3 + 5a_5 x^4 \cdots \\ f''(x) &= 2\cdot 1a_2 + 3\cdot 2a_3 x + 4\cdot 3a_4 x^2 + 5\cdot 4a_5 x^3 \cdots \\ f'''(x) &= 3\cdot 2a_3 + 4\cdot 3\cdot 2a_4 x + 5\cdot 4\cdot 3a_5 x^2 \cdots \\ f^{(4)}(x) &= 4\cdot 3\cdot 2\cdot 1a_4 + 5\cdot 4\cdot 3\cdot 2a_5 x \cdots\end{aligned}$$

을 얻게 된다. 여기서 $x = 0$을 대입하면, $f(0) = a_0$, $f'(0) = a_1$, $f''(0) = 2!\cdot a_2$, $f'''(0) = 3!\cdot a_3$, $f^{(4)}(0) = 4!\cdot a_4$, $f^{(5)} = 5!\cdot a_5$ 등을 얻게 된다. 그러므로, 각

$n = 0, 1, 2, \ldots$에 대해서

$$a_n = \frac{f^n(0)}{n!}$$

임을 알 수 있다. 이를 식 (11.1)에 대입하면 다음 정리를 얻는다.

정리 11.14 (매크로린 급수) *함수 $f(x)$가 0을 포함하는 어떤 구간 $(-\delta,\ \delta)$ 에서 무한 번 미분가능하면*

$$\begin{aligned} f(x) &= f(0) + f'(0)x + \frac{f''(0)}{2!}x^2 + \frac{f'''(0)}{3!}x^3 \\ &\quad + \cdots + \frac{f^n(0)}{n!}x^n + \cdots \\ &= \sum_{n=0}^{\infty} \frac{f^n(0)}{n!}x^n \end{aligned} \tag{11.2}$$

매클로린 급수는 스코틀랜드 수학자 매클로린(Colin Maclaurin, 1698 ~ 1746) 이 최초로 개발한 것이다.

이제 구간 $[a,\ b]$에서 정의된 함수열 $\{u_n(x)\}$에 대한 수렴성을 다음 정의와 같이 구분하여 정의하도록 한다.

정의 11.3 *$\{u_n(x)\}$가 구간 $[a,\ b]$에서 정의된 함수열이라 하자,*

1. *'$\{u_n(x)\}$가 구간 $[a,\ b]$에서 함수 $F(x)$로 (점별로)수렴한다'것은 다음 성질을 만족한다는 것이다.*

   임의의 수 $\epsilon > 0$과 임의의 $x \in [a, b]$에 대해서

   $$n > N \quad \Longrightarrow \quad |u_n(x) - F(x)| < \epsilon$$

   인 성질을 만족하는 자연수 $N = N(\epsilon, x)$이 존재한다.

2. *'$\{u_n(x)\}$가 구간 $[a,\ b]$에서 함수 $F(x)$로 균등 수렴한다(uniformly converge)'는 것은 다음 성질을 만족한다는 것이다.*

   임의의 수 $\epsilon > 0$에 대해서

   $$n > N \quad \Longrightarrow \quad \text{모든 } x \in [a, b]\text{에 대해서 } |u_n(x) - F(x)| < \epsilon$$

   인 성질을 만족하는 자연수 $N = N(\epsilon)$이 존재한다.

무한 함수열의 급수

$$\sum_{n=1}^{\infty} u_n(x) = u_1(x) + u_2(x) + u_3(x) + \cdots \tag{11.3}$$

가 구간 $[a,\, b]$에서 수렴한다는 것은, $n = 1, 2, 3, \ldots$에 대해서, $S_n = u_1(x) + u_2(x) + \cdots + u_n(x)$으로 정의된 함수열 $\{s_n(x)\}$가 $[a,\, b]$에서 수렴한다는 것을 의미한다. 이러한 경우에, 극한 $S(x) = \lim_{n\to\infty} S_n(x)$를 가리켜서 급수 (11.3)의 합(sum)이라고 한다.

만약 함수열 $\{S_n(x)\}$가 구간 $[a,\, b]$에서 함수 $S(x)$로 (점별로)수렴하면, $[a,\, b]$에서 급수 $\sum_{n=1}^{\infty} u_n(x)$가 $S(x)$로 수렴한다고 말한다. 그리고 $\{S_n(x)\}$가 구간 $[a,\, b]$에서 함수 $S(x)$로 균등 수렴하면, $[a,\, b]$에서 급수 $\sum_{n=1}^{\infty} u_n(x)$가 $S(x)$로 균등 수렴한다고 말한다.

이제, 각 $n = 1, 2, 3, \ldots$에 대해서, 함수열 $\{u_k(x)\}$의 n항 다음의 나머지 항들의 합을 $R_n(x) = S(x) - S_n(x) = \sum_{k=n+1}^{\infty} u_k(x)$으로 놓자. 그러면 급수 $\sum_{n=1}^{\infty} u_n(x)$가 구간 $[a,\, b]$에서 $S(x)$로 균등 수렴하기 위한 필요충분조건은 다음 조건을 만족하는 것이다.

> 임의의 $\epsilon > 0$에 대해서
>
> $$n > N \implies \text{모든 } x \in [a,\, b]\text{에 대해서, } |u_n(x)| < \epsilon$$
>
> 인 자연수 $N = N(\epsilon)$이 존재한다.

위와 같은 정의는 개구간 $(a,\, b)$와 같이 폐구간 $[a,\, b]$아닌 다른 구간들에 대해서도 적용할 수 있다.

급수 $\sum_{n=1}^{\infty} u_n(x)$의 (절대, 균등)수렴하는 영역은 $\sum_{n=1}^{\infty} u_n(x)$이 (절대, 균등) 수렴하는 모든 x들의 집합을 의미한다.

예제 11.7 *구간 $[-1/2,\, 1]$에서 함수열 $\{u_n(x)\}$를 $u_n(x) = x^n$으로 정의하자. 그리고 상수함수 $F(x) = 0$을 생각하자. 그러면, 임의의 수 $\epsilon > 0$과 임의의 $x \in [-1/2,\, 1]$에 대해서, $n > N$이면 $|u_n(x) - F(x)| = |x^n/n| < \epsilon$인 자연수 $N = N(\epsilon)$이 존재한다. 여기서, 자연수 N은 x와는 상관없이 ϵ에만 관계되는 수이므로, 함수열 $\{u_n(x)\}$은 함수 $F(x) = 0$으로 균등 수렴함을 알 수 있다.*

예제 11.8 구간 $[0, 1]$에서 $u_n(x) = x^n$으로 정의하고

$$F(x) = \begin{cases} 0, & \textit{if} \quad 0 \le x \le 1 \\ 1, & \textit{if} \quad x = 1 \end{cases}$$

으로 정의하자. 그러면 함수열 $\{u_n(x)\}$는 $F(x)$로 점별로 수렴하지만 균등 수렴하지는 않는다.

먼저 $\lim_{n\to\infty} u_n(x) = F(x)$임은 분명하다. 그런데

$$|u_n(x) - F(x)| = x^n < \epsilon, \quad (0 < x < 1) \quad \Longleftrightarrow \quad n \ln x < \ln \epsilon$$

이다. 그리고 $0 < \epsilon < 1$이고 $0 < \epsilon < 1$일 때, $\ln x$와 $\ln \epsilon$은 모두 음수이다. 따라서 위의 부등식이 성립하기 위한 조건은 $n > \frac{\ln \epsilon}{\ln x}$이므로

$$n > N \ge \frac{\ln \epsilon}{\ln x} = \frac{\ln 1/\epsilon}{\ln 1/x}$$

인 자연수 N을 택해야 한다. 이는 N이 ϵ뿐만 아니라 x의 값에 의존한다는 것을 의미하므로. $\{u_n(x)\}$는 $F(x)$로 점별로 수렴하지만 균등 수렴하지는 않는다는 것을 뜻한다(그림 11.1).

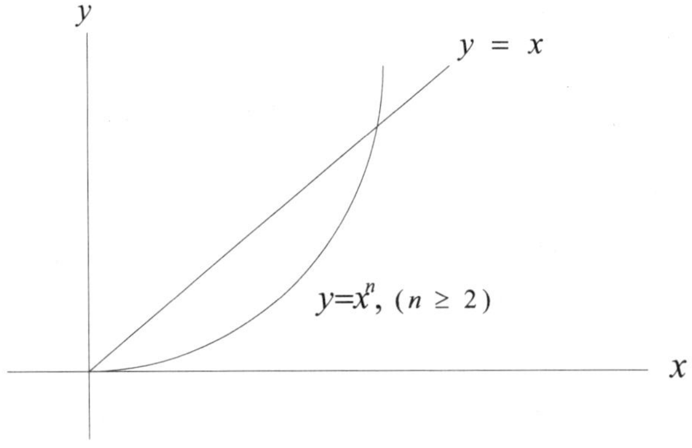

그림 11.1: $y = x^n$, $(n \ge 2)$의 그래프

이제는 급수 $\sum_{n=1}^{\infty} u_n(x)$가 균등 수렴하기 위한 조건을 소개하려고 한다.

정리 11.15 (바이어스트라스 엠 판정법, Weistrass M Test) *$\{M_n\}$이 양의 상수들로 구성된 수열로서 다음 두 성질을 모두 만족한다고 하자.*

1. *각 $n = 1, 2, \ldots$와 모든 $x \in [a, b]$에 대해서, $|u_n(x)| \le M_n$이다.*
2. *급수 $\sum_{n=1}^{\infty} M_n$이 수렴한다.*

그러면 급수 $\sum_{n=1}^{\infty} u_n(x)$는 구간 $[a, b]$에서 균등 수렴한다.

예제 11.9 모든 $x \in [0. 2\pi]$와 $n \in \mathbb{N}$에 대해서 $\left|\frac{\cos nx}{n^2}\right| \le \frac{1}{n^2}$이고 $\sum_{n=1}^{\infty} \frac{1}{n^2}$이 수렴하므로, 급수 $\sum_{n=1}^{\infty} \frac{\cos nx}{n^2}$은 구간 $[0, 2\pi]$에서 균등 수렴한다.

정리 11.16 (디리클레 판정법, Dirichlet's test) *다음 두 가지 조건을 모두 만족한다고 하자.*

1. *$\{a_n\}$은 양수들로 구성된 단조감소 수열이고 $\lim_{n\to\infty} a_n = 0$이다.*
2. *모든 $x \in [a, b]$와 모든 자연수 N에 대해서 $\left|\sum_{n=1}^{N} u_n(x)\right| < M$인 상수 $M > 0$이 존재한다.*

그러면 급수 $\sum_{n=1}^{\infty} a_n u_n(x)$는 구간 $[a, b]$에서 균등 수렴한다.

참고 디리클레 판정법은 독일의 수학자 페터 구스타프 르죈 디리클레의 이름이 붙은 무한급수의 수렴 판정법으로, 양수항이 아닌 일반적인 급수에 적용되는 강력한 판정법 중 하나이다. 교대급수판정법은 이 판정법의 특수한 경우이다. 디리클레가 처음으로 1862년 《순수 및 응용수학 저널(Journal de Mathématiques Pures et Appliquées)》에 게재하였다.

정리 11.17 (균등수렴하는 급수의 연속성)
모든 $n = 1, 2, \ldots$에 대해서 함수 $u_n(x)$가 구간 $[a, b]$에서 연속이고, 급수 $\sum_{n=1}^{\infty} u_n(x)$가 구간 $[a, b]$에서 함수 $S(x)$로 균등수렴하면 $S(x)$가 $[a, b]$에서 연속이다.

위 정리는 연속인 함수들의 급수가 균등 수렴하면 그 급수가 주어진 폐구간에게 연속인 함수가 된다는 것을 의미한다. 정리 11.17은 $[a, b]$안에서

$S(x) = \sum_{n=1}^{\infty} u_n(x)$가 불연속이 되는 점이 있다는 것을 보임으로써 주어진 급수 $\sum_{n=1}^{\infty} u_n(x)$가 균등 수렴하지 않는다는 것을 증명하는 데에 자주 활용된다.

특히, 정리 11.17에 의해서, $x_0 \in [a, b]$이면

$$\lim_{x \to x_0} \sum_{n=1}^{\infty} u_n(x) = \sum_{n=1}^{\infty} \lim_{x \to x_0} u_n(x) = \sum_{n=1}^{\infty} u_n(x_0)$$

이다. 위 식에서 $x_0 = a$ 또는 $x_0 = b$인 경우에는 극한은 각각 우극한과 좌극한, 즉 $\lim_{x \to a} = \lim_{x \to a+}$ 와 $\lim_{x \to b} = \lim_{x \to b-}$ 를 뜻한다.

정리 11.18 모든 $n = 1, 2, \ldots$에 대해서 함수 $u_n(x)$가 구간 $[a, b]$에서 연속이고, 급수 $\sum_{n=1}^{\infty} u_n(x)$가 구간 $[a, b]$에서 함수 $S(x)$로 균등수렴하면

$$\int_a^b S(x)dx = \sum_{n=1}^{\infty} \int_a^b u_n(x)dx \tag{11.4}$$

또는

$$\int_a^b \left(\sum_{n=1}^{\infty} u_n(x) \right) dx = \sum_{n=1}^{\infty} \int_a^b u_n(x)dx \tag{11.5}$$

이다.

정리 11.18은 균등 수렴하는 연속함수들의 급수에 대한 적분은 항별로 적분이 가능하다는 것을 의미한다.

정리 11.19 모든 $n = 1, 2, \ldots$에 대해서 함수 $u_n(x)$가 구간 $[a, b]$에서 연속이고 연속인 도함수를 갖는다고 하자. 그리고 급수 $\sum_{n=1}^{\infty} u_n(x)$가 구간 $[a, b]$에서 함수 $S(x)$로 수렴하고 $\sum_{n=1}^{\infty} u'_n(x)$가 구간 $[a, b]$에서 수렴한다고 하자. 그러면 $S(x)$도 구간 $[a, b]$에서 미분이 가능하고

$$S'(x) = \sum_{n=1}^{\infty} u'_n(x) \tag{11.6}$$

또는

$$\frac{d}{dx}\left(\sum_{n=1}^{\infty} u_n(x)\right) = \sum_{n=1}^{\infty} \frac{d}{dx} u_n(x) \tag{11.7}$$

이다.

정리 11.19는 균등수렴하는 급수의 미분은 항별로 미분할 수 있음을 말한다.

위 정리들과 유사한 또 다른 성질이 있다.

정리 11.20 $\{u_n(x)\}$가 구간 $[a, b]$에서 균등 수렴하는 함수열이면

$$\lim_{n\to\infty} \int_a^b u_n(x)dx = \int_a^b \lim_{n\to\infty} u_n(x)dx \tag{11.8}$$

이다.

11.4 멱급수와 Taylor급수

무한급수

$$\sum_{n=0}^{\infty} a_n x^n,\ (a_n: \text{ 상수}) \tag{11.9}$$

를 가리켜서 **멱급수**(power series)라고 한다. 종종 우리는 멱급수 (11.9)를 $\sum a_n x^n$으로 표현한다.

정의 11.4 (멱급수의 수렴반경) *양수 R에 대해서, $|x| < R$이면 $\sum_{n=0}^{\infty} a_n x^n$이 수렴하고 $|x| > R$이면 $\sum_{n=0}^{\infty} a_n x^n$이 발산할 때, R을 가리켜서 급수 $\sum a_n x^n$의* **수렴반경***(radius of convergence)이라 한다. 그리고 구간 $(-R, R)$을 가리켜서 급수 $\sum a_n x^n$의* **수렴구간***(interval of convergence)이라 한다.*

정리 11.4에서 $|x| = R$인 경우에는 급수 $\sum a_n x^n$이 수렴할 수도 있고 발산할 수도 있다. 만약 $x = R$ 또는 $x = -R$인 경우에도 $\sum a_n x^n$이 수렴하면, 구간 $(-R, R]$이나 $[-R, R)$ 또는 $[-R, R]$이 수렴구간이 될 수 있다.

경우에 따라서는 $R = 0$ 또는 $R = \infty$가 될 수도 있다. $R = 0$인 경우에는 $\sum_{n=0}^{\infty} a_n x^n$은 $x = 0$일 때만 수렴한다. 그리고 $R = \infty$이면 $R = \infty$의 수렴구간은 $(-\infty, \infty)$가 된다.

정리 11.21 *만약 R이 급수 $\sum a_n x^n$의 수렴반경이면, $\sum_{n=0}^{\infty} a_n x^n$은 구간 $(-R, R)$에서 절대수렴하고 균등 수렴한다.*

정리 11.22 *만약 R이 급수 $\sum a_n x^n$의 수렴반경이면, $\sum_{n=0}^{\infty} a_n x^n$은 구간 $(-R, R)$에 속한 모든 점 x에서 항별로 미분가능하고 적분가능하다.*

정리 11.23 (아벨의 정리) *급수 $\sum a_n x^n$의 수렴반경이 R이 고 $x = R$ 또는 $x = -R$일 때 수렴하면, $\sum a_n x^n$은 수렴하는 영역에 해당하는 구간안에서 균등 수렴한다.*

정리 11.24 (아벨의 극한정리) *만약 급수 $\sum a_n x^n$이 $x = x_0$에서 수렴하면*

$$\lim_{x \to x_0} \left(\sum_{n=0}^{\infty} a_n x^n \right) = \sum_{n=0}^{\infty} \left(\lim_{x \to x_0} a_n x^n \right) = \sum_{n=0}^{\infty} a_n x_0^n \tag{11.10}$$

이다. 만약 x_0가 수렴구간의 끝점이면, 식 (11.10)에서 $x \to x_0$ 대신에 $x \to x_0+$ 또는 $x \to x_0-$를 적용한다.

위와 같은 논리들은 x대신에 $(x - a)$를 대입한 급수 $\sum a_n (x-a)^n$에도 같은 방식으로 적용된다.

다음 정리들에서는 모든 멱급수가 어떤 구간 I에서 수렴한다고 가정한다.

정리 11.25 $\sum_{n=0}^{\infty} a_n x^n \pm \sum_{n=0}^{\infty} b_n x^n = \sum_{n=0}^{\infty} (a_n \pm b_n) x^n$, *($\pm$은 복호동순)이다.*

정리 11.26 두 멱급수 $\sum_{n=0}^{\infty} a_n x^n$과 $\sum_{n=0}^{\infty} b_n x^n$의 곱 $\left(\sum_{n=0}^{\infty} a_n x^n \right) \cdot \left(\sum_{n=0}^{\infty} b_n x^n \right)$은

$$\sum_{n=0}^{\infty} c_n x^n, \quad \left(c_n = \sum_{k=0^n} a_k b_{n-k} = a_0 b_n + a_1 b_{n-1} + \cdots + a_n b_0 \right) \tag{11.11}$$

으로 표현된다.

정리 11.27 *만약* $\sum_{n=0}^{\infty} a_n x^n$ *이* $\sum_{n=0}^{\infty} b_n x^n$ *(단,* $b_0 \neq 0$*)으로 나누어질 수 있다면, 몫* $\sum_{n=0}^{\infty} a_n x^n / \sum_{n=0}^{\infty} b_n x^n$*은 충분히 작은* x*값에 대해서 수렴하는 멱급수로 표현된다.*

정리 11.28 *만약* $y = \sum_{n=0}^{\infty} a_n x^n$ *이면,* $x = \sum_{n=0}^{\infty} b_n y^n$*으로 치환했을 때, 계수* b_n*을 계수* a_n*들에 관해서 표현할 수 있다. 이러한 과정을 가리켜서* **급수의 역**(*reversion of series*)*이라 한다.*

11.5 함수의 급수 전개식

이 절은 미적분학에서 무한급수에 관한 가장 핵심적인 내용들을 담고 있다. 몇 가지 정리들은 18세기와 19세기초에 활약했던 수학자들의 이름이 명시된 것들이다.

함수들을 급수로 전개하는 가장 간단한 방식은 그러한 표현이 가능하다고 가정하고 구체적으로 전개식을 찾는 것이다. 물론, 그 함수의 전개식이 옳다는 것을 엄격하게 증명해야 함은 당연한 일이다. 이제

$$f(x) = A_0 + A_1(x-c) + A_2(x-c)^2 + \cdots + A_n(x-c)^n + \cdots$$

라고 가정해 보자. 여기서 알아 두어야 할 점은 계수 A_n이 $f(x)$의 미분계수와 밀접한 관계가 잇다는 사실이다. 즉,

$$A_0 = f(c),\ A_1 = f'(c),\ A_2 = \frac{1}{2!}f''(x), \cdots, A_n = \frac{1}{n!}f^{(n)}(c), \cdots$$

이다. 이는 함수 $f(x)$가 점 $x = c$를 중심으로 하는 전개식

$$f(x) = f(c) + f'(c)(x-c) + \frac{1}{2!}f''(c)(x-c)^2 + \cdots + \frac{1}{n!}A_n(x-c)^n + \cdots$$

으로 표현된다는 것을 의미한다.

n계 도함수가 존재하는 함수 f를 급수로 전개하는 첫 단계는 $f(x)$에 대한

다음과 같은 Taylor 다항식을 소개하는 일이다.

$$\begin{aligned}
P_0(x) &= f(c), \qquad P_1(x) = f(c) + f'(c)(x-c), \\
P_2(x) &= f(c) + f'(c)(x-c) + \tfrac{1}{2!}f''(c)(x-c)^2, \\
&\vdots \\
P_n(x) &= f(c) + f'(c)(x-c) + \tfrac{1}{2!}f''(c)(x-c)^2 + \cdots + \tfrac{1}{n!}f^{(n)}(c)(x-c)^n
\end{aligned} \tag{11.12}$$

정리 11.29 (Taylor 정리) *$I = (a, b)$이고 $c \in I$라 하자. 함수 $f : I \to \mathbb{R}$와 도함수 $f', f'', \ldots, f^{(n)}$은 모두 I에서 연속이고 $f^{(n+1)}$이 I에서 존재하면, 임의의 $x \in I$에 대해서*

$$\begin{aligned}
f(x) &= f(c) + f'(c)(x-c) + \tfrac{1}{2!}f''(a)(x-a)^2 + \cdots \\
&\quad + \tfrac{1}{n!}f^{(n)}(c)(x-c)^n + R_n(x)
\end{aligned} \tag{11.13}$$

이다. 여기서 $R_n(x)$는 $f(x)$의 **나머지 항***(Remainder term)이라 하고 다음과 같이 주어진다.*

(1) **코쉬 형식***(Cauchy form)*

$$R_n(x) = \frac{1}{n!}f^{(n+1)}(\xi)(x-\xi)^n(x-c), \ (c < \xi < x, \quad \text{또는 } x < \xi < c) \tag{11.14}$$

(2) **라그랑 형식***(Lagrange form)*

$$R_n(x) = \frac{1}{(n+1)!}f^{(n+1)}(\xi)(x-a)^{(n+1)}, \ (c < \xi < x, \quad \text{또는 } x < \xi < c) \tag{11.15}$$

(3) **적분 형식***(Integral form)*

$$R_n(x) = \frac{1}{n!}\int_c^x f^{(n+1)}(t)(x-t)^n dt \tag{11.16}$$

정의 11.5 (테일러 전개식) 만약 f가 국간 $I = (a, b)$에서 무한 번 미분이

가능하면 나머지항 없이

$$f(x)=\sum_{n=0}^{\infty}\frac{1}{n!}f^{(n)}(c)(x-c)^n \tag{11.17}$$

으로 전개가 가능하며, 전개식 (11.17)을 가리켜서 점 $x=c$에서 $f(x)$의 **테일러 전개식**(*Taylor series*)이라 한다.

정의 11.6 (매크로린 진개식) 점 $x=0$에서 테일러 전개식

$$f(x)=\sum_{n=0}^{\infty}\frac{1}{n!}f^{(n)}(0)x^n=f(0)+f'(0)x+\frac{1}{2!}f''(0)x^2+\frac{1}{3!}f'''(0)x^3+\cdots \tag{11.18}$$

을 가리켜서 $f(x)$의 **매크로린 전개식**(*MacLaurin series*)이라 한다.

예제 11.10 함수 $f(x)=\sin x$의 $x=0,\ \frac{\pi}{6}$에서 값은 기하학적으로 정확하게 0과 $\frac{1}{2}$로 결정된다. 기타 다른 실수 x에 대한 $\sin x$의 값을 구하기 위해서는 $x=0$에서 테일러 전개식, 즉 매크로린 전개식을 이용하면 된다. 그런데 $f(0)=\sin 0=0,\ f'(0)=\cos 0=1,\ f''(0)=-\sin 0,\ f'''(0)=-\cos 0=-1,\ f^{(4)}(0)=\sin 0=0,\ f^{(5)}(0)=\cos 0=1,\cdots$ 이므로, $\sin x$의 매클로린 전개식은

$$\sin x=0+x-0-\frac{1}{3!}x^3+0-\frac{1}{5!}x^5+\cdots$$

이다.

위 식의 네번 째 항은 0이므로, 테일러 다항식 $P_3(x)$와 $P_4(x)$는 같다. 즉,

$$P_3(x)=P_4(x)=x-\frac{1}{3!}x^3$$

이고 라그랑 형식의 너머지항은

$$R_4(x)=\frac{1}{5!}(\cos\xi)x^5$$

이 된다. 여기서 $\sin 0.3$의 값을 근사값으로 구하면

$$P_4(0.3) = 0.3 - \frac{1}{6}(0.3)^3 \approx 0.2945$$

이고 오차는 나머항을 계산하였을 때

$$R_4(0.3)| = \left|\frac{1}{5!}\cos\xi(0.3)^5\right| \le \frac{1}{120}\frac{243}{10^5} < 0.000021$$

이다. 따라서 $\sin(0.3)$에 대한 근사값으로서 $P_4(0.3) \approx 0.2945$는 소숫점 이하 네 째자리까지 정확하다.

주요 함수들의 매크로린 전개식

다음 각 전개식은 실제 용용면에서 자주 황용되는 것으로서 명시된 구간에서 주어진 함수에 수렴한다.

1. $\sin x = x - \frac{x^3}{3!} + \frac{x^5}{5!} + \cdots + (-1)^{(n-1)}\frac{x^{2n-1}}{(2n-1)!} + \cdots, \quad (-\infty < x < \infty)$
2. $\cos x = 1 - \frac{x^2}{2!} + \frac{x^4}{4!} + \cdots + (-1)^{(n-1)}\frac{x^{2n-2}}{(2n-2)!} + \cdots, \quad (-\infty < x < \infty)$
3. $e^x = 1 + x + \frac{x^2}{2!} + \frac{x^3}{3!} + \cdots + \frac{x^n}{n!} + \cdots, \quad (-\infty < x < \infty)$
4. $\ln|1+x| = x - \frac{x^2}{2} + \frac{x^3}{3} - \frac{x^4}{4} + \cdots + (-1)^n\frac{x^n}{n} + \cdots, \quad (-1 \le x \le 1)$
5. $\frac{1}{2}\ln\frac{|1+x|}{1-x} = x + \frac{x^3}{3} + \frac{x^5}{5} + \frac{x^7}{7} = \cdots + \frac{x^{2n-1}}{2n-1} + \cdots, \quad (-1 < x < 1)$
6. $\tan^{-1} x = x - \frac{x^3}{3} + \frac{x^5}{5} - \frac{x^7}{7} + \cdots + (-1)^{n-1}\frac{x^{2n-1}}{2n-1} + \cdots, \quad (-1 \le x \le 1)$
7. $(1+x)^p = 1 + px + \frac{p(p-1)}{2!}x^2 + \cdots + \frac{p(p-1)\cdots(p-n+1)}{n!}x^n + \cdots$

이 이항 전개식은

(a) p가 음이 아닌 정수이면, 이 전개식은 유한항의 합으로 끝난다.

(b) $p > 0$이고 p가 정수가 아니면, 이 전개식은 $-1 < x < 1$인 x에 대해서 (절대) 수렴한다.

(c) 만약 $-1 < p < 0$이면, 이 급수는 $-1 < x \leq 1$인 x에 대해서 수렴한다.

(d) 만약 $p \leq -1$이면, 이 급수는 $-1 < x < 1$인 x에 대해서 수렴한다.

만약 $-1 < x < 1$이면, 모든 p에 대해서 위 이항 전개식 7은 수렴한다.

예제 11.11 *지수함수 e^x의 테일러 전개식을 활용해서 적분 $\int_0^1 e^{x^2}dx$의 근사값을 계산해 낼 수 있다. 먼저 x대신에 x^2을 대입하면*

$$\int_0^1 e^{x^2}dx = \int_0^1 \left(1 + x^2 + \frac{x^4}{2!} + \frac{x^6}{3!} + \frac{x^8}{4!} + \frac{e^{\xi}}{5!}x^{10}\right) dx$$

이므로

$$P_4(x) = 1 + x^2 + \frac{x^4}{2!} + \frac{x^6}{3!} + \frac{x^8}{4!}$$

이고

$$R_4(x) = \frac{e^{\xi}}{5!}x^{10},\ 0 < \xi < x$$

이다. 따라서

$$\int_0^1 P_4(x) = 1 + \frac{1}{3} + \frac{1}{5 \cdot 2!} + \frac{1}{7 \cdot 3!} + |frac19 \cdot 4! \approx 1,4618$$

이고

$$\left|\int_0^1 R_4(x)dx\right| \leq \int_0^1 \left|\frac{e^{\xi}}{5!}x^{10}\right| dx \leq e\int_0^1 \frac{x^{10}}{5!}dx = \frac{e}{11.5} < 0.0021$$

이다. 그러므로 최대오차 0.0021의 범위내에서 근사값이 계산되어 근사값은 소숫점이하 두 번째 짜리까지 정확하게 계산된다.

다음은 2변수 함수에 대한 Taylor 정리이다.

정리 11.30 *D가 2차원 실평면* $\mathbb{R}^2$*에 속한 닫힌영역이라 하고* $f : D \to \mathbb{R}$*가 연속인 모든* n*계 편도함수들을 가지며,* D*의 내부인 열린 영역* $\mathrm{int}(D)$*에서* f *의 모든* $(n+1)$*계 도함수들이 존재안다고 하자. 그러면*

$$\begin{aligned} f(x_0+h,\ y_0+k) &= f(x_0,y_0)+\left(h\frac{\partial}{\partial x}+k\frac{\partial}{\partial y}\right)f(x_0,y_0) \\ &\quad +\frac{1}{2!}\left(h\frac{\partial}{\partial x}+k\frac{\partial}{\partial y}\right)^2 f(x_0,y_0)+\cdots \\ &\quad +\frac{1}{n!}\left(h\frac{\partial}{\partial x}+k\frac{\partial}{\partial y}\right)^n f(x_0,y_0)+R_n \end{aligned} \tag{11.19}$$

이고

$$R_n=\frac{1}{(n+1)!}\left(h\frac{\partial}{\partial x}+k\frac{\partial}{\partial y}\right)^{n+1} f(x_0+\theta h,\ y_0+\theta k),\quad (0<\theta<1)$$

이며

$$\begin{aligned} \left(h\frac{\partial}{\partial x}+k\frac{\partial}{\partial y}\right)f &= hf_x+kf_y \\ \left(h\frac{\partial}{\partial x}+k\frac{\partial}{\partial y}\right)^2 f &= h^2f_{xx}+2hkf_{xy}+k^2f_{yy} \end{aligned}$$

이다. 그리고 $\left(h\frac{\partial}{\partial x}+k\frac{\partial}{\partial y}\right)^n$은 2항정리에 의하여 전개한 식을 의미한다.

위 정리에서 $n \to \infty$일 때 $R_n \to 0$이면 $f(x,y)$에 대한 Taylor 전개식은 무한급수로 전개된다.

≪11장 연습문제≫

급수의 수렴과 발산에 관한 문제

1. 급수 $\sum_{n=1}^{\infty} \frac{1}{(4n-1)(4n+3)}$이 수렴함을 보이고 그 극한을 구하라.

2. $\sum_{n=1}^{\infty} u_n$이 A로 수렴하고 $\sum_{n=1}^{\infty} v_n$이 B로 수렴하면, $\sum_{n=1}^{\infty}(u_n + v_n)$이 $A+B$로 수렴함을 증명하라.

3. $\sum_{n=1}^{\infty} \left(\frac{3}{2}\right)^n$이 발산함을 보여라.

4. 다음 급수의 합을 구하라.

   (a) $\left(\frac{1}{2}+\frac{1}{4}\right)+\left(\frac{1}{2^2}+\frac{1}{4^k}\right)+\cdots+\left(\frac{1}{2^k}+\frac{1}{4^k}\right)+\cdots$

   (b) $\sum_{k=1}^{\infty}\left(\frac{1}{5^k}-\frac{1}{k(k+1)}\right)$

비교판정법과 비율판정법에 관한 문제

5. 다음 급수가 수렴하는지 발산하는지를 판정하라.

   (a) $\sum_{n=1}^{\infty}\frac{1}{n^2+1}$ (b) $\sum_{n=1}^{\infty}\frac{n}{4n^2-3}$ (c) $\sum_{n=1}^{\infty}\frac{n+2}{(n+1)\sqrt{n+3}}$

   (d) $\sum_{n=1}^{\infty}\frac{3^n}{n\cdot 5^n}$ (e) $\sum_{n=1}^{\infty}\frac{1}{5n-3}$ (f) $\sum_{n=1}^{\infty}\frac{2n-1}{(3n+2)n^{4/3}}$

   (g) $\sum_{k=1}^{\infty}\frac{k^2+k+3}{2k^2+1}$ (h) $\sum_{k=1}^{\infty}\left(1+\frac{1}{k}\right)^k$ (i) $\sum_{k=1}^{\infty}\cos k\pi$

6. 다음 급수의 수렴·발산을 판정하라.

   (a) $\sum_{n=1}^{\infty}\frac{4n^2+5n-2}{n(n^2+1)^{3/2}}$ (b) $\sum_{n=1}^{\infty}\sqrt{\frac{n-\ln n}{n^2+10n^3}}$

   (c) $\sum_{n=1}^{\infty}\left(1+\frac{1}{k}\right)^{-k}$ (d) $\sum_{n=1}^{\infty}\frac{\tan^{-1}k}{1+k^2}$

7. 비교판정법을 이용하여 다음을 증명하라.

   (a) 급수 $\sum_{n=1}^{\infty}\frac{1}{n^p}$이 $p>1$이면 수렴하고, $p\le 1$이면 발산한다.

   (b) 급수 $\sum_{n=1}^{\infty}\frac{\tan^{-1}n}{n}$이 발산한다.

   (c) 급수 $\sum_{n=1}^{\infty}\frac{n^2}{2n^3+1}$이 발산한다.

8. 다음 급수의 수렴·발산을 판정하라.

(a) $\sum_{n=1}^{\infty} \frac{(\ln)^2}{n^2}$ (b) $\sum_{n=1}^{\infty} \sqrt{n \tan^{-1}(1/n^3)}$

(c) $\sum_{n=1}^{\infty} n \sin^2(1/n)$ (d) $\sum_{n=1}^{\infty} \frac{3+\sin n}{n(1+e^{-n})}$

9. 급수 $\sum_{n=1}^{\infty} \frac{1}{n^{1+1/n}}$의 수렴·발산을 판정하라.

10. 다음 급수의 수렴·발산을 판정하라.

(a) $\sum_{n=1}^{\infty} \frac{n^2}{2n^3-1}$ (b) $\sum_{n=2}^{\infty} \frac{1}{n(\ln n)^3}$ (c) $\sum_{n=1}^{\infty} \frac{n}{2n}$

(d) $\sum_{n=1}^{\infty} \frac{e^{-\sqrt{n}}}{\sqrt{n}}$ (e) $\sum_{n=2}^{\infty} \frac{\ln n}{n}$ (f) $\sum_{n=10}^{\infty} \frac{2^{\ln(\ln n)}}{n \ln n}$

11. 급수 $\sum_{n=1}^{\infty} \frac{1}{n(\ln n)^p}$이 $p > 1$이면 수렴하고 $p \le 1$이면 발산함을 증명하라.

12. 다음 부등식을 증명하라.

$$\frac{9}{8} < \sum_{n=1}^{\infty} \frac{1}{n^3} < \frac{5}{4}$$

13. 급수 $\sum_{n=1}^{\infty} \frac{e^{\tan^{-1} n}}{n^2+1}$의 수렴·발산을 판정하라.

14. 다음 부등식을 증명하라.

$$\frac{2}{3}n^{3/2} + \frac{1}{3} \le \sqrt{1} + \sqrt{2} + \sqrt{3} + \cdots + \sqrt{n} \le \frac{2}{3}n^{3/2} + n^{1/2} - \frac{2}{3}$$

교대급수에 관한 문제

15. 다음 급수의 수렴·발산을 판정하라.

(a) $\sum_{n=1}^{\infty} \frac{(-1)^{n+1}}{2n}$ (b) $\sum_{n=1}^{\infty} \frac{(-1)^n}{n^2+2n+2}$ (c) $\sum_{n=1}^{\infty} \frac{(-1)^{n+1}n}{3n-1}$

(d) $\sum_{n=1}^{\infty} (-1)^n \sin^{-1} \frac{1}{n}$ (e) $\sum_{n=2}^{\infty} \frac{(-1)^n\sqrt{n}}{\ln n}$

16. 급수 $\sum_{n=2}^{\infty} \frac{(-1)^n}{2^n(n+1)}$에 대하여 다음에 답하여라.

a) 주어진 급수를 처음 5항까지의 합만으로 근사시켰을 때 나타나는 최대 오차는 얼마인가?

b) 주어진 급수가 소숫점 이하 3자릿수까지 정확하게 계산되려면 몇 번째 항까지 계산해야 되는가?

절대수렴성과 조건부 수렴성에 관한 문제

17. 다음 급수가 절대 수렴하는지 아니면 조건 수렴하는지를 판정하라.

(a) $\sum_{n=1}^{\infty} \frac{(-1)^{n+1}}{n^2+1}$ (b) $\sum_{n=1}^{\infty} \frac{(-1)^n}{n \ln n}$ (c) $\sum_{n=1}^{\infty} \frac{(-1)^n}{2n-1} \sin \frac{1}{\sqrt{n}}$

(d) $\sum_{n=1}^{\infty} \frac{(-1)^{n+1} n}{n^2+1}$ (e) $\sum_{n=1}^{\infty} \frac{(-1)^n n^3}{(n^2+1)^{4/3}}$ (f) $\sum_{n=1}^{\infty} \frac{(-1)^{n+1} n^3}{2n-1}$

18. 모든 실수 x와 a에 대해서 급수 $\sum_{n=1}^{\infty} \frac{\cos n\pi a}{x^2+n^2}$가 절대 수렴함을 증명하라.

비율판정법에 관한 문제

19. 다음 급수가 절대 수렴하는지 아니면 조건 수렴하는지를 판정하라.

(a) $\sum_{n=1}^{\infty} \frac{(-1)^n n}{(n+1)e^n}$ (b) $\sum_{n=1}^{\infty} \frac{10^n n}{(2n+1)!}$ (c) $\sum_{n=1}^{\infty} \frac{3^n}{n^3}$

(d) $\sum_{n=1}^{\infty} \frac{(-1)^n 2^{3n}}{3^{2n}}$ (e) $\sum_{n=1}^{\infty} \frac{(\sqrt{5}-1)^n}{(n^2+1)}$

20. 주어진 수열이 조건 수렴함을 보이기 위해서 비율판정법을 활용할 수 없음을 예를 들어서 설명하라.

(a) $\sum_{n=1}^{\infty} \frac{n!}{n^n}$이 수렴함을 보여라.

(b) $\lim_{n\to\infty} \frac{n!}{n^n} = 0$임을 증명하라.

기타 판정의 문제

21. 다음 급수가 수렴함을 보여라.

$$\frac{1}{3} + \left(\frac{2}{3}\right)^2 + \left(\frac{1}{3}\right)^3 + \left(\frac{2}{3}\right)^4 + \left(\frac{1}{3}\right)^5 + \left(\frac{2}{3}\right)^6 + \cdots$$

22. 다음 급수의 수렴·발산을 판정하라.

(a) $\frac{1}{3} + \frac{1}{3} \cdot \frac{4}{6} + \frac{1}{3} \cdot \frac{4}{6} \cdot \frac{7}{9} + \cdots$ (b) $\frac{2}{9} + \frac{2}{9} \cdot \frac{5}{12} + \frac{2}{9} \cdot \frac{5}{12} \cdot \frac{8}{15} + \cdots$

23. 다음 급수가 수렴·발산을 판정하라.

$$\left(\frac{1}{3}\right)^2 + \left(\frac{1}{3} \cdot \frac{4}{6}\right)^2 + \left(\frac{1}{3} \cdot \frac{4}{6} \cdot \frac{7}{9}\right)^2 + \cdots + \left(\frac{1}{3} \cdot \frac{4}{6} \cdot \frac{7}{9} \cdots \frac{(3n-2)}{(3n)}\right)^2 + \cdots$$

함수열에 관한 문제

24. 다음 급수의 수렴영역을 구하라.

(a) $\sum_{n=1}^{\infty} \frac{x^n}{n^3}$ (b) $\sum_{n=1}^{\infty} \frac{(-1)^n(x-1)^n}{(2^n(3n-1))}$ (c) $\sum_{n=1}^{\infty} \frac{1}{n(1+x^2)^n}$

(d) $\sum_{n=1}^{\infty} n^2 \left(\frac{1-x}{1+x}\right)^n$ (e) $\sum_{n=1}^{\infty} \frac{e^{nx}}{n^2-n+1}$

25. 다음 급수가 수렴하는 x의 값들을 구하라.

(a) $\sum_{n=1}^{\infty} \frac{1}{2n-1}\left(\frac{x+2}{x-1}\right)^n$ (b) $\sum_{n=1}^{\infty} \frac{1}{(x+n)(x+n-1)}$

26. $-1 \le x \le 1$에 대해서 $\sum_{n=1}^{\infty} \frac{1\cdot3\cdot5\cdot5\cdots(2n-1)}{2\cdot4\cdot6\cdots(2n)} x^n$이 수렴함을 증명하라.

균등수렴에 관한 문제

27. 정의를 써서 다음 급수가 균등 수렴하는지의 여부를 판정하라.

$$\sum_{n=1}^{\infty} \frac{x}{[((n-1)x+1)[nx+1]]}$$

28. 모든 실수 x에 대해서 $F(x) = \sum_{n=1}^{\infty} \frac{\sin nx}{\sinh n\pi}$가 무한 번 미분가능함을 증명하라.

29. 함수열 $u_n(x) = \frac{1}{1+x^{2n}}$, $n = 1, 2, 3, \ldots$이 균등수렴성를 조사하라.

30. 다음 급수의 수렴성과 균등 수렴성을 조사하라.

(a) $\sum_{n=1}^{\infty} \frac{\sin^2 n\pi}{2n-1}$ (b) $\sum_{n=1}^{\infty} \frac{x}{(1+x)^n}$, $x \ge 0$ (c) $\sum_{n=1}^{\infty} \left(\frac{x}{3}\right)^n$

31. 다음 등식이 성립함을 증명하라.

$$\int_0^{\pi} \left(\frac{\cos 2x}{1\cdot 3} + \frac{\cos 4x}{3\cdot 5} + \frac{\cos 6x}{5\cdot 7} + \cdots\right) dx = 0$$

32. 다음 등식이 성립함을 증명하라.

$$\lim_{n\to\infty} \int_0^1 \frac{1}{(1+x/n)^n} dx = 1 - \frac{1}{e}$$

33. $\sin x$와 $\cos x$의 급수들을 서로 곱하여 $2\sin x\cos x = \sin 2x$임을 보여라.

34. 다음 등식이 성립함을 증명하라.

(a) $e^{\cos x} = e\left(1 - \frac{x^2}{2!} + \frac{x^4}{4!} - \frac{31x^6}{6!} + \cdots\right), \quad -\infty < x < \infty$

(b) $\tanh x = x + \frac{x^3}{3} + \frac{x^5}{5} + \frac{x^7}{7} + \cdots, \quad -1 < x < 1$

(c) $\ln(x + \sqrt{x^2+1}) = x - \frac{1}{2}\cdot\frac{x^3}{3} + \frac{1}{2}\cdot\frac{3}{4}\cdot\frac{x^5}{5} - \frac{1}{2}\cdot\frac{3}{4}\cdot\frac{5}{6}\cdot\frac{x^7}{7} + \cdots,$
$(-1 < x \le 1)$

35. 함수 $f(x) = \begin{cases} e^{-1/x^2} & \text{if} \quad x \neq 0 \\ 0 & \text{if} \quad x = 0 \end{cases}$ 에 대해서 다음에 답하라.

(a) 함수 $f(x)$에 대한 $x = 0$에서 테일러(Taylor)의 전개식이 존재함을 보여라.

(b) 함수 $f(x)$에 대한 $x = 0$에서 테일러(Taylor)의 전개식이 모든 $x \neq 0$에 대해서 $f(x)$로 수렴하지 않음을 증명하라.

36. 다음 값을 소숫점 이하 3번째 자리까지 정확하게 계산하라.

(a) $\sin 40°$ (b) $\cos 65°$ (c) $\tan 48°$

37. 다음 등식을 증명하라.

(a) $\frac{\ln(1+x)}{1+x} = x - \left(1+\frac{1}{2}\right)x^2 + \left(1+\frac{1}{2}+\frac{1}{3}\right)x^3 - \cdots \quad (-1 < x < 1)$

(b) $\ln(1+x)^2 = x^2 - \left(1+\frac{1}{2}\right)\frac{2x^3}{3} + \left(1+\frac{1}{2}+\frac{1}{3}\right)\frac{2x^4}{4} - \cdots \quad (-1 < x \le 1)$

기타 문제들

38. $\overline{\lim_{n\to\infty}} \sqrt[n]{|u_n|} = L$일 때, 다음을 증명하라.

(a) 급수 $\sum u_n$이 $0 \le L < 1$이면 수렴하고 $L > 1$이면 발산한다.

(b) $L = 1$인 경우에는 $\sum u_n$의 수렴·발산을 판정할 수 없다.

39. 급수 $\sum a_n x^n$의 수렴반경을 다음 극한에 의해서 결정할 수 있음을 증명하라.

(a) $\lim_{n\to\infty}\left|\frac{a_n}{a_{n+1}}\right|$ (b) $\lim_{n\to\infty}\frac{1}{\sqrt[n]{|a_n|}}$ (c) $\overline{\lim_{n\to\infty}}\frac{1}{\sqrt[n]{|a_n|}}$

40. 급수 $\sum_{n=1}^{\infty}\frac{(n+1)z^n}{n(n+2)^2}$가 영역 $\mathcal{R} = \{c \in \mathbb{C} : |z| \le 1\}$에서 절대 수렴하고 균등 수렴함을 보여라.

41. 임의의 상수 $R > 0$에 대해서, $|x| < R$인 모든 x에 대해서 $\sum_{n=1}^{\infty} a_n x^n = \sum_{n=1}^{\infty} b_n x^n$일 필요충분조건이, 모든 $n = 1, 2, 3 \ldots$에 대해서, $a_n = b_n$인 것임을 증명하라.

42. 급수 $S = \sum_{k=1}^{\infty} a_k$에 대해서 $S_n = \sum_{k=1}^{n} a_k$로 놓았을 때, 다음에 답하여라.

 (a) 주어진 급수 S가 수렴할 필요충분조건이, 임의의 수 $\epsilon > 0$에 대해서, $m,\ n > N$이면 $|S_m - S_n| < \epsilon$인 관계를 만족하는 $N = N(\epsilon) \in \mathbb{N}$이 존재하는 것임을 증명하라.

 (b) (a)를 이용해서 급수 $\sum_{n=1}^{\infty} \frac{n}{(n+1)3^n}$이 수렴함을 증명하라.

 (c) $\sum_{n=1}^{\infty} \frac{1}{n}$이 발산한다는 것을 a)를 이용해서 증명하라.

43. 다음 등식을 증명하라.

$$\begin{aligned}&1 + \tfrac{1}{1\cdot 3} + \tfrac{1}{1\cdot 3\cdot 5} + \tfrac{1}{1\cdot 3\cdot 5\cdot 7} + \cdots \\ &= \sqrt{e}\left(1 - \tfrac{1}{2\cdot 3} + \tfrac{1}{2^2\cdot 2!\cdot 5} - \tfrac{1}{2^3\cdot 3!\cdot 7} + \tfrac{1}{2^4\cdot 4!\cdot 9} - \cdots\right)\end{aligned}$$

44. 급수 $\sum_{n=1}^{\infty} \frac{\sin nx}{n}$가 점 $x = 0, \pm\pi, \pm 2\pi, \ldots$를 포함하지 않는 임의의 구간에서 균등 수렴함을 증명하라.

45. 급수 $\sum_{n=1}^{\infty} \frac{(-1)^{n+1}}{n+x^2}$이 모든 x에 대해서 균등 수렴하지만 절대 수렴하지 않음을 증명하라.

46. $x = ye^y$일 때, 모든 $-1/e < x \leq 1/e$에 대해서 $y = \sum_{n=1}^{\infty} \frac{(-n)^{n+1}}{n!} x^n$임을 증명하라.

47. 이중 급수 $\sum_{m=1}^{\infty} \sum_{n=1}^{\infty} \frac{1}{(m^2+n^2)^p}$이 $p > 1$이면 수렴하고 $0 \leq p \leq 1$이면 발산함을 증명하라.

제 12 장

이상적분

이상적분(異常積分, improper integral)은 구간의 길이가 무한하거나, 혹은 그 구간에서 함수가 발산하는 경우 등, 일반적인 정적분의 정의로는 정의되지 않는 경우에 대한 정적분이다.

12.1 이상적분의 정의와 종류

5 장에서 정의한 리이만(Riemann) 적분은 유한한 폐구간에서 연속인 함수들에 대한 적분이었다. 따라서 그러한 함수들은 모두 유계한 함수들이다. 우리는 이러한 특성을 가진 함수들에 대한 적분을 가리켜서 **정상적분**(proper integral)이라 부른다. 여기서 몇 가지 제약조건을 완화시켜서 정의한 적분들을 가리켜서 **이상적분**(improper integral)이라 하는데, 그러한 이상적분들은 몇 가지 범주로 분류된다.

적분 $\int_a^b f(x)\,dx$가 이상적분이 되는 것은 다음과 같은 두 가지 경우에 해당한다.

1. $a = -\infty$이거나 $b = \infty$인 경우, 즉 적분 구간의 양 끝점들 중에서 최소한 하나 이상이 무한이 되는 경우이다.

2. 구간 $[a, b]$안에 속한 유한개의 점들에서 $f(x)$의 값이 $\pm\infty$인 경우이다. 우리는 그러한 점들을 가리켜서 **특이점들**(singularities)라 부른다.

우리는 첫 번째 경우에 해당하는 적분을 가리켜서 **제 1의 이상적분**이라 하고 두 번째의 경우에 해당하는 적분을 **제 2의 이상적분**이라 부르며, 제1의 이상적분과 제 2의 이상적분 모두에 해당하는 적분을 가리켜서 **제 3의 이상적분**이라 한다.

예제 12.1 $\int_0^\infty \sin x^2 dx$와 $\int_{-\infty}^0 e^x dx$는 *모두 제 1의 이상적분에 해당한다.*

예제 12.2 $\int_0^5 \frac{1}{(x-2)(x-3)} dx$는 *제 2의 이상적분이다.*

예제 12.3 $\int_0^\infty \frac{e^{-x}}{\sqrt{x}} dx$는 *제 3의 이상적분이다.*

예제 12.4 $\lim_{x\to 0+} \frac{\sin x}{x} = 1$*이므로,* $\int_0^1 \frac{\sin x}{x} dx$는 *정상적분이다.*

제 1의 이상적분

함수 f가 어떤 구간에서 적분이 가능한 경우에, $\int_a^x f(t)dt$나 $\int_x^a f(t)dt$와 같이 x를 변수로 갖는 부정적분은 다시 함수가 된다. 이와 같은 적분들을 통해서 다음과 같은 세 가지 형태의 제 1의 부정적분을 정의한다.

정의 12.1 (제 1의 부정적분)

1. *함수* $f : [a, \infty) \to \mathbb{R}$*가 적분이 가능할 때,* $\int_a^\infty f(x)dx$*를 다음과 같이 정의한다.*

$$\int_a^\infty f(x)dx = \lim_{x\to\infty} \int_a^x f(t)dt$$

2. *함수* $f : (-\infty, a] \to \mathbb{R}$*가 적분 가능할 때,* $\int_{-\infty}^a f(x)dx$*를 다음과 같이 정의한다.*

$$\int_{-\infty}^a f(x)dx = \lim_{x\to-\infty} \int_x^a f(t)dt$$

3. *함수* $f : (-\infty, \infty) \to \mathbb{R}$*가 적분 가능할 때,* $\int_{-\infty}^\infty f(x)dx$*를 다음과 같이 정의한다.*

$$\begin{aligned}\int_{-\infty}^\infty f(x)dx &= \int_{-\infty}^a f(x)dx + \int_a^\infty f(t)dt \\ &= \lim_{x\to-\infty} \int_x^a f(t)dt + \lim_{x\to\infty} \int_a^T f(t)dt\end{aligned}$$

위 정의의 세 번째 식에서

$$\lim_{x\to-\infty}\int_x^a f(t)dt + \lim_{x\to\infty}\int_a^x f(t)dt \text{ 와 } \lim_{x\to\infty}\left[\int_{-x}^a f(t)dt + \int_a^x f(t)dt\right]$$

는 반드시 같을 필요는 없다는 점에 유의하기 바란다.

예를 들면, 함수 $f(x) = xe^{x^2}$은 첫 번째 식은 정의되지 않으나 두 번째 식은 0이 된다.

예제 12.5 *정규 밀도 함수로 알려진 $F(x) = \frac{1}{\sqrt{2\pi}}e^{-(x^2/2)}$는 확률론과 통계학에서 많이 응용된다. 특히*

$$\int_{-\infty}^{\infty} \frac{1}{2\pi}e^{-x^2/2}dx = 1$$

이라는 사실에 주목하라. (그림 12.1을 참조하기 바람.)

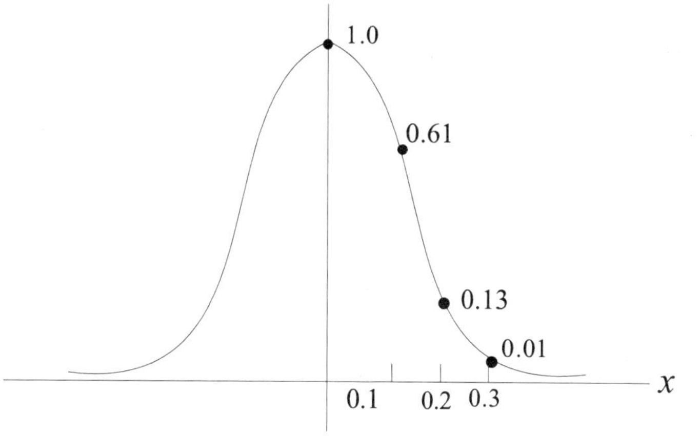

그림 12.1: $y = e^{-x^2/2}$의 그래프

12.2 이상적분의 수렴·발산 판정법

이 절에서 우리는 이상적분의 수렴·발산 판정법들을 제시하려고 한다. 이러한 판정법과 정리의 증명들은 11장에서 소개되는 무한급수의 수렴·발산 판정법에 대한 것들과 매우 유사하다.

제 1의 이상적분의 수렴·발산 판정법

함수 $f : [a, \infty) \to \mathbb{R}$가 연속일 때

$$\int_a^\infty f(x)dx = \lim_{b\to\infty} \int_a^b f(x)dx \tag{12.1}$$

로 정의한다. 이 때 좌변의 적분은 우변의 극한이 수렴하느냐 아니면 발산하느냐에 따라서 수렴하는지 발산하는지가 결정된다.

마찬가지로 함수 $f : (-\infty, b] \to \mathbb{R}$가 연속일 때

$$\int_{-\infty}^b f(x)dx = \lim_{a\to-\infty} \int_a^b f(x)dx \tag{12.2}$$

로 정의한다. 여기서도 좌변의 적분이 수렴·발산 여부가 우변의 극한이 존재하느냐 존재하지 않느냐에 따라서 결정된다.

예제 12.6 $\int_1^\infty \frac{1}{x^2}dx = \lim_{b\to\infty} \int_1^b \frac{1}{x^2}dx = \lim_{b\to\infty} \left(1 - \frac{1}{b}\right) = 1$이므로, $\int_1^\infty \frac{1}{x^2}dx$는 1로 수렴한다.

예제 12.7 $\int_{-\infty}^b \cos x\, dx = \lim_{a\to-\infty} \int_a^b \cos a\, dx = \lim_{a\to-\infty} (\sin b - \sin a)$는 수렴하지 않으므로, 이상적분 $\int_{-\infty}^b \cos x\, dx$는 발산한다.

또한, $f : (-\infty, \infty) \to \mathbb{R}$가 연속일 때, 임의의 수 x_0에 대해서

$$\int_{-\infty}^\infty f(x)dx = \int_{-\infty}^{x_0} f(x)dx + \int_{x_0}^\infty f(x)dx \tag{12.3}$$

로 정의한다. 여기서도 우변의 두 적분이 모두 수렴할 때 "좌변의 적분이 수렴한다"고 말한다.

예제 12.8 (특수한 형태의 제1의 이상적분)

1. *(지수함수의 적분) 이상적분* $\int_a^\infty e^{-tx}dx$*는* $t > 0$*일 때 수렴하고* $t \le 0$*이면 발산한다.*

2. *(제 1의 p-적분) 상수* p*와* a*에 대해서, 적분* $\int_a^\infty \frac{1}{x^p}dx$*는* $p > 1$*이면 수렴하고* $p \le 1$*이면 발산한다.*

제 1의 이상적분에 대한 수렴 판정법

여기서 소개하는 판정법은 적분 구간의 한 끝점이 ∞인 경우에 대한 것이다. 적분 구간의 다른 한 끝점이 $-\infty$인 경우에도 유사한 판정법이 적용된다. 여기서 소개되는 함수들은, 특별한 언급이 없는 한, 모든 유한 폐구간 $[a, b]$에서 연속(적분가능)인 양의 함수라고 가정한다.

1. (양함수 적분에 대한 비교 판정법) 모든 $x \ge a$에 대해서 $f(x) \ge 0$이고 $g(x) \ge 0$이라 하자.

   (a) (수렴 판정법) 모든 $x \ge a$에 대해서 $0 \le f(x) \le g(x)$일 때, 적분 $\int_a^\infty g(x)\,dx$가 수렴하면 $\int_a^\infty f(x)\,dx$도 수렴한다.

   (b) (발산 판정법) 모든 $x \ge a$에 대해서 $0 \le g(x) \le f(x)$일 때, 적분 $\int_a^\infty g(x)\,dx$가 발산하면 $\int_a^\infty f(x)\,dx$도 발산한다.

   예제 12.9 *(a)* $0 \le \frac{1}{e^x+1} \le \frac{1}{e^x}$*이고* $\int_0^\infty \frac{1}{e^x}dx = 1$*이므로,* $\int_0^\infty \frac{1}{e^x+1}dx$*가 수렴한다.*

   (b) 모든 $x \ge 2$*에 대해서* $\frac{1}{\ln x} > \frac{1}{x} > 0$*이고* $\int_2^\infty \frac{1}{x}dx$*가 발산하므로,* $\int_2^\infty \frac{1}{\ln x}dx$*가 발산한다.*

2. 양함수 적분에 대한 분수함수 판정법 모든 $x \ge a$에 대해서 $f(x) \ge 0$이고 $g(x) \ge 0$이라 하자. 그리고

$$\lim_{x\to\infty} \frac{f(x)}{g(x)} = A$$

   라 하자.

(a) 만약 $A = 0$가 실수이고 $A \neq 0$이면, $\int_a^\infty f(x)\,dx$와 $\int_a^\infty g(x)\,dx$는 모두 수렴하거나 모두 발산한다.

(b) $A = 0$이고 $\int_a^\infty g(x)\,dx$가 수렴하면, $\int_a^\infty f(x)\,dx$도 수렴한다.

(c) $A = \infty$이고 $\int_a^\infty g(x)\,dx$가 발산하면, $\int_a^\infty f(x)\,dx$도 발산한다.

특별히 여기서 $g(x) = \frac{1}{x^p}$로 택하면 다음과 같은 정리를 얻는다.

정리 12.1 $\lim_{x\to\infty} x^p f(x) = A$로 놓자. 그러면 다음이 성립한다.

(a) $p > 1$이고 $A \in \mathbb{R}$이면, $\int_a^\infty f(x)dx$가 수렴한다.

(b) $p \leq 1$이고 $A \in [-\infty, \infty]\backslash\{0\}$이면, $\int_a^\infty f(x)dx$가 발산한다.

예제 12.10 $\lim_{x\to\infty} x^2 \cdot \frac{x^2}{4x^4+25} = \frac{1}{4}$이므로, $\int_0^\infty \frac{x^2}{4x^4+25}dx$가 수렴한다.

예제 12.11 $\lim_{x\to\infty} x \cdot \frac{x}{\sqrt{x^4+x^2+1}} = 1$이므로, $\int_0^\infty \frac{x}{\sqrt{x^4+x^2+1}}dx$가 발산한다.

$g(x) = \frac{1}{x^p}$대신에 $g(x) = e^{-tx}$를 이용해서 판정할 수도 있다.

3. (**급수 판정법**) $f : [a, \infty) \to [0, \infty)$가 연속함수라 하고, 각 $n \in \mathbb{N}$에 대해서, $a_n = f(n)$으로 놓자. 그러면 $\int_a^\infty f(x)\,dx$가 수렴할 필요충분조건은 $\sum_{n=1}^\infty a_n$이 수렴하는 것이다.

4. (**절대적 수렴성과 조건 수렴성**) $\int_a^\infty |f(x)|\,dx$가 수렴할 때, $\int_a^\infty f(x)\,dx$가 **절대적으로 수렴한다**(absolutely converges)고 말하고, $\int_a^\infty f(x)\,dx$는 수렴하지만 $\int_a^\infty |f(x)|\,dx$가 발산하면 $\int_a^\infty f(x)\,dx$가 **조건 수렴한다**(conditionally converges)고 말한다.

정리 12.2 만약 $\int_a^\infty |f(x)|\,dx$가 수렴하면, $\int_a^\infty f(x)\,dx$가 수렴한다. 즉, 주어진 적분이 절대적으로 수렴하면 조건도 수렴한다.

예제 12.12 $\int_a^\infty \left|\frac{\cos x}{x^2+1}\right| dx \leq \int_a^\infty \frac{1}{x^2+1}dx = \frac{\pi}{2} - \tan^{-1}(a)$이므로, $\int_a^\infty \frac{\cos x}{x^2+1}dx$는 절대 수렴한다.

예제 12.13 적분 $\int_0^\infty \frac{\sin x}{x}dx$는 수렴하지만, $\int_0^\infty \left|\frac{\sin x}{x}\right| dx$는 발산한다. 따라서 적분 $\int_0^\infty \frac{\sin x}{x}dx$는 조건 수렴한다.

양함수가 아닌 실수값을 갖는 모든 함수의 이상적분에 대한 판정이 절대수렴성과 연관지어서 판별될 수 있다.

제 2의 이상적분에 대한 수렴 판정법

함수 $f:(a,\, b] \to \mathbb{R}$가 연속이고 $f(x)$가 $x=a$에서 유계하지 않을 때

$$\int_a^b f(x)\,dx = \lim_{\epsilon \to 0+} \int_{a+\epsilon}^b f(x)\,dx \tag{12.4}$$

로 정의하며, 이러한 적분을 가리켜서 **제 2의 이상적분**이라 한다. 식 (12.4)의 우변 극한이 수렴하면 좌변의 이상적분이 수렴한다고 말하고, 그렇지 않으면 발산한다고 말한다.

마찬가지로 함수 $f:[a,\, b) \to \mathbb{R}$가 연속이고 $f(x)$가 점 b에서 유계하지 않을 때

$$\int_a^b f(x)\,dx = \lim_{\epsilon \to 0+} \int_a^{b-\epsilon} f(x)\,dx \tag{12.5}$$

로 정의한다. 여기서도 (12.5)의 우변 극한이 수렴하면 "좌변의 이상적분이 수렴한다"고 말한다.

참고 여기서 함수 $f(x)$가 점 a나 b에서 유계하지 않다(즉, $\pm\infty$로 발산한다)는 것에 주목하기 바라며, $f(x)$가 점 a나 b에서 정의되지 않는다는 말과 구별해야 한다. 예를 들면, $\lim\limits_{x\to 0} \frac{\sin x}{x} = 1$이므로 $x \to 0$일 때, $\frac{\sin x}{x}$가 비록 $x=0$에서 정의되어 있지 않다고 하더라도 유계하므로 $\int_0^\infty \frac{\sin x}{x}dx = \lim\limits_{\epsilon\to 0} \frac{\sin x}{x}dx$는 정상적인 적분에 해당한다.

마지막으로 제 2의 이상적분의 범주에 속하는 것 중에 $f(x)$가 구간 $[a,\, b]$의 내점 $x=x_0$에서만 유계하지 않는 경우이다. 이러한 경우에는

$$\int_a^b f(x)dx = \lim_{\epsilon_1 \to 0+} \int_a^{x_0-\epsilon_1} f(x)dx + \lim_{\epsilon_2 \to 0+} \int_{x_0+\epsilon_2}^b f(x)dx \tag{12.6}$$

로 정의한다. 식 (12.6)에서 우변 두 극한들이 모두 수렴하는 경우에만 좌변의 이상적분이 수렴한다고 말하고, 우변의 극한들 중에서 하나라도 발산을 하면 좌변의 적분이 발산한다고 말한다.

이와 같은 방식은 $f(x)$가 구간 $[a, b]$에 속한 두 점 이상의 점들에서 유계하지 않은 경우로 확대해서 적용될 수 있다.

코쉬(Cauchy)의 주요 값

식 (12.6)에서 ϵ_1과 ϵ_2가 서로 독립적으로 0으로 접급할 때, 우변의 극한들이 존재하지 않을 수도 있다. 그러한 경우에는 $\epsilon = \epsilon_2 = \epsilon$으로 놓아서 계산할 때 극한이 존재할 수도 있다. 즉

$$\int_a^b f(x)dx = \lim_{\epsilon \to 0+} \left\{ \int_a^{x_0-\epsilon} f(x)dx + \int_{x_0+\epsilon}^b f(x)dx \right\} \tag{12.7}$$

가 존재할 수도 있다. 만약 (12.7)의 우변의 극한이 존재하면, 그 극한값을 가리켜서 **코쉬의 주요 값**(Cauchy principal value)이라 부른다.

예제 12.14 *(기저를 e로 하는) 자연로그를*

$$\ln x = \int_1^x \frac{1}{t}dt, \quad (0 < x < \infty)$$

로 정의할 수 있다. 그런데 $f(x) = \frac{1}{x}$가 $x \to \infty$일 때 유계하지 않으므로, 이 적분은 제 2의 이상적분에 해당한다. 또한 $\int_0^\infty \frac{1}{t}dt$는 제 3의 이상적분에도 해당한다.

그리고 $\lim_{\epsilon \to 0+} \int_\epsilon^1 \frac{1}{t}dt = \lim_{\epsilon \to 0+}[\ln 1 - \ln \epsilon] = -\infty$이므로, 제 1의 이상적분인 $\int_0^1 \frac{1}{x}dx$가 발산한다.

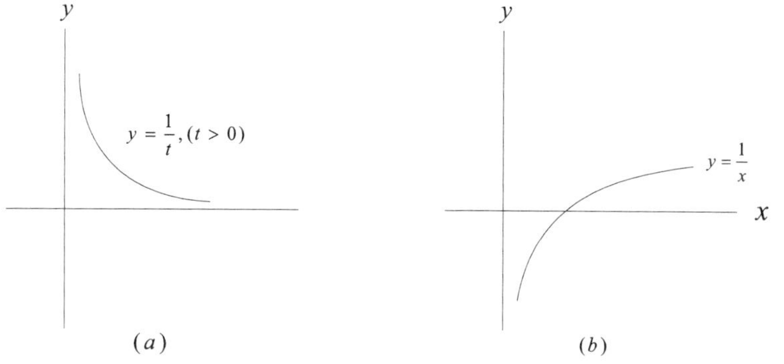

그림 12.2: $g(t) = \frac{1}{t}$의 그래프와 $y = \ln x$의 그래프

특수한 제 2의 이상적분

이상적분 $\int_a^b \frac{dx}{(x-a)^p} dx$와 $\int_a^b \frac{dx}{(b-x)^p} dx$가 $p < 1$이면 수렴하고 $p \geq 1$이면 발산한다. 이와 같은 형식의 적분을 제 2의 p-적분이라 한다. 만약 $p \leq 0$이면, 주어진 적분은 정상적인 적분이다.

12.3 제 2의 이상적분에 대한 수렴판정법

여기서 소개하는 판정법은 함수 $f(x)$가 구간 $[a, b]$에서 오직 점 $x = a$에서만 유계하지 않는 경우에 대해서만 적용된다. 함수 $f(x)$가 $x = b$에서 유계하지 않거나 $[a, b]$의 내부의 점 $x = x_0$에서 유계하지 않는 경우에 대해서도 유사한 방법이 적용될 수 있다.

1. (양의 함수의 이상적분에 대한 비교 판정법)

   (a) 수렴하기 위한 조건: 모든 $a < x \leq b$에 대해서 $0 \leq f(x) \leq g(x)$이고 $\int_a^b g(x)dx$가 수렴한다고 하자. 그러면 $\int_a^b f(x)dx$도 수렴한다.

   (b) 발산하기 위한 조건: 모든 $a < x \leq b$에 대해서 $0 \leq g(x) \leq f(x)$이고 $\int_a^b g(x)dx$가 발산한다고 하자. 그러면 $\int_a^b f(x)dx$도 발산한다.

예제 12.15 만약 $1 < x$이면, $\frac{1}{\sqrt{x^4-1}} < \frac{1}{\sqrt{x-1}}$이고 $\int_1^5 \frac{1}{\sqrt{x-1}}dx$가 수렴하므로, $\int_1^5 \frac{1}{\sqrt{x^4-1}}dx$도 수렴한다.

예제 12.16 만약 $3 < x$이면, $\frac{1}{(x-3)^4} < \frac{\ln x}{(x-3)^4}$이고 $\int_3^7 \frac{1}{(x-3)^4}dx$가 발산하므로, $\int_3^7 \frac{\ln x}{(x-3)^4}dx$도 발산한다.

2. <u>(비율 판정법)</u> 모든 $x \in (a, b]$에 대해서 $f(x) \geq 0$이고 $g(x) \geq 0$이라 하고 $\lim_{x\to a} \frac{f(x)}{g(x)} = A$로 놓자.

   (a) 만약 $A = \infty$이거나 $A \in \mathbb{R}\setminus\{0\}$이면, $\int_a^b f(x)$와 $\int_a^b g(x)$는 둘 다 수렴하거나 둘 다 발산한다.

   (b) $A = 0$이고 $\int_a^b g(x)$가 수렴하면, $\int_a^b f(x)$도 수렴한다.

   (c) $A = \infty$이고 $\int_a^b g(x)$가 발산하면, $\int_a^b f(x)$도 발산한다.

이 판정법은 비교판정법과 밀접한 관련이 있으며 비교판정법의 유용한 대안이 될 수도 있다. 특히, $g(x) = \frac{1}{(x-a)^p}$로 택했을 때, p-적분에 관한 사실로부터 다음 정리를 얻게 된다.

정리 12.3 *우선 함수 $f : (a, b] \to [0, \infty)$가 연속이고 $x = a$에서 $f(x)$가 유계하지 않는다고 하자. $\lim_{a\to a+} (x-a)^p f(x) = A$로 놓았을 때, 다음이 성립한다.*

(a) 만약 $1 < p$이고 A가 유한한 실수이면, $\int_a^b f(x)dx$가 수렴한다.

(b) 만약 $p \geq 1$이고 $A \neq 0$($A = \infty$도 포함)이면, $\int_a^b f(x)dx$가 발산한다.

정리 12.4 *함수 $f : [a, b) \to [0, \infty)$가 연속이고 $x = b$에서 $f(x)$가 유계하지 않는다고 하고, $\lim_{x\to b-} (b-x)^p f(x) = B$로 놓았을 때, 다음이 성립한다.*

(a) 만약 $1 < p$이고 B가 유한한 실수이면, $\int_a^b f(x)dx$가 수렴한다.

(b) 만약 $p \geq 1$이고 $B \neq 0$($B = \infty$도 포함)이면, $\int_a^b f(x)dx$가 발산한다.

예제 12.17 $\lim_{x\to 1+} (x-a)^{1/2} \cdot \frac{1}{(x^4-1)^{1/2}} = \lim_{x\to 1+} \sqrt{\frac{x-1}{x^4-1}} = \frac{1}{2}$이므로, $\int_1^5 \frac{1}{\sqrt{x^4-1}}dx$가 수렴한다.

예제 12.18 $\lim_{x\to 3-} \frac{3-x}{(3-x)\sqrt{x^2+1}} = \frac{1}{\sqrt{10}}$ 이므로, $\int_0^3 \frac{1}{(3-x)\sqrt{x^2+1}}dx$가 발산한다.

3. (절대수렴과 조건수렴) 만약 $\int_a^b |f(x)|\,dx$가 수렴하면 $\int_a^b f(x)\,dx$는 절대수렴한다고 하고, $\int_a^b f(x)\,dx$는 수렴하지만 $\int_a^b |f(x)|\,dx$가 수렴하지 않으면 $\int_a^b f(x)\,dx$는 조건 수렴한다고 말한다.

정리 12.5 *만약 $\int_a^b |f(x)|\,dx$가 수렴하면, $\int_a^b f(x)\,dx$도 수렴도 한다. 즉, 절대수렴성은 조건 수렴성을 포함한다. 그러나 역은 성립하지 않는다.*

예제 12.19 $\left|\frac{\sin x}{\sqrt[3]{x-\pi}}\right| \le \frac{1}{\sqrt[3]{x-\pi}}$ 이고 $\int_\pi^{4\pi} \frac{1}{\sqrt[3]{x-\pi}}dx < \infty$ 이므로, $\int_\pi^{4\pi} \left|\frac{\sin x}{\sqrt[3]{x-\pi}}\right| dx$가 수렴한다. 따라서 $\int_\pi^{4\pi} \frac{\sin x}{\sqrt[3]{x-\pi}}dx$는 절대수렴한다.

제 3의 이상적분

제 3의 이상적분은 제 1의 이상적분과 제 2의 이상적분의 조합이다. 따라서 제 3의 이상적분의 수렴·발산의 판정은 앞에서 소개한 방법들을 응용하면 된다.

12.4 매개변수를 포함한 이상적분

여기서

$$\phi(\alpha) = \int_a^\infty f(x,\alpha)dx \tag{12.8}$$

로 놓자. 이 적분은 무한개의 함수들의 급수와 유사하다. 어떠한 조건하에서 $\phi(\alpha)$를 α에 관해서 미분하거나 적분할 수 있는지를 판별하기 위해서, 무한급수에 대한 판정법과 유사한 판정법을 소개하려고 한다. 이를 위해서 먼저, $\alpha_1 \le \alpha_2$에 대해서 (또는 구간 $[\alpha_1, \alpha_2]$에서), 식 (12.8)이 수렴한다고 하자.

정의 12.2 (균등수렴성) *적분 (12.8)이 구간 $[\alpha_1, \alpha_2]$에서 균등수렴(uniformly convergent)한다는 것은 다음 조건을 만족한다는 뜻이다.*

$$\forall\epsilon > 0, \quad \exists L > a \qquad s.t. \qquad \textit{if} \quad b > L \quad \& \quad \alpha \in [\alpha_1, \alpha_2]$$
$$\textit{then} \quad \left|\phi(\alpha) - \int_a^b f(x,\alpha)dx\right| = \left|\int_b^\infty f(x,\alpha)dx\right| < \epsilon.$$

여기서 소개되는 균등수렴성의 정의와 성질들은 제 1의 이상적분에 의해서 만들어 형성된다. 그러나 이와 유사한 결과들이 제 2, 제 3의 이상적분들에 대해서도 적용될 수 있다.

적분의 균등수렴성에 관한 판정법

정리 12.6 (바이어슈트라스(Weierstrass) 판정법[1]) *다음 두 가지 성질을 만족시키는 함수 $M(x) \geq 0$가 있다고 하자.*

1. *모든 $\alpha \in [\alpha_1, \alpha_2]$와 $x > \alpha$에 대해서 $|f(x,\alpha)| \leq M(x)$이다.*
2. *$\int_a^\infty M(x)dx < \infty$이다.*

그러면 $\int_a^\infty f(x)dx$는 구간 $[\alpha_1, \alpha_2]$에서 균등수렴하고 절대수렴한다.

예제 12.20 *모든 실수 x에 대해서 $\left|\frac{\cos \alpha x}{x^2+1}\right| \leq \frac{1}{x^2+1}$이므로, 모든 실수 α에 대해서 $\int_0^\infty \frac{\cos \alpha x}{x^2+1}dx$는 균등수렴하고 절대수렴한다.*

무한급수에서와 마찬가지로 적분들로 구성된 매개변수족들도 절대수렴하지 않고 균등하게 수렴할 수 있을 뿐만 아니라 균등구렴하지 않으면서 절대수렴할 수도 있다.

정리 12.7 (디리클레(Dirichlet) 판정법[2]) *함수 $f, g : [a, \infty) \to \mathbb{R}$가 다음 두 가지 조건들을 모두 만족한다고 하자.*

1. *$g(x) \geq 0$이고 $g(x)$가 0으로 단조 수렴한다.*
2. *모든 $t > a$와 모든 $\alpha \in [\alpha_1, \alpha_2]$에 대해서, $\left|\int_a^t f(x,\alpha)dx\right| < M$인 수 $M > 0$이 존재한다.*

그러면 $\phi(\alpha) = \int_a^\infty f(x,\alpha)g(x)dx$가 $[\alpha_1, \alpha_2]$에서 균등수렴한다.

정리 12.8 *함수 $f(x,\alpha)$가 다음 두 가지 성질을 모두 만족한다고 하자.*

1. *모든 $\alpha \in [\alpha_1, \alpha_2]$와 $x \geq a$에 대해서 $f(x,\alpha)$가 연속이다.*
2. *이상적분 족 $\int_a^\infty f(x,\alpha)dx$가 구간 $[\alpha_1, \alpha_2]$에서 균등하게 수렴한다.*

그러면 $\phi(\alpha) = \int_a^\infty f(x,\alpha)dx$가 구간 $[\alpha_1, \alpha_2]$에서 연속이다. 특히, 모든 $\alpha_0 \in [\alpha_1, \alpha_2]$에 대해서

$$\lim_{\alpha\to\alpha_0} \phi(\alpha)d\alpha = \lim_{\alpha\to\alpha_0} \int_a^\infty f(x,\alpha)dx = \int_a^\infty \lim_{\alpha\to\alpha_0} f(x,\alpha)dx \qquad (12.9)$$

이다. 만약 α_0가 구간 $[\alpha_1, \alpha_2]$의 끝점이면, 이 정리에서 좌극한이나 우극한을 사용한다.

정리 12.9 *정리 12.8의 조건하에서 다음이 성립한다.*

$$\int_{\alpha_1}^{\alpha_2} \phi(\alpha)d\alpha = \int_{\alpha_1}^{\alpha_2} \left\{ \int_a^\infty f(x,\alpha)dx \right\} d\alpha = \int_a^\infty \left\{ \int_{\alpha_1}^{\alpha_2} f(x,\alpha)d\alpha \right\} dx. \qquad (12.10)$$

정리 12.10 *다음 세 가지 조건이 성립한다고 하자.*

1. *모든 $x \geq a$에 대해서 $f(x,\alpha)$가 연속이고 $\alpha \in [\alpha_1, \alpha_2]$에 대한 연속인 편도함수를 갖는다.*
2. *이상적분족 $\int_a^\infty \frac{\partial f(x,\alpha)}{\partial\alpha}dx$가 구간 $[\alpha_1, \alpha_2]$에서 균등수렴한다.*
3. *a가 α와는 독립적인 상수이다.*

그러면 다음 등식이 성립한다.

$$\frac{d\phi(\alpha)}{d\alpha} = \int_a^\infty \frac{\partial f(x,\alpha)}{\partial\alpha}dx. \qquad (12.11)$$

상수 a가 매개변수 α에 종속적인 경우에는 별도로 쉽게 수정될 수 있다.

≪12장 연습문제≫

제 1의 이상적분에 관한 문제

1. 다음 적분의 수렴·발산을 판정하라.

(a) $\int_0^\infty \frac{x^2+1}{x^4+1}dx$ (b) $\int_0^\infty \frac{1}{x^4+4}dx$ (c) $\int_0^\infty \frac{x^2}{(x^2+x+1)^{5/2}}dx$

(d) $\int_2^\infty \frac{x}{\sqrt{x^3-1}}dx$ (e) $\int_{-\infty}^\infty \frac{2+\sin x}{x2+1}dx$ (f) $\int_1^\infty \frac{\ln x}{x+e^{-x}}dx$

(g) $\int_1^\infty \frac{1}{x\sqrt{3x+2}}dx$ (h) $\int_2^\infty \frac{x}{(\ln x)^3}dx$ (i) $\int_0^\infty \frac{\sin^2 x}{x^2}dx$

2. $|a|<b$일 때, $\int_{-\infty}^\infty \frac{dx}{x^2+2ax+b^2} = \frac{\pi}{\sqrt{b^2-a^2}}$임을 증명하라.

3. 다음 적분의 수렴성 여부를 판정하라.

(a) $\int_1^\infty e^{-x}\ln x\,dx$ (b) $\int_0^\infty e^{-x}\ln(1+e^x)\,dx$ (c) $\int_0^\infty e^{-x}\cosh x^2\,dx$

4. 다음 적분들에 대해서 수렴성 여부를 판별하고 수렴하는 경우에는 절대수렴인지 아니면 조건 수렴인지를 판정하라.

(a) $\int_0^\infty \frac{\sin 2x}{x^3+1}dx$ (b) $\int_{-\infty}^\infty e^{-ax^2}\cos bx\,dx, \quad (a>0,\ b>0)$

(c) $\int_0^\infty \frac{x\sin x}{\sqrt{x^2+a^2}}dx$ (d) $\int_0^\infty \frac{\cos x}{\cosh x}dx$

제 2의 이상적분에 관한 문제

5. 다음 적분이 수렴하는지 발산하는지를 판정하라.

(a) $\int_0^1 \frac{dx}{(x+1)\sqrt{1-x^2}}$ (b) $\int_0^1 \frac{\cos x}{x^2}dx$ (c) $\int_{-1}^1 \frac{e^{\tan^{-1}x}}{x}dx$

(d) $\int_1^2 \frac{\ln x}{(x)}dx$ (e) $\int_0^1 \frac{dx}{\sqrt{\ln(1/x)}}dx$ (f) $\int_0^{\pi/2} \ln(\sin x)dx$

(g) $\int_0^3 \frac{x^2}{(3-x)^2}dx$ (h) $\int_0^{\pi/2} \frac{e^{-x}\cos x}{x}dx$ (i) $\int_0^1 \sqrt{\frac{1-k^2x^2}{1-x^2}}dx, \ (|k|<1)$

6. (a) 적분 $\int_0^5 \frac{dx}{4-x}$가 보통의 의미에서는 발산하지만 코쉬의 주요값 개념에 의해서는 수렴함을 보여라.

(b) (a)의 적분에 대한 코쉬의 주요값을 구하고 기하학적인 해석을 하라.

7. 다음 적분의 수렴성 여부를 판정하고 수렴하는 경우에는 절대수렴인지 아니면 조건 수렴인지를 판별하라.

$$(a)\quad \int_0^1 \cos\left(\frac{1}{x}\right) dx \qquad (b)\quad \int_0^1 \frac{1}{x}\cos\left(\frac{1}{x}\right) dx \qquad (c)\quad \int_0^1 \frac{1}{x^2}\cos\left(\frac{1}{x}\right) dx$$

8. 다음 등식이 성립함을 보여라.

$$\int_0^{4\pi} \left(3x^2 \sin\frac{1}{x} - x\cos\frac{1}{x}\right) dx = \frac{32\sqrt{2}}{\pi^3}$$

제 3의 이상적분에 관한 문제

9. 다음 적분이 수렴하는지 발산하는지를 판정하라.

$$(a)\quad \int_0^\infty e^{-x}\ln x\, dx \qquad (b)\quad \int_0^\infty \frac{e^{-x}}{\sqrt{x\ln(x+1)}}dx \qquad (c)\int_0^\infty \frac{e^{-x}}{\sqrt[3]{x}(3+2\sin x)}dx$$

10. 다음 적분이 수렴하는지 발산하는지를 판정하라.

$$(a)\quad \int_0^\infty \frac{1}{\sqrt[3]{x^4+x^2}}dx \qquad\qquad (b)\quad \int_0^\infty \frac{e^x}{\sqrt{\sinh(ax)}}dx,\quad (a>0)$$

11. 적분 $\int_0^\infty \frac{\sinh(ax)}{\sinh(\pi x)}dx$가 $|a| < \pi$이면 수렴하고 $|a| \geq \pi$이면 발산함한다는 것을 증명하라.

12. 다음 적분이 절대 수렴하는지 조건 수렴하는지를 판정하라.

$$(a)\quad \int_0^\infty \frac{\sin x}{\sqrt{2}}dx \qquad\qquad (b)\quad \int_0^\infty \frac{\sin\sqrt{x}}{\sinh\sqrt{x}}dx$$

13. 이상적분 $\int_0^\infty x^{n-1}e^{-x}\,dx$가 $n > 0$이면 수렴하고 $n \leq 0$이면 발산함을 보여라.

이상적분의 균등수렴성에 관한 문제

14. 이상적분 $\phi(\alpha) = \int_0^\infty \frac{\cos \alpha x}{1+x^2} dx$에 대해서 다음에 답하여라.

    (a) $\phi(\alpha)$가 모든 $\alpha \in \mathbb{R}$에 대해서 균등 수렴함을 증명하라.

    (b) $\phi(\alpha)$가 모든 $\alpha \in \mathbb{R}$에 대해서 연속임을 증명하라.

    (c) $\lim_{\alpha \to 0} \phi(\alpha)$을 구하라.

15. $F(x, \alpha) = \alpha^2 x e^{-\alpha x^2}$이고 $\phi(\alpha) = \int_0^\infty F(x, \alpha) dx$일 때, 다음에 답하여라.

    (a) $\lim_{\alpha \to 0} \int_0^\infty F(x, \alpha) dx \neq \int_0^\infty \lim_{\alpha \to 0} F(x, \alpha) dx$임을 보여라. 즉, $\phi(\alpha)$가 $\alpha = 0$에서 연속이 아님을 보여라.

    (b) (a)의 결과에 대해서 설명하라.

16. $F(x, \alpha) = \alpha^2 x e^{-\alpha x}$에 대해서, 문제 15를 풀어라.

17. $F : \mathbb{R} \to \mathbb{R}$가 유계한 연속함수이고

$$V(x, y) = \frac{1}{\pi} \int_{\infty}^{\infty} \frac{yF(\lambda)}{y^2 + (\lambda - x)^2} d\lambda$$

    일 때, $\lim_{y \to 0} V(x, y) = F(x)$임을 증명하라.

18. $\int_0^\infty F(x)\, dx$가 수렴하면, $\alpha \geq 0$에 대해서 $\int_0^\infty e^{-\alpha x} F(x)\, dx$가 균등하게 수렴함을 증명하라.

19. 다음을 증명하라.

    (a) $\phi(\alpha) = \int_0^\infty \frac{\sin x}{x e^{\alpha x}} dx$가 $\alpha \geq 0$에 대해서 균등하게 수렴한다.

    (b) $\phi(\alpha) = \frac{\pi}{2} - \tan^{-1} \alpha$이다.

    (c) $\phi(\alpha) = \int_0^\infty \frac{\sin x}{x} dx = \frac{\pi}{2}$이다.

20. 이상적분의 균등수렴성에 관한 Weierstrass M-판정법을 증명하라.

21. 제 2의 이상적분에 대한 균등연속성의 정의를 서술하라.

제 13 장

푸리에 급수

푸리에[1] 급수(Fourier series)는 주기 함수를 삼각함수의 가중치로 분해한 급수다. 대부분의 경우에 급수의 계수는 본래 함수와 일대일로 대응한다.

주어진 함수의 푸리에 계수는 본래 함수보다 다루기 쉽기 때문에 유용하게 쓰인다. 푸리에 급수는 전자 공학, 진동 해석, 음향학, 광학, 신호처리와 화상처리, 데이터 압축 등에 쓰인다. 천문학에서는 분광기를 통해 별빛의 주파수를 분해하여 별을 이루는 화학 물질을 알아내는 데 쓰이고, 통신 공학에서는 전송해야 하는 데이터 신호의 스펙트럼을 이용하여 통신 시스템 설계를 최적화하는 데 쓰인다.

13.1 푸리에 급수의 정의

푸리에 급수는 주기함수를 기본적인 조화함수인 삼각함수 또는 복소 지수함수의 급수로 나타낸 것이다.

정의 13.1 (주기함수) *함수 $f : \mathbb{R} \to \mathbb{R}$가 $T > 0$를 주기로 갖는* **주기함수** *(periodic function)라 함은 모든 $x \in \mathbb{R}$에 대해서 $f(x+T) = f(x)$인 관계*

[1]장바티스트 조제프 푸리에(Jean-Baptiste Joseph Fourier, 1768년 3월 21일 - 1830년 5월 16일)는 프랑스의 수학자이자 물리학자이다. 그는 고체 내에서의 열전도에 관한 연구로 열전도 방정식(푸리에 방정식)을 유도하였으며, 이 방정식을 풀기 위해서 푸리에 해석으로 불리는 이론을 전개했다.

를 만족한다는 것을 의미한다. 어러한 성질을 만족하는 최소의 수 $T > 0$를 가리켜거 f의 **주기(period)**라 한다.

예제 13.1 $f(x) = \sin x$는, 모든 x에 대해서

$$\sin(x + 2\pi) = \sin(x + 4\pi) = \sin(x + 6\pi) = \cdots = \sin x$$

이므로, 2π, 4π, $6\pi, \ldots$등을 주기로 하는 함수다. 그러나 $\sin x$의 주기는 2π이다.

예제 13.2 k가 양의 정수일 때, 삼각함수 $\sin kx$와 $\cos kx$의 주기는 $2\pi/k$이다.

예제 13.3 $\tan x$와 $\cot x$의 주기는 π이다.

예제 13.4 상수함수는 모든 양의 실수를 주기로 하는 주기함수다.

주기함수에 대한 다른 예들은 그림 13.1 (a), (b), (c)에 나타나 있다.

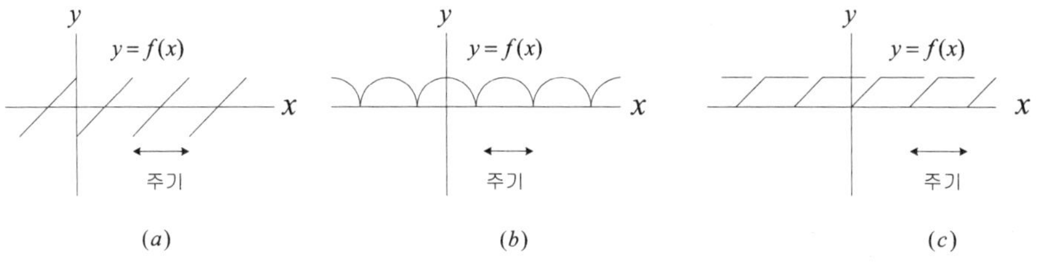

그림 13.1: 주기함수

정의 13.2 (푸리에 급수) 함수 $f : \mathbb{R} \to \mathbb{R}$가 $2L > 0$을 주기로 하는 함수, 즉 $f(x + 2L) = f(x)$인 함수라 하자. 이 때, $f(x)$의 **푸리에 급수(Fourier series)** 또는 **푸리에 전개(Fourier expansion)**는

$$f(x) = a_0 + \sum_{n=1}^{\infty} \left(a_n \cos \frac{n\pi}{L} x + b_n \sin \frac{n\pi}{L} x \right) \tag{13.1}$$

이고 $f(x)$의 **푸리에 계수** (*Fourier coefficient*)는

$$\begin{cases} a_0 &= \frac{1}{2L}\int_{-L}^{L} f(x)\,dx, \\ a_n &= \frac{1}{L}\int_{-L}^{L} f(x)\cos\frac{n\pi}{L}x\,dx, \qquad (n=1,2,3\ldots) \\ b_n &= \frac{1}{L}\int_{-L}^{L} f(x)\sin\frac{n\pi}{L}x\,dx \end{cases} \tag{13.2}$$

이다.

위 정의에서 전개식 (13.1)에 나타나는 계수들이 (13.1)로 표현되는 이유의 상당한 부분은 예제 13.5와 예제 13.6을 통해서 알 수 있다.

13.2 우함수와 기함수에 대한 푸리에 급수

푸리에 성분들은 모두 정적분으로 표현되어 있다. 이 성분들은 급수 (13.1)로부터 시작해서 **직교조건**(orthogonality conditions)이라 불리는 다음 성질들을 이용함으로써 얻어질 수 있다:

$$\begin{array}{ll} (a) & \int_{-L}^{L} \cos\frac{m\pi}{L}x\,\cos\frac{n\pi}{L}x\,dx = 0 \quad \text{if} \quad m \neq n, \quad \text{and} \quad L \text{ if } m=n; \\ (b) & \int_{-L}^{L} \sin\frac{m\pi}{L}x\,\sin\frac{n\pi}{L}x\,dx = 0 \quad \text{if} \quad m \neq n, \quad \text{and} \quad L \text{ if } m=n; \\ (c) & \int_{-L}^{L} \sin\frac{m\pi}{L}x\,\cos\frac{n\pi}{L}x\,dx = 0 \quad \text{if} \quad m\text{과 } n\text{이 모두 양의 정수} \end{array} \tag{13.3}$$

위의 조건들을 활용해서 푸리에 계수를 계산하는 방법은 다음 예제들을 통해서 알 수 있다.

예제 13.5 *전개식 (13.1)에서 푸리에 성분 a_0을 구하기 위해서 (13.1)의 양변을 적분하고 조건 (13.2)를 적용시키자. 그러면*

$$\int_{-L}^{L} f(x)\,dx = \int_{-L}^{L} a_0\,dx + \int_{-L}^{L}\sum_{n=1}^{\infty}\left\{a_n\cos\frac{n\pi}{L}x + b_n\sin\frac{n\pi}{L}x\right\}dx$$

이고

$$\int_{-L}^{L} a_0 = 2a_0L, \quad \int_{-L}^{L} \sin\frac{n\pi}{L}x = \int_{-L}^{L} \cos\frac{n\pi}{L}x = 0$$

이다. 따라서

$$a_0 = \frac{1}{2L}\int_{-L}^{L} f(x)\,dx$$

이다.

예제 13.6 *전개식 (13.1)에서 푸리에 성분 a_1을 구하기 위해서는 (13.1)의 양변에 $\cos\frac{\pi}{L}x$을 곱한 다음 양변을 적분한다. 여기에 조건 (13.3)을 적용시키면*

$$a_1 = \frac{1}{L}\int_{-L}^{L} f(x)\cos\frac{\pi}{L}x\,dx$$

를 얻는다.

$L = \pi$인 경우의 푸리에 전개식 (13.1)은 아주 간단하다. 이러한 경우에 대해서 함수 $f(x)$의 주기는 2π이다.

정리 13.1 (디리클레 정리, Dirichlet Theorem) *함수 $f(x)$가 다음 3 가지 조건들을 모두 만족한다고 하자.*

(a) $f(x)$ 가 구간 $(-L, L)$에서 많아야 유한개의 점들을 제외한 나머지 점들에서 모두 정의되어 있다.

(b) $f(x)$가 $(-L, L)$밖에서 $2L$을 주기로 정의되어 있다.

(c) $f(x)$와 $f'(x)$가 모두 $(L, -L)$에서 부분구간별로 연속이다.

그러면 계수 (13.2)를 갖는 푸리에 급수 (13.1)은

1. x가 $f(x)$의 연속점이면, $f(x)$로 수렴한다.

2. x가 $f(x)$의 불연속점이면, $\frac{1}{2}[f(x+) + f(x-)]$로 수렴한다.

위 정리에서 $f(x+)$와 $f(x-)$는 각각 x에서 $f(x)$의 우극한과 좌극한을 나타낸다. 즉

$$f(x+) = \lim_{\epsilon\to 0+} f(x+\epsilon), \quad f(x-) = \lim_{\epsilon\to 0+} f(x-\epsilon)$$

이다. 그리고 정리 13.1에서 함수 $f(x)$에 대한 조건 (a), (b), (c)는 충분조건이고 필요조건은 아니며, 대부분 우리가 이용하는 기본적인 함수들은 이러한 조건들을 만족한다. 그러나 아쉽게도 푸리에 급수가 수렴하기 위한 필요충분조건은 아직까지 밝혀져 있지 않고 있다. 다른 한편으로, 함수 $f(x)$의 연속성만으로는 $f(x)$에 대한 푸리에 급수가 수렴한다는 것을 보장하지는 못한다는 것이 흥미롭다.

우함수와 기함수에 대한 푸리에 급수

함수 $f(x)$가 $f(x) = f(-x)$인 조건을 만족하면, $f(x)$를 **우함수**(even function)라 한다. 따라서 x^2, $2x^6 - 3x^4 + 5$, $\cos x$, $e^x + e^{-x}$ 등은 모두 우함수다.

반면에 $f(x) = -f(-x)$인 조건을 만족하면, $f(x)$를 **기함수**(odd function)라 한다. 따라서 x^3, $x^7 - 2x^3 + 5x$, $\sin 2x$, $\tan 3x$ 등은 모두 기함수다.

기함수에 대한 푸리에 급수는 오직 사인 함수들만 나타나고, 우함수에 대한 푸리에 급수는 오직 상수항을 포함한 코사인 함수들만 나타난다. 사인 함수들만 나타나는 푸리에 급수나 또는 코사인 함수들만 나타나는 푸리에 급수를 가리켜서 **반쪽 푸리에 급수**(Half-range Fourier series)라 한다. 주어진 함수 $f(x)$에 대한 반쪽 푸리에 급수가 필요한 경우에, 일반적으로 그 함수는 구간 $(0,\ L)$에서 정의되어 있고 주기가 L이며 우함수이거나 기함수이다. 따라서 $f(x)$는 구간 $(-L,\ 0)$에서도 정의되며, 이러한 경우에 푸리에 계수는

$$\begin{cases} a_n = 0, \qquad b_n = \frac{2}{L} \int\limits_{-L}^{L} f(x) \sin \frac{n\pi}{L} x\, dx \qquad (f(x)\text{가 기함수인 경우}); \\ b_n = 0, \qquad a_n = \frac{2}{L} \int\limits_{-L}^{L} f(x) \cos \frac{n\pi}{L} x\, dx \qquad (f(x)\text{가 우함수인 경우} \end{cases} \tag{13.4}$$

로 표현된다.

정리 13.2 (파스벌의 항등식, Parseval's identity) *함수 $f(x)$가 디리클레 정리 13.1의 세 조건 (a), (b), (c)를 모두 만족한다고 하고 a_n, b_n에 $f(x)$에 대한*

푸리에 계수들이라 하자. 그러면 등식

$$\frac{1}{L}\int_{-L}^{L}[f(x)]^2dx = \frac{1}{2}a_0^2 + \sum_{n=1}^{\infty}(a_n^2 + b_n^2) \tag{13.5}$$

이 성립한다.

푸리에 급수의 미분과 적분

푸리에 급수의 미분과 적분은 일반적인 급수들에 대해서 성립하는 정리들에 의해서 확립될 수 있다. 그러나 그러한 정리들은 푸리에 급수의 미분가능성과 적분가능성에 대한 충분조건들이지 필요조건들은 아니다. 적분에 대한 다음 정리는 매우 유용하다.

정리 13.3 *함수 $f(x)$에 대응하는 푸리에 급수 (13.1)은 항별로 적분가능하며, $f(x)$가 구간 $[-L, L]$에서 부분구간별로 연속이고 $a, x \in [-L, L]$이면, 푸리에 항들을 적분한 급수의 합은 $\int_a^x f(x)dx$로 수렴한다. 즉,*

$$\lim_{N\to\infty}\sum_{n=1}^{N}\left(a_n\int_a^x \cos\frac{n\pi}{L}x\,dx + b_n\int_a^x \sin\frac{n\pi}{L}x\,dx\right) = \int_a^x f(x)\,dx$$

이다.

13.3 복소수 푸리에 급수

오일러(Euler)의 등식

$$e^{i\theta} = \cos\theta + i\sin\theta, \quad e^{-i\theta} = \cos\theta - i\sin\theta, \quad (i = \sqrt{-1}) \tag{13.6}$$

을 활용하면, $f(x)$에 대한 푸리에 급수는

$$f(x) = \sum_{n=-\infty}^{\infty} c_n e^{n\pi i x/L} \tag{13.7}$$

이고, 계수는

$$c_n = \frac{1}{2L}\int_{-L}^{L} f(x)e^{-n\pi i x/L}dx \tag{13.8}$$

이다. 등식 (13.7)이 성립하기 위해서는 $f(x)$가 디리클레 정리 13.1의 조건들을 모두 만족해야 하고 점 x에서 연속이 되어야 한다. 만약 $f(x)$가 점 x에서 불연속이면, 식 (13.7)의 좌변은 $\frac{1}{2}[f(x+)+f(x-)]$로 대체되어야 한다.

≪13장 연습문제≫

푸리에 급수에 관한 문제

1. 다음 각 함수에 대해서 그래프를 그리고 우함수와 기함수의 성질을 이용해서 푸리에 급수로 전개하라.

   (a) $f(x) = \begin{cases} 8, & 0 < x < 2 \\ -8 & 2 < x < 4 \end{cases}$ (주기: 4)

   (b) $f(x) = \begin{cases} -x, & -4 \le x \le 0 \\ x & 0 \le x \le 4 \end{cases}$ (주기: 8)

   (c) $f(x) = \begin{cases} 2x & 0 < x < 3 \\ 0 & -3 < x < 0 \end{cases}$ (주기: 6)

2. 주기가 8인 함수 $f(x) = \begin{cases} 2 - x & \text{if} \quad 0 < x < 4 \\ x - 6 & \text{if} \quad 4 < x < 8 \end{cases}$ 를 푸리에 급수로 전개하라.

3. 다음에 답하여라.

   (a) 함수 $f(x) = \cos x$, $(0 < x < \pi)$를 푸리에 급수로 전개하라.

   (b) $f(x)$의 푸리에 급수가 $f(x)$로 수렴하기 위해서는 점 $x = 0$과 $x = \pi$에서 $f(x)$가 어떻게 정의되어야 하는가?

4. 주기가 8인 함수 $f(x) = \begin{cases} x & \text{if} \quad 0 < x < 4 \\ 8 - x & \text{if} \quad 4 < x < 8 \end{cases}$ 를 a) sin-함수들의 푸리에 급수로 전개하고, b) cos-함수들의 푸리에 급수로 전개하라.

5. 모든 $x \in [0, \pi]$에 대해서 다음이 성립함을 증명하라.

   (a) $x(\pi - x) = \frac{\pi^2}{6} - \left(\frac{\cos 2x}{1^2} + \frac{\cos 4x}{2^2} + \frac{\cos 6x}{3^2} + \cdots\right)$

   (b) $x(\pi - x) = \frac{8}{\pi}\left(\frac{\sin x}{1^3} + \frac{\sin 3x}{3^3} + \frac{\sin 5x}{5^3} + \cdots\right)$

6. 위 문제를 이용해서 다음을 증명하라.

   (a) $\displaystyle\sum_{n=1}^{\infty} \frac{1}{n^2} = \frac{\pi^2}{6}$ (b) $\displaystyle\sum_{n=1}^{\infty} \frac{(-1)^{n+1}}{n^2} = \frac{\pi^2}{12}$ (c) $\displaystyle\sum_{n=1}^{\infty} \frac{(-1)^{n+1}}{(2n-1)^3} = \frac{\pi^3}{32}$

7. 등식 $\frac{1}{1^3} + \frac{1}{3^3} - \frac{1}{5^3} - \frac{1}{7^3} + \frac{1}{9^3} + \frac{1}{11^3} - \cdots = \frac{3\pi^2\sqrt{2}}{16}$이 성립함을 보여라.

8. 등식 $\sum_{n=1}^{\infty} \frac{1}{n^2} = \frac{\pi^2}{6}$이 성립함을 보여라.

9. 다음을 증명하라.

(a) $-\pi < x < \pi$에 대해서 $x = 2\left(\frac{\sin x}{1} - \frac{\sin 2x}{2} + \frac{\sin 3x}{3} - \cdots\right)$이다.

(b) $-\pi \le x \le \pi$에 대해서 $x^2 = \frac{\pi^2}{3} - 4\left(\frac{\cos x}{1^2} - \frac{\cos 2x}{2^2} + \frac{\cos 3x}{3^2} - \cdots\right)$이다.

(c) $-\pi \le x \le \pi$에 대해서 $x(\pi^2 - x^2) = 12\left(\frac{\sin x}{1^2} - \frac{\sin 2x}{2^2} + \frac{\sin 3x}{3^2} - \cdots\right)$이다.

10. 다음을 증명하라.

(a) $-\pi < x < \pi$에 대해서, 다음 등식이 성립한다.

$$x\cos x = -\frac{1}{2}\sin x + 2\left(\frac{2}{1\cdot 3}\sin 2x - \frac{3}{2\cdot 4}\sin 3x + \frac{4}{3\cdot 5}\sin 4x - \cdots\right)$$

(b) $-\pi \le x \le \pi$에 대해서, 다음 등식이 성립한다.

$$x\sin x = 1 - \frac{1}{2}\cos x - 2\left(\frac{\cos 2x}{1\cdot 3} - \frac{\cos 3x}{2\cdot 4} + \frac{\cos 4x}{3\cdot 5} - \cdots\right)$$

11. 5번 문제 (b)의 결과를 미분해서, $-\pi \le x \le \pi$에 대해서, 다음 등식이 성립함을 보야라.

$$x = \frac{\pi}{2} - \frac{4}{\pi}\left(\frac{\cos x}{1^2} + \frac{\cos 3x}{3^2} + \frac{\cos 5x}{5^2} + \cdots\right)$$

12. 급수 $A + \sum_{n=1}^{\infty}\left(a_n \cos \frac{n\pi}{L}x + b_n \sin \frac{n\pi}{L}x\right)$가 구간 $(-L,\ L)$에서 함수 $f(x)$로 균등하게 수렴할 때, 각 $n = 1, 2, 3 \ldots$에 대해서, 다음이 성립함을 보여라.

$$(a)\ a_n = \frac{1}{L}\int_{-L}^{L} f(x)\cos\frac{n\pi x}{L}\,dx \quad (b)\ b_n = \frac{1}{L}\int_{-L}^{L} f(x)\sin\frac{n\pi x}{L}\,dx \quad (c)\ A = \frac{a_0}{2}$$

13. 주기가 10인 함수 $f(x) = \begin{cases} 0 & \text{if} \quad -5 < x < 0 \\ 3 & \text{if} \quad 0 < x < 5 \end{cases}$ 에 대해 다음에 답하라.

(a) 함수 $f(x)$에 대응하는 푸리에 계수들을 구하라.

(b) 함수 $f(x)$에 대응하는 푸리에 급수 구하라.

(c) 구간 $[-5,\ 5]$에서 $f(x)$의 푸리에 급수가 수렴하려면, 점 $x = -5$, $x = 0$, $x = 5$에서 $f(x)$가 어떻게 정의되어야 하는가?

14. 주기가 2π인 함수 $f(x) = x^2$, $(0 < x < 2\pi)$의 푸리에 급수를 구하라.

15. 우함수에 대한 푸리에 급수에서는 사인(sin) 항이 나타나지 않음을 보여라.

Parseval의 등식에 관한 문제

16. 구간 $(-L, L)$에서 함수 $f(x)$에 대응하는 푸리에 급수

$$\frac{a_0}{2} + \sum_{n=1}^{\infty} \left(a_n \cos \frac{n\pi}{L} x + b_n \sin \frac{n\pi}{L} x \right)$$

가 $f(x)$로 균등하게 수렴한다고 가정했을 때, 다음의 Parseval 등식이 성립함을 증명하라.

$$\frac{1}{L} \int_{-L}^{L} [f(x)]^2 dx = \frac{a_0^1}{2} + \sum_{n=1}^{\infty} (a_n^2 + b_n^2)$$

17. 5번 문제과 Parseval등식을 이용해서, 다음을 증명하라.

$$(a) \quad \sum_{n=1}^{\infty} \frac{1}{n^4} = \frac{\pi^4}{90} \qquad\qquad (b) \quad \sum_{n=1}^{\infty} \frac{1}{n^6} = \frac{\pi^6}{945}$$

18. 다음 등식이 성립함을 보여라.

$$\frac{1}{1^2 \cdot 3^2} + \frac{1}{3^2 \cdot 5^2} + \frac{1}{5^2 \cdot 7^2} + \cdots = \frac{\pi^2 - 8}{16}$$

19. 다음 등식을 증명하라.

$$(a) \quad \sum_{n=1}^{\infty} \frac{1}{(2n-1)^4} = \frac{\pi^4}{96} \qquad\qquad (b) \quad \sum_{n=1}^{\infty} \frac{1}{(2n-1)^6} = \frac{\pi^6}{960}$$

20. 다음 등식이 성립함을 보여라.

$$\frac{1}{1^2 \cdot 2^2 \cdot 3^2} + \frac{1}{2^2 \cdot 3^2 \cdot 4^2} + \frac{1}{3^2 \cdot 4^2 \cdot 5^2} + \cdots = \frac{4\pi^2 - 39}{16}$$

제 14 장

푸리에 적분과 변환

푸리에 변환(Fourier transform)은 시간에 대한 함수(즉, 신호)를 그 진동수로 분해하는 작업이다. 음악에서 어떤 화음을 구성하는 음들의 진폭(시끄러운 정도)에 따라 표현하는 것이 이와 유사하다. 어떤 시간에 대한 함수의 푸리에 변환 결과는 진동수에 대한 복소함수이며, 그 절대값은 원래 함수에서 해당 진동수가 존재하는 양을 나타낸다.

14.1 푸리에 적분

푸리에 적분(Fourier integral)은 푸리에 급수를 일반화한 것이다. 함수 $f(x)$에 대한 푸리에 급수

$$a_0 + \sum_{n=1}^{\infty} \left\{ a_n \cos \frac{n\pi}{L} x + b_n \sin \frac{n\pi}{L} x \right\}$$

은 구간 $[-L, L]$에서 정의된 함수 $f(x)$로 부터 계수들을 생성하여 얻는 구간 $(-\infty, \infty)$에서 주기적인 형식이다. 만약 실수 전체에서 정의된 함수가 주기함수가 아니라면, $L \to \infty$로 하고 정수값을 갖는 첨수 n대신에 실수값을 갖는 함수로 대체함으로써 푸리에 적분과 유사한 형식을 얻을 수 있을 것이다. 그러면 계수 a_n과 b_n은 $A(\alpha)$와 $B(\alpha)$형식이 된다. 이러한 생각으로부터 다음 정의를 내리게 된다.

정리 14.1 (푸리에 적분, Fourier integral) *함수 $f(x)$가 다음 조건들을 만족한다고 하자.*

1. *함수 $f(x)$가 구간 $(-L, L)$에서 디리클레 조건들을 모두 만족한다. 즉*
   (a) *$f(x)$가 구간 $(-L,\ L)$에서 유한개의 점을 제외한 모든 점에서 정의되어 있다.*
   (b) *$f(x)$가 구간 $(-L,\ L)$의 밖에서 $2L$을 주기를 갖는 주기함수로 정의되어 있다.*
   (c) *$f(x)$와 $f'(x)$가 구간 $(-L,\ L)$에서 부분구간별로 연속이다.*
2. *함수 $f(x)$가 구간 $(-\infty,\ \infty)$에서 절대적으로 적분가능하다. 즉, $\int_{-\infty}^{\infty} |f(x)|\, dx$가 수렴한다.*

그러면 함수 f에 대한 푸리에 적분(Fourier integral)은

$$f(x) = \int_0^{\infty} [A(\alpha)\cos\alpha x + B(\alpha)\sin\alpha x]\, d\alpha \tag{14.1}$$

이고

$$A(\alpha) = \frac{1}{\pi}\int_{-\infty}^{\infty} f(x)\cos\alpha x\, dx, \qquad B(\alpha) = \frac{1}{\pi}\int_{-\infty}^{\infty} f(x)\sin\alpha x\, dx \tag{14.2}$$

이다.

실수 $\alpha \in (-\infty, \infty)$에 대해서 정의된 $A(\alpha)$와 $B(\alpha)$는 푸리에 계수 a_n과 b_n을 일방화한 것이다. 식 (14.1)의 우변을 가리켜서 f의 **푸리에 적분전개 (Fourier integral expansion)**라 한다. 만약 x가 f의 연속점이면 식 (14.1)이 성립한다. 만약 x가 f의 불연속점이면, 푸리에 급수에서와 마찬가지로, $f(x)$대신에 $\frac{f(x+)+f(x-)}{2}$로 대체해야 한다. 그러나 이러한 조건들은 충분조건이며 필요조건은 아니다. 적분 $\int_{-\infty}^{\infty} f(x)\, dx$가 존재하면

$$\lim_{L\to\infty} |a_0| = \lim_{L\to\infty}\left|\frac{1}{L}\int_{-L}^{L} f(x)\, dx\right| = 0$$

이므로, $f(x)$의 푸리에 적분에 대한 푸리에 계수들을 일반화 할 때, a_0은 무시될 수 있다.

푸리에 적분에 관한 동치정리

정리 14.2 (푸리에 적분에 관한 동치정리) *함수 $f(x)$가 정리 14.1의 조건들을 모두 만족한다고 하자. 그러면 다음 등식이 성립한다.*

$$f(x) = \frac{1}{\pi} \int_{\alpha=0}^{\infty} \int_{u=-\infty}^{\infty} f(u) \cos \alpha(x-u)\, du\, d\alpha \tag{14.3}$$

$$\begin{aligned} f(x) &= \frac{1}{2\pi} \int_{-\infty}^{\infty} e^{i\alpha x} d\alpha \int_{-\infty}^{\infty} f(u) e^{i\alpha u}\, du \\ &= \frac{1}{2\pi} \int_{-\infty}^{\infty} \int_{-\infty}^{\infty} f(u) e^{i\alpha(u-x)}\, du\, d\alpha \end{aligned} \tag{14.4}$$

위 식에서 f가 점 x에서 연속이 아닌 경우에는 $f(x)$대신에 $\frac{1}{2}[f(x+)+f(x-)]$로 대체한다.

위 정리에서 $f(x)$가 우함수이거나 기함수인 경우에는 위 식들이 훨씬 더 간단해 진다. 즉

$$f(x) = \frac{2}{\pi} \int_0^{\infty} \cos \alpha x\, dx \int_0^{\infty} f(u) \cos \alpha u\, du, \quad (f(x)\text{가 우함수인 경우}) \tag{14.5}$$

$$f(x) = \frac{2}{\pi} \int_0^{\infty} \sin \alpha x\, dx \int_0^{\infty} f(u) \sin \alpha u\, du, \quad (f(x)\text{가 기함수인 경우}) \tag{14.6}$$

이다.

적분을 계산하고 미분방정식과 적분방정식을 풀 때, 중요하게 쓰이는 공식이 다음과 같이 주어진다:

$$f(x) = \frac{1}{\sqrt{2\pi}} \int_{-\infty}^{\infty} e^{-i\alpha x} \left\{ \frac{1}{\sqrt{2\pi}} \int_{-\infty}^{\infty} e^{i\alpha x} f(u)\, du \right\} d\alpha.$$

이 식은 식 (14.4)로부터 얻어진 것이다.

14.2 푸리에 변환

식 (14.4)로부터

$$F(\alpha) = \frac{1}{\sqrt{2\pi}} \int_{-\infty}^{\infty} f(u) e^{i\alpha u} du \tag{14.7}$$

일 때

$$F(\alpha) = \frac{1}{\sqrt{2\pi}} \int_{-\infty}^{\infty} F(\alpha) e^{i\alpha x} dx \tag{14.8}$$

이다. 함수 $F(\alpha)$를 가리켜서 $f(x)$의 **푸리에 변환**(Fourier transform)이라 부르고 $F(\alpha) = \mathcal{F}[f(x)]$로 나타낸다. 그리고 $f(x)$를 $F(\alpha)$의 **푸리에 역변환**(inverse Fourier transform)이라 하고 $f(x) = \mathcal{F}^{-1}[F(\alpha)]$로 표현한다.

참고 식 (14.7)과 (14.8)에서 적분기호 앞에 놓인 상수가 모두 $1/\sqrt{2\pi}$로 되어 있다. 그러나 적분기호 앞에 놓인 상수를 동일하게 $1/\sqrt{2\pi}$로 택하지 않고 곱이 $1/2\pi$가 되는 0이 아닌 상수들로 선택해도 된다. 그러한 경우의 상수들을 가리켜서 **대칭형**(symmetric form)이라 한다.

예제 14.1 함수 $f(x) = \begin{cases} e^{-x} & if \;\; x > 0 \\ e^{2x} & if \;\; x < 0 \end{cases}$ *의 푸리에 변환을 구하라.*

풀이 공식 (14.7)에 의해서

$$\begin{aligned} F(\alpha) &= \tfrac{1}{2\sqrt{2\pi}} \int_{-\infty}^{\infty} e^{i\alpha x} f(x)\, dx = \tfrac{1}{2\pi} \left\{ \int_{-\infty}^{0} e^{i\alpha x} e^{2x} dx + \int_{0}^{\infty} e^{i\alpha x} e^{-x} dx \right\} \\ &= \tfrac{1}{\sqrt{2\pi}} \left\{ \tfrac{e^{i\alpha+2}}{i\alpha+2} \Big|_{x\to-\infty}^{x\to 0-} + \tfrac{e^{i\alpha-1}}{i\alpha-1} \Big|_{x\to 0+}^{x\to\infty} \right\} = \tfrac{1}{\sqrt{2\pi}} \left\{ \tfrac{1}{2+\alpha i} + \tfrac{1}{1-\alpha i} \right\} \end{aligned}$$

이다. ■

만약 $f(x)$가 우함수이면, 식 (14.5)에 의해서

$$F_c(\alpha) = \sqrt{\frac{2}{\pi}} \int_{0}^{\infty} f(u) \cos \alpha u\, du, \quad f(x) = \sqrt{\frac{2}{\pi}} \int_{0}^{\infty} F_c(\alpha) \cos \alpha x\, dx \tag{14.9}$$

이다. 식 (14.9)에 있는 $F_c(x)$와 $f(x)$를 가리켜서 각자의 **푸리에 코사인 변환** (Fourier cosine transform)이라 부른다.

또한 $f(x)$가 기함수이면, 식 (14.6)에 의해서

$$F_s(\alpha) = \sqrt{\frac{2}{\pi}}\int_0^\infty f(u)\sin\alpha u\,du, \qquad f(x) = \sqrt{\frac{2}{\pi}}\int_0^\infty F_c(\alpha)\sin\alpha x\,dx \quad (14.10)$$

이다. 식 (14.9)에 있는 $F_s(x)$와 $f(x)$를 가리켜서 각자의 **푸리에 사인 변환** (Fourier sine transform)이라 부른다.

참고 푸리에 변환 F_c와 F_s는 모두 $A(\alpha)$와 $B(\alpha)$와 같은 형식이며 상수만큼 차이가 난다. 함수 f가 F_c에 대해서는 우함수적이고 F_s에 대해서는 기함수적이므로, F_c와 F_s의 정의역은 모두 $0 < \alpha < \infty$인 것으로 간주될 수 있다.

푸리에 변환들의 곱을 생각할 때에 **합성곱** (convolution)이라 일컫는 새로운 개념이 탄생하게 되는데, 이 개념과 관련해서 (주어진 함수와 그의 푸리에 변환에 의한) 새로운 함수들의 쌍이 나타난다. 특히, $F(\alpha)$와 $G(\alpha)$가 각각 f와 g의 푸리에 변환이면, f와 g의 합성곱 $f * g$는

$$(f * g)(x) = \frac{1}{\sqrt{\pi}}\int_{-\infty}^{\infty} f(u)g(x-u)\,du \quad (14.11)$$

으로 정의되며, 이 때

$$F(\alpha)G(\alpha) = \frac{1}{\sqrt{\pi}}\int_{-\infty}^{\infty} e^{i\alpha u}(f * g)(u)\,du \quad (14.12)$$

이고

$$(f * g)(x) = \frac{1}{\sqrt{\pi}}\int_{-\infty}^{\infty} e^{i\alpha x}F(\alpha)G(\alpha)d\alpha \quad (14.13)$$

이다.

두 함수의 합성곱은 교환법칙이 성립할 뿐만 아니라, 두 함수 f와 g의 합성곱 $f * g$의 푸리에 변환은 각각의 푸리에 변환들의 곱과 같다. 즉

$$f * g = g * f$$

이고

$$\mathcal{F}(f * g) = \mathcal{F}(f)\mathcal{F}(g) = F(\alpha)G(\alpha)$$

이다.

이제 식 (14.11)과 (14.13)에 나타난 $f * g$의 표현이 일치해야 하므로

$$\begin{aligned}(f * g)(x) &= \frac{1}{\sqrt{\pi}} \int_{-\infty}^{\infty} f(u)g(x-u)\,du \\ &= \frac{1}{\sqrt{\pi}} \int_{-\infty}^{\infty} e^{i\alpha x} F(\alpha)G(\alpha)d\alpha\end{aligned} \tag{14.14}$$

이고, 여기서 $x \to 0$으로 하면

$$\int_{\infty}^{\infty} f(u)g(-u)\,du = \int_{-\infty}^{\infty} F(\alpha)G(\alpha)\,d\alpha \tag{14.15}$$

이다.

이제 f가 복소수 함수라 하고 f의 복소공액 함수(conjugate function)를 $g = \overline{f}$로 놓도록 하자. 그러면 식 (14.15)는

$$\int_{-\infty}^{\infty} |f(u)|^2\,du = \int_{-\infty}^{\infty} |F(\alpha)|^2 d\alpha \tag{14.16}$$

형식이 된다. 이는 푸리에 적분에 대한 Parseval의 정리이다.

더 나아가 f와 g가 모두 우함수들이면, 식 (14.15)로부터 F_c와 G_c가 각각 f와 g의 푸리에 코사인 변환일 때, Parseval의 항등식

$$\int_{-\infty}^{\infty} f(u)g(u)\,du = \int_{-\infty}^{\infty} F_c(\alpha)G_c(\alpha)d\alpha \tag{14.17}$$

를 얻는다. 만약 f와 g가 모두 기함수들이면, 식 (14.15)로부터 F_s와 G_s가 각각 f와 g의 푸리에 사인 변환일 때, Parseval의 항등식

$$\int_{-\infty}^{\infty} f(u)g(u)\,du = \int_{-\infty}^{\infty} F_c(\alpha)G_c(\alpha)d\alpha \tag{14.18}$$

를 얻게 된다.

≪14장 연습문제≫

푸리에 적분과 변환에 관한 문제

1. 함수 $f(x) = \begin{cases} 1 & \text{if} \quad |x| \le a, \\ 0 & \text{if} \quad |x| > a \end{cases}$ 에 대해서 다음에 답하여라.
   (a) $f(x)$의 푸리에 변환을 구하라.
   (b) $f(x)$의 그래프를 그리고 $a = 3$에 대한 $f(x)$의 푸리에 변환을 구하라.

2. 함수 $f(x) = \begin{cases} 1/(2\epsilon) & \text{if} \quad |x| \le \epsilon, \\ 0 & \text{if} \quad |x| > \epsilon \end{cases}$ 에 대해서 다음에 답하여라.
   (a) $f(x)$의 푸리에 변환을 구하라.
   (b) $\epsilon \to 0+$일 때, $f(x)$의 푸리에 변환에 대한 극한을 구하고 그 결과를 논하라.

3. 함수 $f(x) = \begin{cases} 1 - x^2 & \text{if} \quad |x| < 1, \\ 0 & \text{if} \quad |x > 1 \end{cases}$ 에 대한 푸리에 변환을 구하라.

4. 함수 $f(x) = \begin{cases} 1 & \text{if} \quad 0 < x < 1, \\ 0 & \text{if} \quad x \ge 1 \end{cases}$ 에 대해서 다음에 답하여라.
   (a) $f(x)$의 푸리에 사인 변환을 구하라.
   (b) $f(x)$의 푸리에 코사인 변환을 구하라.
   (c) 각 경우의 변환에 대해서 그래프를 그리고 나서 각각에 대한 변환을 구하라.

5. (a) 문제 1의 결과를 이용해서 $\int_{-\infty}^{\infty} \frac{\sin \alpha a \cos \alpha x}{\alpha} d\alpha$를 평가하라.

(b) $\int_0^\infty \frac{\sin u}{u} du$의 값을 구하라.

6. 적분 $\int_0^\infty \left(\frac{x\cos x - \sin x}{x^3}\right) \cos\frac{x}{2}\, dx$를 계산하라.

7. (a) 함수 $f(x) = e^{-x}$, $(x \geq 0)$에 대한 푸리에 사인 변환을 구하라.

   (b) (a)의 결과를 이용해서, $m > 0$일 때, $\int_0^\infty \frac{x \sin mx}{x^2+1} dx = \frac{\pi}{2} e^{-m}$임을 보여라.

   (c) (b)의 결과가 $m = 0$일 때는 성립되지 않는 이유를 푸리에 적분정리의 관점에서 설명하라.

8. 적분 방정식 $\int_0^\infty f(x)\cos\alpha x\, dx = \begin{cases} 1-\alpha & \text{if } 0 \leq \alpha \leq 1 \\ 0 & \text{if } \alpha > 1 \end{cases}$ 을 풀어라.

9. 문제 8을 이용해서 $\int_0^\infty \frac{\sin^2 u}{u^2} du = \frac{\pi}{2}$임을 증명하라.

10. 모든 $x \geq 0$에 대해서, $\int_0^\infty \frac{\cos\alpha x}{\alpha^2+1} d\alpha = \frac{\pi}{2} e^{-x}$임을 증명하라.

11. 적분방정식

$$\int_0^\infty Y(x) \sin xt\, dx = \begin{cases} 1 & \text{if } 0 \leq t < 1 \\ 2 & \text{if } 1 \leq t < 2 \\ 0 & \text{if } t \geq 2 \end{cases}$$

을 $Y(x)$에 관해서 풀고, 구한 해를 대입해서 확증하라.

Parseval의 항등식에 관한 문제

12. 다음 적분들을 Parseval의 항등식을 이용해서 구하라.

   (a) $\int_0^\infty \frac{1}{(x^2+1)^2} dx$ (b) $\int_0^\infty \frac{x^2}{(x^2+1)^2} dx$

   (힌트: e^{-x}, $(x > 0)$에 대한 푸리에의 사인과 코사인 변환들을 이용하라.)

13. 문제 4의 결과를 이용해서 다음 등식이 성립함을 증명하라.

   (a) $\int_0^\infty \left(\frac{1-\cos x}{x}\right)^2 dx = \frac{\pi}{2}$ (b) $\int_0^\infty \frac{\sin^4 x}{x^2} dx = \frac{\pi}{2}$

14. 등식 $\int_0^\infty \frac{(x\cos x - \sin x)^2}{x^6} dx = \frac{\pi}{15}$가 성립함을 보여라.

15. 리미만(Riemann) 정리에 의하면, $F(x)$가 구간 (a, b)에서 부분구간별 연속이면

$$\lim_{\alpha\to\infty} \int_a^b F(x) \sin\alpha x\, dx = 0$$

이다. 이 식을 이용해서, 함수 $f(x)$와 $f'(x)$가 모두 구간 $(0, L)$과 $(-L, 0)$에서 연속이라고 할 때, 다음이 성립함을 증명하라.

(a) $\lim\limits_{\alpha\to\infty}\int_0^L f(x+\mu)\frac{\sin\mu x}{\mu}d\mu = \frac{\pi}{2}f(x+)$

(b) $\lim\limits_{\alpha\to\infty}\int_{-L}^0 f(x+\mu)\frac{\sin\mu x}{\mu}d\mu = \frac{\pi}{2}f(x-)$

기타 문제들

16. 다음 세 가지 조건을 만족하는 편미분방정식 $\frac{\partial U}{\partial t} = 2\frac{\partial^2 U}{\partial x^2}$의 해를 구하라.

(a) 영역 $\{(x, t) : x > 0, \quad t > 0\}$에서 $U(x,t)$가 유계하다.

(b) $U(x,0) = e^{-x}, \quad (x > 0)$이다.

(c) $U(0,t) = 0$이다.

17. 함수 $e^{-x^2/2}$의 푸리에 변환이 $e^{-x^2/2}$임을 증명하라.

18. 함수 $g(x)$의 푸리에 변환이 $G(\alpha) = \frac{1}{\sqrt{\pi}}\int_{-\infty}^{\infty} e^{i\alpha x}f(x)g(x)dx$일 때, $g(x-u)$의 푸리에 변환은 $e^{i\alpha u}G(\alpha)$임을 증명하라.

19. 복소수 함수 $f(x)$와 $g(x)$의 푸리에 변환을 각각 $F(\alpha)$와 $G(\alpha)$라고 할 때, 다음 등식이 성립함을 증명하라.

$$\int_{-\infty}^{\infty} F(\alpha)\overline{G(\alpha)} = \int_{-\infty}^{\infty} f(x)\overline{g(x)}\,dx$$

(여기서, $\overline{G(\alpha)}$와 $\overline{g(x)}$는 각각 $G(\alpha)$와 $g(x)$의 복소수 컬레(conjugate)이다.)

20. 다음 등식이 성립함을 보여라.

$$\sin x = x\left(1-\frac{x^2}{\pi^2}\right)\left(1-\frac{x^2}{(2\pi)^2}\right)\left(1-\frac{x^2}{(3\pi)^2}\right)\cdots$$

21. 문제 20을 이용해서, 다음 등식이 성립함을 보여라.

$$\frac{2}{\pi} = \left(\frac{1}{2}\cdot\frac{3}{2}\right)\left(\frac{3}{4}\cdot\frac{5}{4}\right)\left(\frac{5}{6}\cdot\frac{7}{6}\right)\cdots = \frac{3^2\cdot5^2\cdot7^2\cdot9^2\cdots}{2^2\cdot4^2\cdot6^2\cdot8^2\cdots}$$

22. 다음 조건을 만족시키는 편미분방정식 $\frac{\partial U}{\partial t} = \frac{\partial^2 U}{\partial x^2}$의 해를 구하라.

(a) $U(0,\, t) = 0$

(b) $U(x,\, 0) = \begin{cases} 1 & \text{if} \quad 0 < x < 1 \\ 0 & \text{if} \quad x \geq 1 \end{cases}$

(c) $x > 0,\ t > 0$일 때, $U(x,\, 1)$이 유계함

23. 다음 조건을 만족시키는 편미분방정식 $\frac{\partial U}{\partial t} = 2\frac{\partial^2 U}{\partial x^2}$의 해를 구하라.

(a) $U(0,\, t) = 0$이다.

(b) $x > 0$일 때 $U(x,\, 0) = e^{-x}$이다.

(c) $x > 0,\ t > 0$일 때, $U(x,\, 1)$이 유계함

24. 주어진 함수 $g(x)$와 $r(x)$가 있을 때 다음 적분식을 풀어라.

$$y(x) = g(x) + \int_{-\infty}^{\infty} y(u) r(x-u)\, du$$

제 15 장

미분방정식

이 장에서는 미분방정식이 무엇인가에 대한 기본적인 개념과 관련된 용어와 정의를 소개하고, 어떤 미분방정식의 해가 갖는 의미와 실질적으로 응용면에서 해가 표현하는 내용을 설명하려고 한다.

15.1 미분방정식의 기본 정의 및 용어

17세기 뉴톤(Newton)과 라이프니쯔(Leibniz) 그리고 다른 여러 학자들에 의하여 해석학의 개념들이 개발되었고, 그 후 많은 사람들이 우리 주변에서 일어나는 여러 가지 현상들을 미분방정식을 사용하여 표현하여 왔다. 사실상 미분방정식은 보편적인 수학적 방법으로서 여러 가지 자연법칙들을 정확한 수학적 공식으로 표현하거나 어떤 하나의 함수와 그 함수의 미분(도함수)과의 관계에 의하여 표현되는 여러 가지 현상을 공식화하는데 사용되어 왔다.

우리는 1계 도함수(derivative)를

$$\frac{dy}{dx}, \qquad y'(x), \qquad y', \qquad Dy$$

등으로 표현한다. 여기서 처음 두 기호는 y가 종속변수이고 x가 독립변수임을 명확히 나타내고 있으나, 나머지 두 기호는 독립변수에 대한 어떤 암시도 들어있지 않다. 후자의 두 경우에는 전후의 문맥을 통하여 의미하는 독립변수가

무엇인지를 알 수 있을 것이다. 2계 도함수를

$$\frac{d^2y}{dx^2}, \qquad y''(x), \qquad y'', \qquad D^2y$$

등으로 표기하며,

$$\frac{d^ny}{dx^n}, \qquad y^{(n)}(x), \qquad y^{(n)}, \qquad D^ny$$

등은 n계 도함수를 나타내는 기호로 사용한다.

이제 미분방정식에 대한 일반적인 정의를 보자. 처음 접하는 독자에게는 약간 추상적인 것으로 여겨지기는 하지만 나중에 소개되는 여러 가지 정리와 성질을 위해서는 가장 적절한 형태이다.

정의 15.1 (미분방정식) *미분방정식이란 미지의 함수들과 그들의 미분(도함수)들을 포함한 방정식을 한다.*

여기에서 **미분(도함수)**이란 1변수 함수의 경우에는 (차수에 상관없이) 정상적인 미분을 의미하며, 다변수 함수인 경우에는 편미분을 의미한다.

미분방정식에 나타난 미지의 함수이나 도함수가 단 하나의 독립변수에만 관계될 때, 그 미분방정식을 **상미분방정식** (ordinary differential equation: ODE)이라 한다. 만약 주어진 방정식에 나타난 미지의 함수가 2변수 이상의 함수로서 그들에 대한 미분이 편미분으로 표현되었다면, 그러한 방정식을 **편미분방정식** (partial differential equation: PDE)이라 한다. 예를 들면,

$$\frac{d^2y}{dx^2} - 3\left(\frac{dy}{dx}\right)^3 + 2y = \sin 3x \tag{15.1}$$

$$\left(\frac{d^3s}{dt^3}\right)^2 + 4t^2s^3 = e^5t \tag{15.2}$$

$$(y - x^2)dx + 3xdy = 0 \tag{15.3}$$

등과 같은 식들은 상미분방정식이고,

$$\frac{\partial^2 u}{\partial^2 t} + \left(\frac{\partial u}{\partial s}\right)^3 = 0 \tag{15.4}$$

$$\frac{\partial v}{\partial x} = \frac{1}{c^2}\left(\frac{\partial^2 u}{\partial t^2}\right)^3 \tag{15.5}$$

등은 편미분방정식이다. 우리는 상미분방정식을 간단히 **미분방정식**이라 하고, 편미분방정식에 대해서는 **편미분방정식**이라 한다.

미분방정식을 그 형태와 차수(order)에 의하여, 그리고 선형성(linearity)의 여부에 따라서 구분한다.

미분방정식에서 나타난 미분들 가운데 가장 많은 미분의 횟수를 그 미분방정식의 **계**(order)라 부르며, 계를 결정짓는 미분항의 거듭제곱 횟수를 **차**(degree)라 한다. 따라서 식 (15.1)은 2계 1차 방정식이고 식 (15.2)는 3계 2차인 방정식이며, (15.3)식은 1계 1차 방정식이다. 또한, 식(15.4)는 2계 1차 편미분방정식이고 식 (15.5)는 2계 3차인 편미분방정식이다.

[**참고**] 이 교재에서는 상미분 방정식에 대해서만 논하기로 한다.

예제 15.1 *다음 미분방정식의 계수와 차수를 말하여라.*

(1) $\left(\frac{d^2y}{dx^2}\right)^3 = \sqrt{1+\left(\frac{dy}{dx}\right)^4}$

(2) $\sqrt[3]{\left(\frac{d^2y}{dx^2}\right)^2} = \sqrt{1+\left(\frac{dy}{dx}\right)^3}$

(풀이) *식 (1)은* $\left(\frac{d^2y}{dx^2}\right)^6 = 1+\left(\frac{dy}{dx}\right)^4$ *이므로 2계 6차 미분방정식이고,*

(2)는 $\left(\frac{d^2y}{dx^2}\right)^4 = \left(1+\left(\frac{dy}{dx}\right)^3\right)^3$ *이므로 2계 4차 미분방정식이다.* ■

위에서의 2가지 구별 기준과 더불어서 또 다른 구별 기준은

$$a_0(x),\ a_1(x),\ \ldots,\ a_n(x),\ f(x)$$

가 변수 x의 함수일 때,

$$a_n(x)\frac{d^ny}{dx^n} + a_{n-1}(x)\frac{d^{n-1}y}{dx^{n-1}} + \cdots + a_1(x)\frac{dy}{dx} + a_0(x)y = f(x) \tag{15.6}$$

형태의 n계 미분방정식을 **선형 방정식**(linear equation)이라 하고 선형방정식이 아닌 미분방정식 을 **비선형 방정식**(nonlinear equation)이라 한다. 따라서

$$xdy + ydx = \cos x \tag{15.7}$$

$$y'' - 3y' + 2y = 0 \tag{15.8}$$

$$x^3\frac{d^3y}{dx^3} - x^2\frac{d^2y}{dx^2} + 3x\frac{dy}{dx} + 5y = e^x \tag{15.9}$$

는 각각 1계, 2계, 3계 선형미분방정식이다. 다른 한편으로

$$\left(\frac{dy}{dx}\right)^2 = \frac{2x}{3y} \tag{15.10}$$

$$y'' + \sin y = 0 \tag{15.11}$$

$$y''' - 3x(y'')^3 + 2y' + y = 0 \tag{15.12}$$

는 각각 1계, 2계, 3계인 비선형 방정식이다.

[**참고**]선형미분방정식은 다음과 같은 두가지 성질을 만족한다:

1. 방정식에 속한 종속변수 y와 그의 도함수에 대한 거듭제곱이 없다. 즉, 그들의 차수가 모두 1이다.

2. 각 계수함수 $a_k(x)$, $(k = 0, 1, \cdots, n)$가 모두 독립변수 x만의 함수이다. 따라서, 주어진 어떤 미분방정식이 위의 두가지 성질을 만족할 때는 선형이고 그렇지 않으면 비선형이다.

15.2 미분방정식의 해

앞 절에서 언급한 바와 같이 우리의 목적은 미분방정식을 푸는 것, 즉 미분방정식의 해를 구하는 것이다.

정의 15.2 (미분방정식의 해) *어떤 개구간 I에서 정의되어 있는 함수 $y = f(x)$가 주어진 미분방정식에 대입하였을 때 등식을 만족하면, 함수 $f(x)$를 구간 I에서 주어진 미분방정식의* ***해****(solution)라 한다.*

미분방정식이

$$F(x, y, y', ..., y^{(n)}) = 0 \tag{15.13}$$

의 형태로 주어져 있을 때, 함수 $f(x)$가 구간 I에서 n번 미분가능하고 식

$$F(x, f(x), f'(x), ..., f^{(n)}(x)) = 0 \tag{15.14}$$

를 만족하면 $y = f(x)$를 구간 I에서 방정식 (15.13)의 해라 하며, 이와같이 식 (15.14)의 해 $y = f(x)$를 구하는 과정을 **미분방정식을 푼다**라고 한다.

또한 주어진 미분방정식에 대한 해 $y = f(x)$의 그래프를 그 미분방정식의 **적분곡선**(integral curve) 또는 **해곡선**(solution curve)이라 한다.

예제 15.2 *함수*

$$y = 3e^x + 4e^{-2x} + x^2 + x$$

가 구간 $(-\infty,\ +\infty)$에서 미분방정식

$$y'' + y' - 2y = 3 - 2x$$

의 한 해임을 보여라.

(풀이) $y = 3e^x + 4e^{-2x} + x^2 + x$로부터

$$y' = 3e^x - 8e^{-2x} + 2x + 1,\ \ y'' = 3e^x + 16e^{-2x} + 2$$

를 얻는다. 이들을 주어진 방정식에 대입하면 항등식

$$(3e^x + 16e^{-2x} + 2) + (3e^x - 8e^{-2x} + 2x + 1) - 2(3e^x + 4e^{-2x} + x^2 + x) = 3 - 2x^2$$

을 얻게 되어서 주어진 함수가 해가 된다. ■

예제 15.3 *함수* $y = e^x$*와* $y = xe^x$*가 구간* $(-\infty, +\infty)$*에서 방정식*

$$y'' - 2y' + y = 0$$

의 해임을 보여라.

(풀이) $y = e^x$를 두 번 미분하면

$$y' = y'' = e^x$$

가 되어 주어진 미분방정식의 해가 됨을 쉽게 알 수 있다.
다른 한편으로, $y = xe^x$를 연속하여 두 번 미분하면

$$y' = e^x + xe^x,\ y'' = 2e^x + xe^x$$

이다. 이것들을 주어진 미분방정식에 대입하면

$$(xe^x + 2e^x) - 2(e^x + xe^x) + xe^x = 0$$

이다. ■

[참고] 예제 15.3에서 주어진 미분방정식에 대하여, 상수함수 $y = 0$도 구간 $(-\infty,\ +\infty)$에서 해가 됨을 알 수 있다. 이러한 해 $y = 0$를 **자명해**(trivial solution)라 하며, 자명해가 아닌 해를 **비자명해**(nontrivial solution)라 한다. 따라서 예제 15.3에서 주어진 함수는 비자명한 해이다.

예제 15.4 A, B*가 상수일 때 함수*

$$y = A\sin 3x + B\cos 3x$$

는 구간 $(-\infty,\infty)$에서 방정식

$$y'' + 9y = 0$$

의 해임을 보여라.

(풀이) $y = A\sin 3x + B\cos 3x$를 두 번 미분하면

$$y" = -9A\sin 3x - 9B\cos 3x$$

가 되어 주어진 미분방정식의 해가 됨을 쉽게 알 수 있다.

예제 15.5 함수 $y = cx^2$는 미분방정식 $xy' = 2y$의 해이다. 따라서 $xy' = 2y$의 해곡선은 그림 1과 같이 $(0,0)$를 지나는 포물선인 $y = cx^2$이다.

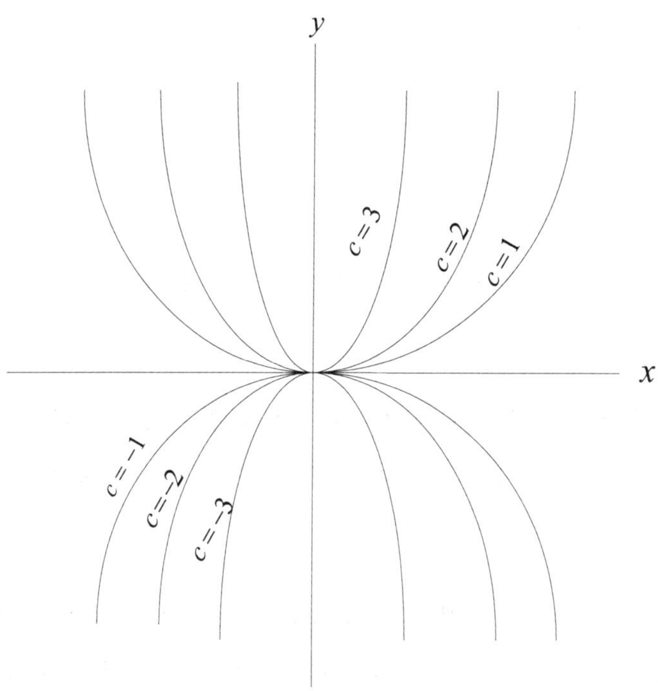

그림 15.1: $xy' = 2y$의 해곡선

경우에 따라서는 어떤 미분방정식은 해를 전혀 갖지 않을 수도 있다.

예제 15.6 (*a*) *1계 미분방정식*

$$\left(\frac{dy}{dx}\right)^2 + 1 = 0$$

과

$$(y')^2 + y^2 + 4 = 0$$

는 실함수해를 갖지 않음을 보여라.

(*b*) *2계 미분방정식*

$$(y'')^2 + 6y^4 = 0$$

의 실함수해는 단 하나뿐임을 보여라

(풀이) (*a*) 주어진 방정식들이 실함수해 $y = f(x)$를 갖는다고 하자. 그러면 $y' = f'(x)$도 변수 x 대하여 실수이다. 이것을 제곱하였을 때에는 0보다는 크거나 같은 실수가 되므로

$$(f'(x))^2 + 1 \geq 1$$

이고

$$(f'(x))^2 + f^2(x) + 4 \geq 4$$

이므로 해가 될 수 없다.

(b) 주어진 미분방정식은 자명해 $y = 0$을 갖는다는 것은 쉽게 알 수 있다. 그외에 다른 비자명한 해를 갖지 않는다는 것은 (a)에서와 같은 논리를 사용하여 보일 수 있다.

우리는 미분적분학에서 **양함수**(explicit function)와 **음함수**(implicit function)에 대한 개념을 이미 배웠다. 이와 마찬가지로, 주어진 미분방정식의 해를 양성해와 음성해로 구분한다. 미분방정식의 해가 $y = f(x)$의 형태로 주어지면 이것을 **양성해**(explicit solution)라 하고, $F(x, y) = 0$의 형태로 주어지면 이것을 **음성해**(implicit solution)라 한다.

예제 15.7 $x^2+y^2-4=0$의 양변을 x에 관하여 미분하면

$$2x+2y\frac{dy}{dx}=0$$

이므로, 구간 $(-2,2)$에서 관계식 $x^2+y^2-4=0$은 미분방정식

$$\frac{dy}{dx}=-\frac{x}{y}$$

의 음성해이다.

[참고] 예제 15.7에서 관계식 $x^2+y^2-4=0$은 구간 $(-2,2)$에서 미분가능한 두 개의 양함수

$$y=\sqrt{4-x^2},\quad y=-\sqrt{4-x^2}$$

을 얻는다. 다른 한편으로는 c가 임의의 상수일 때, 관계식 $x^2+y^2=c$가 예제 15.7에서 주어진 미분방정식의 해가 되는 것처럼 보인다. 그러나 c가 0보다 작은 실수 일 경우에는 y가 복소수 함수가 되므로 해가 될 수 없다.

대부분 주어진 미분방정식은 무한히 많은 해를 갖게 된다는 사실을 깨닫게 될 것이다. 예를 들면, c가 임의로 주어진 상수일 때, 함수 $y=ce^x$는 미분방정식 $y'-y=0$의 해이다. 따라서, 미분방정식 $y'-y=0$은 실수의 갯수 만큼의 무수히 많은 해를 갖게 된다.

예제 15.8 임의의 상수 c에 대하여, 함수 $y=\frac{c}{x}+1$은 구간 $(0,\ \infty)$에서 1계 선형미분방정식

$$x\frac{dy}{dx}+y=1$$

의 해이다. 왜냐하면 $y=\frac{c}{x}+1$을 미분하면 $\frac{dy}{dx}=-\frac{c}{x^2}$이므로

$$x\frac{dy}{dx}+y=x(-\frac{c}{x^2})+\frac{c}{x}+1=1$$

이 성립하기 때문이다.

예제 15.9 *c_1과 c_2가 임의의 상수일 때, 함수 $y = c_1 \cos 2x$와 $y = c_2 \sin 2x$는 방정식*

$$y'' + 4y = 0 \tag{15.15}$$

의 해가 됨을 보여라.

(풀이) 먼저 $y = c_1 \cos 2x$를 두 번 미분하면 $y'' = -4c_1 \cos 2x$이다. 이를 식 (15.15)에 대입하면

$$y'' + 4y = -4c_1 \cos 2x + 4(c_1 \cos 2x) = 0$$

이므로 함수 $y = c_1 \cos 2x$는 주어진 미분방정식의 해가 된다. 같은 방법으로 $y = c_2 \sin 2x$도 주어진 미분방정식의 해가 됨을 보일 수 있다.

예제 15.10 *임의의 상수 c에 대하여, 함수 $y = cx^4$은 1계 선형미분방정식*

$$xy' - 4y = 0$$

의 한 해가 된다. 또한, 함수

$$y = \begin{cases} -x^4, & x < 0 \\ x^4, & x \geq 0 \end{cases}$$

도 역시 해가 됨을 알 수 있다. 그러나 후자는 하나의 상수 c를 선택하여 $y = cx^4$으로부터 얻어 질 수 없는 것임에 유의하여라.

미분방정식에 대한 연구는 적분학에 관한 연구와 유사하다. 어떤 주어진 함수를 부정적분하게 되면 그 결과는 하나의 적분상수를 포함하게 되고, 두 번 부정적분하게 되면 두 개의 적분상수를 포함하게 된다. 이와 마찬가지로, 1계 선형미분방정식

$$F(x, y, y') = 0$$

을 풀면, 대부분 하나의 임의의 상수 c를 포함한 해 $G(x, y, c) = 0$을 얻게 된다.

실제로 n계 미분방정식

$$F(x, y, y', ..., y^{(n)}) = 0$$

을 풀면, 선형독립인 n개의 임의의 상수 $c_1,\ c_2,\ \cdots, c_n$을 포함하는

$$G(x, y, c_1, ..., c_n) = 0$$

형태의 해를 얻게 되는 것이 보통이다. 이와같이, n개의 임의의 상수를 포함한 함수 $G(x, y, c_1, ..., c_n) = 0$가 n계 미분 방정식 $F(x, y, y', ..., y^{(n)}) = 0$의 해일 때, 함수 $G(x, y, c_1, ..., c_n) = 0$을 미분방정식 $F(x, y, y', ..., y^{(n)}) = 0$에 대한 **일반해**(general solution)라 하고 일반해 $G(x, y, c_1, ..., c_n) = 0$에 포함된 상수 $c_1,\ c_2,\ \cdots, c_n$에 특수한 값을 대입하여 얻어진 해를 **특수해**(particular solution)라 한다. 때에 따라서는 일반해로부터 얻어질 수 없는 해가 존재하는 경우가 있는데, 그러한 해를 **특이해**(singular solution)라 한다.

참고 위에서 함수 $G(x, y, c_1, ..., c_n) = 0$에 포함되어 있는 n개의 상수 $c_1, c_2, \cdots, c_n$가 선형독립이라는 뜻은 이들 중 어느 두 개 이상을 묶어서 하나로 하나로 만들 수 없다는 것을 의미한다. 다시 말하면, 함수 G안에 포함되어 있는 n개의 상수 $c_1,\ c_2,\ \cdots,\ c_n$을 줄여서 $n-1$개 이하의 상수를 포함한 함수로 변형시킬 수 없다는 뜻이 된다.

예제 15.11 *c가 임의의 상수일 때 함수 $y = ce^x$는 방정식 $y' - y = 0$의 일반해이고 $y = 3e^x$는 특수해이다.*

예제 15.12 *1계 선형 미분방정식 $y' = x\sqrt{y}$의 일반해는*

$$y = \left(\frac{x^2}{4} + c\right)^2$$

이다. 여기서 $c = 0$으로 택하면 특수해 $y = \dfrac{x^4}{16}$을 얻는다. 특히, 자명해 $y = 0$은 특이해가 되는데, 이는 일반해로부터 얻어질 수 없는 해이기 때문이다.

예제 15.13 미분방정식 $y = xy' + (y')^2$의 일반해는 $y = cx + c^2$이다. 특히, 상수 $k = 0, -\frac{1}{4}$에 대하여 $y = kx^2$은 특이해가 된다.

15.3 초기값 문제와 해의 존재성

흔히 주어진 미분방정식은 해 $y(x)$와 그 미분들에 부여된 조건을 갖고 있는 경우가 있다. I가 점 x_0을 포함한 하나의 구간이고, y_1, y_2, ..., y_{n-1}이 실수인 상수들일 때, 문제

$$\begin{aligned} &\frac{d^n y}{dx^n} = f(x, y, y', \ldots, y^{n-1}) \\ &y(x_0) = y_0,\ y'(x_0) = y_1,\ \ldots,\ y^{(n-1)} = y_{n-1} \end{aligned} \tag{15.16}$$

을 n**계 초기값문제**(nth-order initial-value problem)라 한다. 한 점 x_0에서 미지의 함수 $y(x)$와 도함수 y', y'', ..., $y^{(n-1)}$에 주어진 값

$$y(x_0) = y_0,\quad y'((x_0) = y_1,\quad y''(x_0) = y_2,\quad \ldots,\quad y^{(n-1)}(x_0) = y_{n-1}$$

을 가리켜 **초기조건**(initial conditions)이라 한다.

예를 들면

$$\begin{aligned} &\frac{dy}{dx} = f(x, y) \\ &y(x_0) = y_0 \end{aligned} \tag{15.17}$$

와

$$\begin{aligned} &\frac{d^2 y}{dx^2} = f(x, y, y') \\ &y(x_0) = y_0,\ y'(x_0) = y_1 \end{aligned} \tag{15.18}$$

은 각각 1계 초기값문제와 2계 초기값문제이다. 이러한 문제들은 기하학적으로 쉽게 설명이 가능하다. 초기값문제 (15.17)은 평면에서 해곡선이 $(x_0,\ y_0)$를 통과하고 점 x_0를 포함한 적당한 구간 I에서 주어진 미분방정식을 만족하는 해를 구하는 문제이다(그림 1.8 참조). 다른 한편으로 (15.17)은 평면에서

해곡선이 $(x_0,\ y_0)$를 통과하고 점 $x = x_0$에서 해곡선의 기울기가 y_1인 해를 x_0를 포함한 적당한 구간 I에서 찾는 문제이다(그림 15.2참조).

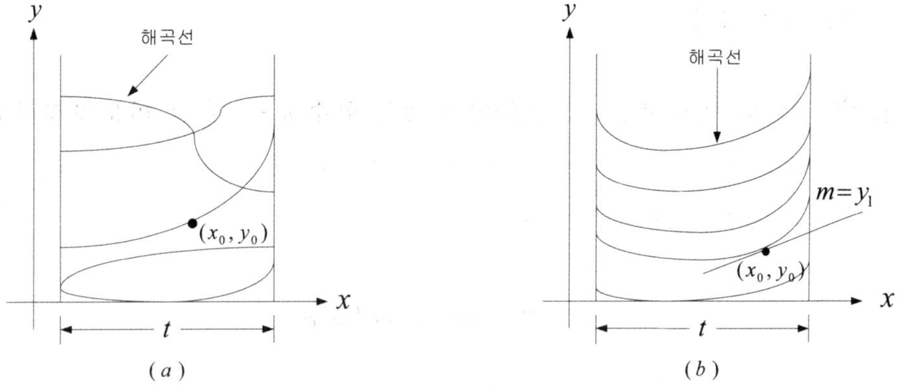

그림 15.2: 초기값 문제의 해

초기조건이란 용어는 시간변수 t에서 어떤 물체의 위치를 $y(t)$로 표현하였을 때, 주어진 시점 t_0에서 주어진 물체의 위치와 속도를 각각 $y(t_0) = y_0$와 $y'(t_0) = y_1$로 나타내는 물리계에서 비롯되었다.

예제 15.14 *하나의 매개변수 c를 포함한 함수족 $y = ce^x$은 구간 $(-\infty, \infty)$에서 1계 미분방정식 $y' = y$의 해이다. 여기서 초기조건 $y(0) = 3$이라 하면, $x = 0$일 때 $y = 3$가 되어야 하므로 $3 = ce^0 = c$이다. 따라서 함수 $y = 3e^x$은 초기값문제*

$$y' = y, \quad y(0) = 3$$

의 해이다. 이제 주어진 미분방정식의 해가 평면에서 점$(0, 3)$을 통과하는 것이 아니라 점 $(1, -2)$를 통과한다고 하면 $y(1) = -2$를 만족해야 하므로 $-2 = ce$ 또는 $c = -2e^{-1}$이다. 그러므로 함수 $y = -2e^{x-1}$은 초기값문제

$$y' = y, \quad y(1) = -2$$

의 해이다.

예제 15.15 $y = -2e^{3x}$이 *초기값 문제*

$$y' = 3y, \quad y(0) = -2$$

의 해임을 보여라.

(풀이) 하나의 매개변수 c가 포함되어 있는 함수 $y = ce^{3x}$은 미분방정식 $y' = 3y$의 일반해가 된다. 여기서 초기조건 $y(0) = -2$를 만족해야 하므로, $x = 0$일 때 $y = -2$가 되어야 한다. 따라서,

$$-2 = y(0) = ce^0 = c$$

이고, 주어진 초기값 문제에 대한 해는 $y = -2e^{3x}$이다.

예제 15.16 *함수* $y = c_1 \cos 4x + c_2 \sin 4x$*는 2계선형미분방정식* $y'' + 16y = 0$*의 해이다. 여기서 초기값문제*

$$y'' + 16y = 0, \quad y\left(\frac{\pi}{2}\right) = -2, \quad y'\left(\frac{\pi}{2}\right) = 1 \qquad (15.19)$$

의 해를 구하여라.

(풀이) 먼저 $y(\pi/2) = -2$이므로, $-2 = c_1 \cos 2\pi + c_2 \sin 2\pi = c_1$이다. 또한 $y'(\pi/2) = 1$이고 $y' = -4c_1 \sin 4x + 4c_2 \cos 4x$이므로, $1 = -4c_1 \sin 2\pi + 4c_2 \cos 2\pi = 4c_2$ 또는 $c_2 = 1/4$이다.그러므로 초기값문제 (15.19)의 해는

$$y = -2\cos 4x + \frac{1}{4}\sin 4x$$

이다.

우리는 초기값문제에 대해서 다음과 같은 두 가지 기본적인 의문점을 갖지 않을 수 없다.

(1) 주어진 문제의 해답은 존재하는가?
(2) 만약 해가 존재한다면, 해는 유일한가?

2장에서 배울 1계 초기값 문제(1.16)에 대하여

[해의 존재성] 미분방정식 $dy/dx = f(x,y)$는 해를 갖는가? 주어진 미분방정식의 해들 중에서 해곡선이 점 (x_0, y_0)를 통과하는 해는 있는가?

[해의 유일성] 초기값문제 $dy/dx = f(x,y)$, $y(x_0) = y_0$의 해가 유일하다는 것을 어떻게 알 수 있는가?

라는 질문을 하게 된다. 다음 정리가 그 해답을 줄 것이다. 여기서 증명은 복잡하므로 생략하기로 한다.

정리 15.1 (해의 존재성과 유일성) *R이 xy-평면에서 $(x_0,\ y_0)$를 내부의 점으로 갖는 직사각 영역(rectangular region)*

$$R = \{(x,y)|a \le x \le b,\ c \le y \le d\}$$

이라 하자. 만약 함수 $f(x,y)$와 편도함수 $\dfrac{\partial f}{\partial y}$ 가 영역 R에서 연속이면, 초기값 문제

$$\frac{dy}{dx} = f(x,y), \quad y(x_0) = y_0$$

를 만족하는 함수 $y(x)$가 x_0를 포함한 적당한 구간 I에서 유일하게 존재한다.

일반적으로 n계 초기값문제를 풀려면, 우선 주어진 n계 미분방정식에 대한 해를 n개의 매개변수를 포함한 일반해를 구한 다음 주어진 n개의 초기조건을 만족하도록 매개변수를 구해야 한다.

2계 이상의 초기값 문제의 해의 존재성과 유일성은 다음 정리에서 보장하지만 그 증명은 생략하기로 한다.

정리 15.2 (해의 존재성과 유일성) *I가 점 x_0을 포함한 열린구간(open interval)이라 하자. $a_n(x), a_{n-1}(x), \ldots, a_1(x), a_0(x)$가 구간 I에서 연속이고 I 안에 있는 모든 점 x에 대하여 $a_n(x) \neq 0$이면, 초기값문제 (15.16)은 구간 I에서 정의된 해를 가지며 그 해는 유일하다.*

예제 15.17 *초기값문제*

$$3y''' + 5y'' - y' + 7y = 0, \quad y(1) = 0, \quad y'(1) = 0, \quad y''(1) = 0$$

은 $y=0$만을 해로 갖는다. 주어진 미분방정식의 계수가 모두 상수이기 때문에 정리 15.2의 조건을 모두 만족하고 있다. 그러므로 자명해 $y=0$이 $x=1$을 포함한 임의구간 I 에서 존재하는 유일한 해이다.

예제 15.18 함수 $y=2e^{2x}+e^{-2x}-3x$가 초기값문제

$$y''-4y=12x, \quad y(0)=4, \quad y'(0)=1$$

의 해임을 보이자. 주어진 방정식이 선형이고 $g(x)=12x$뿐만 아니라 모든 계수함수들이 연속이고 $x=0$을 포함한 임의의 구간 I에서 $a_2(x)=1\neq 0$이다. 정리 15.2에 의하여 함수 $y=2e^{2x}+e^{-2x}-3x$가 이 문제의 유일한 해임을 알 수 있다.

정리 15.2에서 각 $i=1,\ 2,\ \ldots,\ n$에 대하여 $a_i(x)$가 구간 I에서 연속이고 모든 $x\in I$에 대하여 $a_n(x)\neq 0$이 되어야 한다는 두 조건 모두가 필수적이다. 특히, 적당한 점 $x\in I$에 대해서 $a_n(x)=0$인 경우에는 주어진 초기값문제의 해가 유일하지 않을 수 있고 심지어 해가 존재하지 않을 수도 있다. 예를 들면, 임의의 상수 c에 대하여 함수 $y=cx^2+x+3$이 구간 $(-\infty,\ \infty)$에서 초기값문제

$$x^2y''-2xy'+2y=6, \quad y(0)=3, \quad y'(0)=1$$

의 해가 됨을 쉽게 보일 수 있다. 이 경우에는 주어진 문제의 해가 유일하지 않다는 것이다. 여기서 선두계수 $a_2(x)=x^2$이 $x=0$에서 0이고 초기조건이 점 $x=0$에서 주어져 있다는 사실만을 제외하고는 주어진 문제가 정리 15.2의 모든 조건을 다 만족하고 있다.

2계 이상의 선형미분방정식에 대한 또 다른 형태의 문제는 종속변수 y와 y의 도함수들에 대한 조건이 서로 다른 점들에서 주어져 있는 경우이다. 다음과 같은 형태의 문제

$$a_2(x)\frac{d^2y}{dx^2}+a_1(x)\frac{dy}{dx}+a_0(x)y=g(x)$$
$$y(a)=y_0, \quad y'(b)=y_1$$

를 가리켜서 **경계값문제**(boundary-value problem)라 한다. 여기서 명시된 조건 $y(a) = y_0$와 $y'(b) = y_1$을 **경계조건**(boundary conditions)이라 한다. 다음 예제의 해는 두 점 a와 b를 모두 포함하는 구간 I에서 주어진 미분방정식을 만족할 뿐만 아니라 그래프가 점 (a, y_0)와 (b, y_1)을 통과하는 함수다.

2계 미분방정식의 경우에 여러 형태의 경계조건들을 보면, y_0와 y_1을 임의의 상수라 할 때, 다음과 같다:

$$\begin{aligned} y(a) &= y_0, & y(b) &= y_1 \\ y(a) &= y_0, & y'(b) &= y_1 \\ y'(a) &= y_0, & y(b) &= y_1 \\ y'(a) &= y_0, & y'(b) &= y_1 \end{aligned}$$

이러한 형태의 조건은 일반형의 조건

$$\begin{aligned} \alpha_1 y(a) + \beta_1 y'(a) &= \gamma_1 \\ \alpha_2 y(a) + \beta_2 y'(a) &= \gamma_2 \end{aligned}$$

의 특수한 경우에 해당한다.

다음 예제는 정리 15.2의 조건들을 모두 충족한다 하더라도 경계값문제에 대해서는 다음과 같은 경우를 볼 수 있다는 것을 예시한다.

1. 전혀 해를 갖지 않는 경우
2. 오직 하나의 해만을 갖는 경우
3. 무수히 많은 해를 갖는 경우

예제 15.19 *미분방정식* $x'' + 16x = 0$*의 일반해는*

$$x = c_1 \cos 4t + c_2 \sin 4t \qquad (15.20)$$

이다.

(a) 경계조건이 $x(0) = x(\frac{\pi}{2}) = 0$*이라 하자. 그러면* $0 = x(0) = c_1 \cos 0 + c_2 \sin 0 = c_1$ *이므로* $x = c_2 \sin 4t$*이다. 그런데* $t = \frac{\pi}{2}$*일 때, 모든 상수* c_2*에*

대하여 $0 = c_2 \sin 2\pi$이다. 그러므로 경계값문제

$$x'' + 16x = 0, \quad x(0) = 0, \quad x\left(\frac{\pi}{2}\right) = 0 \tag{15.21}$$

은 무한히 많은 해를 갖는다.

(b) 경계값문제가

$$x'' + 16x = 0, \quad x(0) = 0, \quad x\left(\frac{\pi}{8}\right) = 0 \tag{15.22}$$

인 경우를 보자. $x(0) = 0$이므로 해 (15.20)에서 $c_1 = 0$이 된다. 또한 조건 $x(\frac{\pi}{8}) = 0$을 $x = c_2 \sin 4t$에 대입하면 $0 = x(\frac{\pi}{8}) = c_2 \sin(\frac{\pi}{2}) = c_2$이다. 그러므로 문제 (15.22)는 $x = 0$만을 해로 갖는다.

(c) 경계값문제가

$$x'' + 16x = 0, \quad x(0) = 0, \quad x\left(\frac{\pi}{2}\right) = 1 \tag{15.23}$$

인 경우에는 어떠한지 알아 보도록 하자. $x(0) = 0$이므로 $c_1 = 0$이다. 그런데 $x(\frac{\pi}{2}) = 1$을 $x = c_2 \sin 4t$에 대입하면 $1 = c_2 \sin 2\pi = c_2 \cdot 0 = 0$이 되어 주어진 조건을 만족하는 해는 찾을 수 없다. 따라서 문제 (15.23)는 해를 하나도 갖지 않는다.

≪15장 연습문제≫

기본 정의 및 용어에 관한 문제

1. 다음 미분방정식이 상미분방정식인지 편미분방정식인지를 판별하고 각 미분방정식의 계수와 차수를 말하라. 또한 주어진 미분방정식이 선형인지 비선형인지를 말하라.

(a) $\frac{dy}{dx} + x^2 y = xe^x$

(b) $\frac{d^3y}{dx^3} + 4\frac{d^2y}{dx^2} - 5\frac{dy}{dx} + 3y = \sin x$

(c) $\frac{\partial^2 u}{\partial x^2} + \frac{\partial u}{\partial y^2} = 0$

(d) $x^2 dy + y^2 dx = 0$

(e) $\frac{d^4y}{dx^4} + 3\left(\frac{d^2y}{dx^2}\right)^5 + 5y = 0$

(f) $\frac{d^2y}{dx^2} + y\cos x = 0$

(g) $y^{(4)} + 3(y'')^5 - 2xy = 0$

(h) $\frac{\partial^2 u}{\partial x \partial y} + \frac{\partial u}{\partial x} + u = 0$

(i) $y^{(6)} + y^{(4)}y'' + y = x^3$

(j) $(y')^3 = \sqrt{y'' + 3x^2}$

2. 주어진 미분방정식의 차수가 얼마인지 밝히고 선형인지 비선형인지를 판별하라.

(a) $(1 - x^2)y'' - 4xy' + 5y = \cos x$

(b) $yy' + 2x^3 y = 1 + 5x^y$

(c) $x^3 y^3 - 6x^2 y'' + 4xy' - 21y = 0$

(d) $(\cos x)y''' - (\cos x)y' = 2$

(e) $xy''' - (y')^4 + y = 0$

(6) $x^5 y^{(4)} - x^3 y'' + 6y = 0$

(f) $u\,dv + (v + uv - ue^u)du = 0$

(8) $(\sin x)y''' - (cosx)y' = 2$

(g) $xy''' - (y')^3 + 3x^2 y = 0$

(10) $(1 - y^2)dx + xdy = 0$

미분방정식의 해에 관한 문제

3. 다음 문제에서 우변에 주어져 있는 함수가 주어진 미분방정식의 해임을 증명하여라.

(a) $y' + y = x + 1, \quad y = 3e^{-x} + x$

(b) $y'' - 7y' + 12y = 0, \quad y = 2e^{4x} - 5e^{3x}$

(c) $2y' + y = 0, \quad y = e^{-\frac{x}{2}}$

(d) $\dfrac{dy}{dx} - 2y = e^{3x}, \quad y = e^{3x} + 10e^{2x}$

(e) $y' = 25 + y^2, \quad y = 5\tan 5x$

(f) $y' + y = \sin x, \quad y = \dfrac{1}{2}\sin x - \dfrac{1}{2}\cos x + 10e^{-x}$

(g) $x^2dy + 2xydx = 0, \quad y = -\dfrac{1}{x^2}$

(h) $y = 2xy' + y(y')^2, \quad y^2 = 4(x+1)$

(i) $y' - \dfrac{1}{x}y = 1, \quad y = x\ln x\,(x > 0)$

(j) $y'' + y' - 12y = 0, \quad y = c_1e^{3x} + c_2e^{-4x}, \quad (c_1,\, c_2 : \text{상수})$

(k) $y'' + 25y = 0, \quad y = c_1\cos 5x + c_2\sin 5x, \quad (c_1,\, c_2 : \text{상수})$

(l) $y'' + y = \tan x, \quad y = -\cos x\, \ln(\sec x + \tan x)$

4. 다음 문제에서 우변에 주어져 있는 함수쌍이 주어진 미분방정식계의 해임을 증명하여라.

(a) $\begin{cases} \dfrac{dx}{dt} &= x + 3y \\ \dfrac{dy}{dt} &= 5x + 3y \end{cases}, \quad \begin{cases} x &= e^{-2t} + 3e^{6t} \\ y &= -e^{-2t} + 5e^{6t} \end{cases}$

(b) $\begin{cases} \dfrac{d^2x}{dt^2} &= 4y + e^t \\ \dfrac{d^2y}{dt^2} &= 4x - e^t \end{cases}, \quad \begin{cases} x &= \cos 2t + \sin 2t + \dfrac{1}{5}e^t \\ y &= -\cos 2t - \sin 2t - \dfrac{1}{5}e^t \end{cases}$

초기값문제에 관한 문제

5. 다음에서 주어진 미분방정식이 xy-평면상에서 초기값 (x_0, y_0)을 갖는 유일한 해를 가질 수 있는 영역을 구하여라.

(a) $\dfrac{dy}{dx} = y^{\frac{3}{2}}$

(b) $\dfrac{dy}{dx} = \sqrt{xy}$

(c) $x\dfrac{dy}{dx} = y$

(d) $\dfrac{dy}{dx} - y = x$

(e) $(4-y^2)y' = x^2$

(f) $(1+y^3)y' = x^2$

(g) $(x^2+y^2)y' = y^2$

(h) $(y-x)y' = y+x$

(i) $\dfrac{dy}{dx} = x^3 \cos y$

(j) $\dfrac{dy}{dx} = (x-1)e^{\frac{y}{x-1}}$

6. 다음 초기값 문제는가 2개이상의 해를 갖는지 아닌지를 판별하라.

(a) $y' = 3y^{\frac{2}{3}}, \quad y(0)=0$

(b) $x\dfrac{dy}{dx} = 2y, \quad y(0)=0$

7. 미분방정식 $y = \sqrt{y^2-9}$가 다음의 주어진 점을 지나는 유일한 해를 갖는지 아닌지를 판별하라.

(a) (1, 4)

(b) (5, 3)

(c) (2, 3)

(d) (−1, 1)

8. 미분방정식 $y''-y=0$에 대하여 매개변수 함수 $y = c_1e^x + c_2e^{-x}$이 일반해라는 사실을 이용하여 다음의 주어진 초기조건을 갖는 미분방정식 $y''-y=0$의 해를 구하여라.

(a) $y(0)=1, \quad y'(0)=2$

(b) $y(1)=0, \quad y'(1)=e$

(c) $y(-1)=5, \quad y'(-1)=-5$

(d) $y(0)=0, \quad y'(0)=0$

부록: 그리스문자, 기호표

□ 그리스 문자

문자명	대문자	소문자	문자명	대문자	소문자
Alpha	A	α	Nu	N	ν
Beta	B	β	Xi	Ξ	ξ
Gamma	Γ	γ	Omicron	O	o
Delta	Δ	δ	Pi	Π	π
Epsilon	E	ϵ	Rho	P	ρ
Zeta	Z	ζ	Sigma	Σ	σ
Eta	H	η	Tau	T	τ
Theta	Θ	θ	Upsilon	Υ	υ
Iota	I	ι	Phi	Φ	ϕ
Kappa	K	κ	Chi	X	χ
Lambda	Λ	λ	Psi	Ψ	ψ
Mu	M	μ	Omega	Ω	ω

□ 기 호 표

기 호	의 미
$\in(\notin)$	원소다(원소가 아니다)
$A \subseteq B(A \not\subseteq B)$	A가 B의 부분집합이다(부분집합이 아니다)
$P \Rightarrow Q$	P이면 Q이다
$P \Leftrightarrow Q$	P일 필요충분조건은 Q이다
$\forall$	임의의(for all)
$\exists$	존재한다
(a, b)	열린구간
$[a, b]$	닫힌구간
$[a, b),\ (a, b]$	반열린구간
$(a, +\infty),\ (-\infty, a)$	열린 반직선
$[a, +\infty),\ (-\infty, a]$	닫힌 반직선
$A \cap B(A \cup B)$	A와 B의 교집합(합집합)
$A - B$	A와 B의 차집합
$\cup_{\alpha\in\Lambda} U_\alpha$	첨수집합족 $\{U_\alpha \mid \alpha \in \Lambda\}$의 합집합
$\cap_{\alpha\in\Lambda} U_\alpha$	첨수집합족 $\{U_\alpha \mid \alpha \in \Lambda\}$의 교집합
$\sim(\simeq)$	동치관계(대등한 관계: 기수가 같다)
$\leq(\geq)$	순서관계
$\cong$	위상동형의 관계
$X \times Y$	두 집합 X와 Y의 곱집합
$\prod_{i=1}^n X_i = X_1 \times X_2 \times \cdots \times X_n$	집합 $X_1, X_2, \ldots, X_n$의 곱집합
$\prod_{\alpha\in\Lambda} X_\alpha$	집합족 $\{X_\alpha \mid \alpha \in \Lambda\}$의 곱집합
$\mathbb{R}^n$	n차원의 유클리드 실공간
$d(x, y)$	점 x와 y 사이의 거리
$B_d(x, r) = B_r(x)$	점 x를 중심으로 반경이 $r > 0$인 열린공
$\text{int}A) = \mathring{A}$	A의 내부(interior)
$\text{ext}(A)$	A의 외부(exterior)
$\text{cl}(A) = \overline{A}$	A의 닫힘(closure)
$\text{bd}(A) = \partial(A)$	A의 경계(boundary)
A'	A의 극한점들의 전체 집합(도집합)
$f : X \to Y$	X에서 Y로 가는 함수
$f(A)$	함수 f에 의한 집합 A의 상
$f^{-1}(B)$	함수 f에 의한 집합 B의 역상
$f\|_A$	함수 f의 정의역을 A로 축소

□ 참 고 문 헌

1. 공학도를 위한 미분적분학(4판), 수학교재편찬위원회 옮김, 경문사, 1998.

2. 미분방정식 입문, 노정학·양춘우, 경문사, 2008.

3. 미분적분학, 김형보, 경문사, 1992.

4. 미분적분학, 양춘우 외 3인 공저, 한신대학교 출판부, 1998.

5. 집합론, 이홍천 옮김, 경문사, 2005.

6. 해석학 입문, 노정학, 경문사, 2008.

7. Advanced Calculus for Applications(2nd Ed.), F. B. Hildebrand, Prentice-Hall, Inc, New Jersey, 1976.

8. Advanced Calculus(3rd Ed.): Schaum's outlines, M. R. Spiegel, ,R. Wrede, McGraw Hill, New York, 2010.

9. Calculus(5th Ed.), H. Anton, John Wiley & Sons, Inc., 1995.

10. Calculus(7th Ed.), H. Anton, I. Bivens, S. Davis, John Wiley & Sons, Inc., 2002.

11. Calculus(6th Ed.)--Early Transcendentals, J. Stewart, BROOK/COLE CENGAGE Learning, United Stetes, 2002.

12. Calculus and Analytic Geometry (6th Ed.), D. Varberg, E.J. Purcell, Prentice Hall, 1992.

13. College Calculus with Analytic Geometry(2nd Ed.), C.B. Jr. Morrey, H.P. Murray, Addison Wesley, Massachusetts, 1970.

14. Introduction to Mathematical Analysis, W.R. Parzynski, P.W. Zipse, McGraw-Hill, London, 1987.

15. Set Theory and Related Topics, S. Lipschutz

16. Technical Calculus with Analytic Geometry(4th Ed.), P. Kuhfittig, BROOK/COLE CENGAGE Learning, United Stetes. 2006.

찾아보기

[ㄱ]
가우스 판정법 224
가법성 25
가부번집합 12, 177
가산집합 12
감소수열 34
경계점 117
경로 118
고계 도함수 75
고계 편도함수 123
곡률 164
곡면적분 204, 208
곡선의 길이 103
곡선좌표 131, 155
관성 모멘트 107
구면좌표 131, 159, 191
귀납법 21
균등수렴 226, 255
균등연속 58, 121
그린(Green)의 정리 202
극대·극소 판정법 79
극대와 극소 48, 172
극좌표 131, 191
극한 31, 119
극한점 116
극형식 19
근방 13, 116
급수 판정법 250
기수 2, 12
기울기 154, 207
[ㄴ]
내적 144
내점 117
뉴턴의 방법 81
니볼라 153
[ㄷ]
다변수 함수의 미분 121
다중극한 120
다중 연결영역 118, 202
다중적분 183
다항함수 50
단순 연결영역 118, 202
난위벡터 142
단조수열 34

단조함수 47
닫힌집합 13, 117
대수적인 수 14
델 연산자 153
도집합 13
도함수 67
디리클레의 정리 264
디리클레 판정법 229, 256

[ㄹ]

라그랑 승수법 170, 175
라그랑 형식 234
라플라시안 155, 158
라플라스 연산자 155
로그 10
로피탈의 정리 77
롤(Rolle)의 정리 76
리이만 적분 91

[ㅁ]

매크로린 급수 226
매크로린 전개식 235
멱급수 231
면적 104
무한급수 38, 219
무한집합 2
미분 65, 68, 71
미분가능 함수 68
미분계수 67
미분방정식 281

[ㅂ]

바이어스트라스 판정법 229, 256
반복적분 185
발산 33, 154
발산정리 210
발산 판정법 221
방향 도함수 171
법선 167
법평면169
벡터 139
벡터곱 144
벡터함수 149
변화량 68
변환 130
복소수 15
볼자노-와이어스트라스 정리 35
부분구간 연속 57
부분분수 유리화 99
부분수열 32
부분합 38, 220
부정적분 95, 98
분수 비교판정법 222, 249
불연속점 56, 121
비교판정법 221
비율판정법 223, 254
비틀림(torsion) 164

[ㅅ]

사다리꼴 공식 101
삼각함수 52
삼중곱 147

삼중적분 188
상계 46
상극한 36
상한 35
선적분 197
선형결합 143
선형독립과 선형종속 142
수렴·발산 판정법 221, 248
수열 29
수열의 극한 30
수의 체계
수의 확장 5
수치해석학적인 계산 100
수평면 153
수학적 귀납법 21
순간변화율 67
스톡의 정리 212
실수 4
심프슨 공식 101
쌍곡선 함수 52

[ㅇ]

아벨(abel)의 정리 232
야코비 정리 129
야코비 행렬 128, 155, 168
역변환 131
역삼각 함수 52
역쌍곡선 함수 53
역함수 47
연결집합 118
연속성 119
연쇄법칙 72, 126
열린집합 13, 117
영역 116
오일러의 정리 126
완전미분 125
외적 144
원기둥 공식 106
원기둥 좌표 158, 191
원반형 공식 105
원소나열법 3
원시함수 95
유계수열 34
유계한 집합 13
유계함수 46
유리함수 51
유한집합 2, 12
위치벡터 151
음함수의 미분법 72, 127
이상적분 100, 245
이중적분 184

[ㅈ]

적분 89
적분부호 171
적분정리 96
적분판정법 222
적분형식 234
전미분 124
점별수렴 226

점적 160
접선 152, 67
접평면 124, 165
정규 직교기저 143
정적분의 성질 92
조건제시법 3
주기함수 261
주요부 69, 71
증가수열 34
지수와 로그 9
직교단위벡터 142
직사각형 공식 101
진부분집합 2 9
집적점 13, 116
집합 1
집합의 연산 4
[ㅊ]
차수 50
척도인자 157
초월함수 51
최대값과 최소값 48, 79
최대하계 14
최소상계 14
축소구간 정리 37
[ㅋ]
컬레 복소수 18
코쉬수열 37
코쉬의 평균값 정리 77
코쉬 형식 234
코쉬의 주요값 252
[ㅌ]
테일러(Taylor) 급수 231
테일러 전개식 234
특이점 245
[ㅍ]
파스벌(Parseval)의 항등식 265
페아노 공리 22
편각 19
편미분 115, 122
평균값 정리 76, 92
평균 변화율 67
폐곡선 201
포락선 169
푸리에 급수 261
푸리에 적분과 변환 271
프레네-세레 공식 164
[ㅎ]
하계 46
하극한 36
하한 35
함수 44
함수열의 급수 225
함수의 극한 53, 119
함수의 연속성 55, 119
합성함수의 미분법 72, 126
회전 154
회전체의 체적 105

[저자 약력]

1994년	University o fArizona 수학과 졸업(Ph.D.)
1994년~현재	한신대학교 수리금융학과 교수
2012년~2013년	Rensselaer Polytechnic Institute(RPI, 뉴욕) 교환교수
저서	『측도론』
공저	『미분방정식』, 『선형대수학입문』
역서	『일반위상수학』
e-mail	chyang83@gmail.com/chyang@hs.ac.kr

고등미적분학(이공계 · 경상계를 위한)

2017년 1월 25일 초판인쇄
2017년 1월 31일 초판발행

저 자 양 춘 우
발행인 유 성 열
발행처 청목출판사
서울특별시 영등포구 신길로 40길 20
전화 (02) 849-6157(代) · 2820 / 833-6090~1
FAX (02) 849-0817
등록 제318-1994-000090호

파본은 바꾸어 드립니다. 값 20,000원

http : //www.chongmok.co.kr

ISBN 978-89-5565-715-9